Data
visualization

指標・特徴量の
設計から始める

データ可視化学入門

データを洞察につなげる技術

江崎貴裕

ソシム

■注意

(1) 本書は著者が独自に調査した結果を出版したものです。

(2) 本書の一部または全部について、個人で使用する他は、著作権上、著者およびソシム株式会社の承諾を得ずに無断で複写／複製することは禁じられております。

(3) 本書の内容の運用によって、いかなる障害が生じても、ソシム株式会社、著者のいずれも責任を負いかねますのであらかじめご了承ください。

(4) 本書に掲載されている画面イメージ等は、特定の設定に基づいた環境にて再現される一例です。また、サービスのリニューアル等により、操作方法や画面が記載内容と異なる場合があります。

(5) 商標

本書に記載されている会社名、商品名などは一般に各社の商標または登録商標です。

まえがき

「データの可視化」はデータ分析のすべてのフェーズで必要になる作業です。データの前処理の段階ではデータ全体の様子を知るための可視化を行ないますし，何か分析の手掛かりになるような特徴を探索的に見つける際，また最終的に主張したい結論を効果的に伝える際にも可視化が必要になります。したがって，データ分析の手続きはそのままデータ可視化の手続きである，といっても間違いではないでしょう。

詳しくは本文で述べますが，本書では

「データ可視化」は「データを理解するための一連の変換」である

ととらえて議論を進めます。対象の二つの変数に着目して散布図を描くのも，指定した二次元平面上へのデータの「変換」ですし，外れ値を除いたり割合を計算したりするのもデータの値自体に対する「変換」です。また，典型的なデータの可視化を行なう際には一般的な方法を利用すれば良いですが，新しいタイプのデータに対してどういった指標や特徴量に着目して分析を進めるかは，分析者の腕が大きく問われるところです。本書ではこうした部分までカバーし，

対象のメカニズムを「視える」ようにするには，「変換」をどう施すべきか

に焦点を当てます。これが本書のタイトルにもなっている「可視化学」です。

「変換」と言うからには，「良い変換」と「悪い変換」がありそうなものです。例えば，ビジネスの文脈で「複数の事業所の一昨年度と昨年度の売り上げ実績を，それぞれ比較したい」という課題があったとしましょう。どのような可視化が考えられるでしょうか？

実は，これを実現する選択肢は無数にあります。そして，**そのどれを利用するかは，状況と目的によります。**事業所の数は多いのか／少ないのか，地域的な差には関心があるのか／ないのか，売り上げ額の大きい主要な一部の事業所が大事なのか／すべての事業所が重要なのか，施策を打ちたいのか／市場の推移を分析したいのか，売上が増加した事業所に着目したいのか／減少した事業所に着目したいのか，などによって可視化の方針が変わるからです。そして分析のフェーズにおいても，それが前処理のためなのか，探索的分析のためなのか，結果の主張のためなのかによって，やるべきことは異なってきます。

この可視化の技術・考え方は分析者にとっては必須であり，マスターすれば，

より効果的で精度の高い仕事ができます。

また，本書の特徴として，**そもそも何をプロットすればいいのか**という部分にも重点を置きます。ただ単に生データをプロットするだけでは，分析対象の表層をなぞることしかできません。関心のあるメカニズムや特徴が浮き出るような指標や特徴量をつくることで，より深い洞察につなげることができます。

例えば，人間の脈の波形データを分析する際に，心拍数（1分間当たりの鼓動の回数）を見るのは普通ですが，さらに鼓動の間隔の標準偏差や，高周波成分と低周波成分の比といった指標で副交感神経の働きをとらえられることが知られています。このような指標化のバリエーションを多く知っていれば，それだけ「データを視えるようにする」手段が増えるわけです（探索的な分析では，全く異なる分野で利用される指標や特徴量による分析を試してみてもいいでしょう）。本書ではこうした内容についても，かなり分野横断的に集めて紹介しています。

ところで，可視化を行なう際には，そのためのプログラムを書かなければなりません。本書で実際に図の描画に用いたPythonプログラムは筆者のgithubアカウント（https://github.com/tkEzaki/data_visualization）で公開していますので，ご自身で同様の可視化を行なう際には，是非ご活用いただければと思います。初学者の方は，コードを動かしながらそれぞれの可視化方法を実践してみるのも良いでしょう。

本書の構成は以下のようになっています。

まず第1章で，データの可視化について本質的に何をやっていることになるのか，また何に着目して方針を決めれば良いのかということについて解説します。次に，第2章から第4章では，データのフォーマットや目的に応じて，具体的な可視化方法とグラフの種類について見ていきます。さらに，続く第5章から第7章では，データの様々な特徴を指標・特徴量に変換する方法について分野横断的に紹介します。最後に第8章では，実際の可視化方針の検討方法や，可視化にまつわる細かいテクニックなどについて解説します。本書をきっかけにPythonによる可視化プログラミングを学んでみたい方向けに，補遺に簡単な入門講座も付けてありますので，こちらも興味のある方は是非読んでみて下さい。

それでは，いよいよデータ可視化学の世界に入っていきましょう！

目次

第2章 数量を把握するデータ可視化

第3章 メカニズムをとらえるデータ可視化

第8章 データ指標化・可視化のプロセス

Appendix Pythonデータ可視化コーディング入門

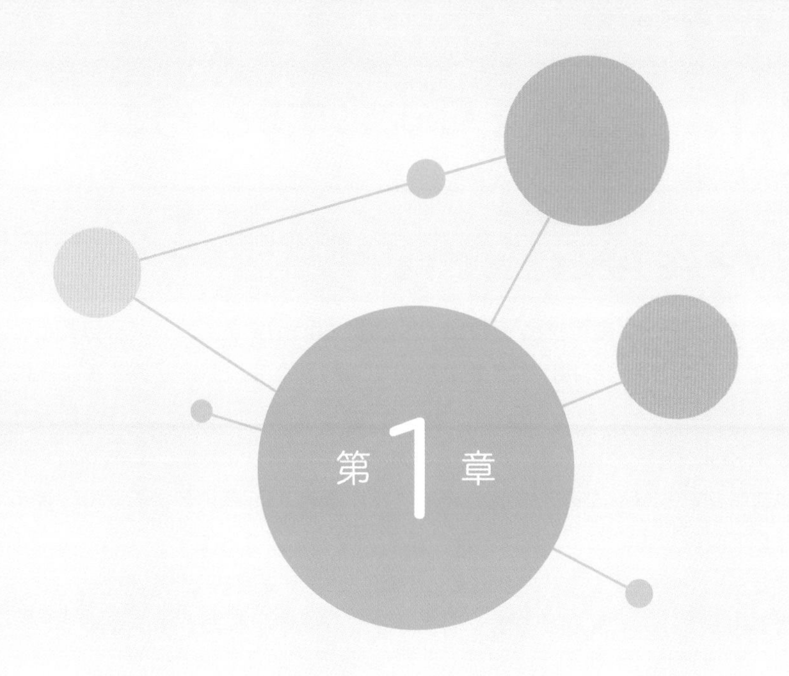

データ可視化の本質

細かいデータ可視化手法の説明の前に，まずはデータ可視化では本質的に何が行なわれているのか，根本的なところに立ち返って考えてみましょう。こうした理解は，典型的でない新しい可視化の方法に取り組む際に重要です。まず，データの可視化は情報の「ある種の変換」であること，そして変換されたグラフィカルな情報を背後のメカニズムに紐づける「ロジック」が必要であることを説明します。その後，データ可視化を可能にしている個々の要素について概観し，本書を読み進める上での俯瞰的な地図を作ることを目指します。

1.1 データを可視化するということ

データを「視える」ようにする

本書では「**データ**[1]**の可視化（data visualization）**」を「データや情報を二次元空間上の位置，色，形状，大きさを用いて表現したもの」と定義することにします[2]。一般に，データが与えられたときにそれを可視化する方法は無数にあります（図 1.1.1）。

可視化手法は，様々な方法で元のデータを「変換」してグラフィカルに表示することを可能にしますが，これは一部の情報にフォーカスしてデータの一面を「視える」ようにする作業です。場合によっては，データに適切な前処理を加えたり，指標に変換してから可視化することもあります。いかに特徴を上手くあぶり出す「変換としての可視化」を設計できるか，これがデータを分析する者の腕が問われ

図 1.1.1　データ変換としての可視化

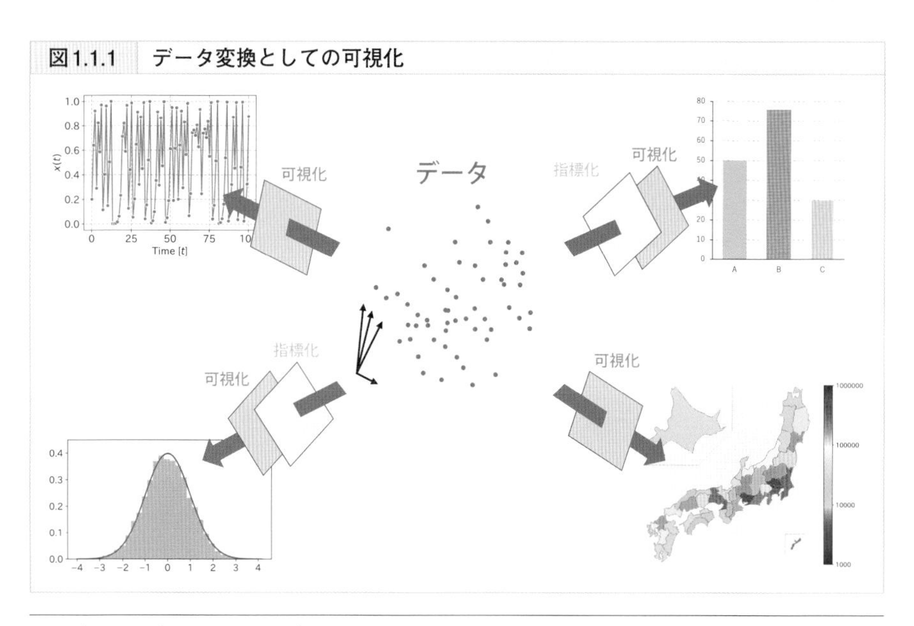

1）本書では，分析したいデータが手に入っているという前提からスタートしますが，そもそも「データ」とは何か，どのように取得すれば良いのかについて学びたい方は，前著『分析者のためのデータ解釈学入門－データの本質をとらえる技術』（ソシム）を是非ご参照下さい。

2）3次元（以上）の模型のようなものを使った「可視化」も考えられるでしょうが，本書の範囲外としたいと思います。

るポイントとなります。

データ可視化は「データを見やすくする絵を描くだけの作業」と思われがちですが，実際にはそこまでの処理や変換，さらには全体的な論理も含めて正しい解釈や意思決定を行なうことが真の目的ですから，データ分析の全体的な視点が必要とされる非常に奥の深いテーマなのです。

探索志向型データ可視化と説明志向型データ可視化

データ可視化には，「良い可視化」と「悪い可視化」があります。良い可視化とは，目的を達成することができる可視化です。では，データ可視化の目的とは何でしょうか？

実は，データ可視化の目的には大きく二つの方向性があり，そのどちらを目指すのかに応じてやるべきことが変わってきます。一つが，**探索志向型データ可視化（exploratory data visualization）**，もう一つが**説明志向型データ可視化（explanatory data visualization）**です（図1.1.2）。

探索志向型データ可視化は，探索的にデータを分析する際にデータの特徴やパターン，背後に想定されるメカニズムを発見することを目的とする可視化です。要するに，データ分析のプロセスの中で分析者が自らの理解を深めるために行なう可視化といってもいいでしょう。一方，説明志向型データ可視化は，データ分析の結果を人に伝えるための可視化です。学術的なレポートや論文，一般向けのメディア報道やプレスリリース，企業の意思決定者に対する分析結果の報告などにおけるデータの提示に利用されます。ここでは，主張したいデータの特徴をいかにわかりやすく伝えるかが主眼になり，余計な情報は[3]排除されます。

本書の前半では様々な可視化方法を紹介していきますが，利用目的が探索志向型なのか説明志向型なのかによって，それぞれの使いやすさが異なってきます。一般に，多くの情報やパターンを表示できる可視化手法は探索志向型に，余計な情報をそぎ落としてポイントを絞ることができる可視化手法は説明志向型において利用されます。

3) 「大事な情報を隠して，都合の良い一部の特徴を切り取って提示すること」とは違うので注意して下さい。

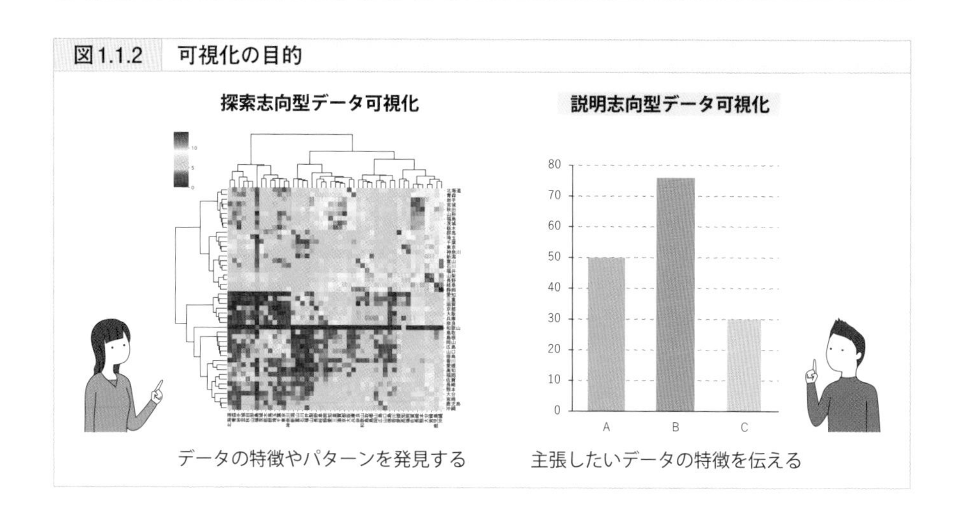

可視化が機能するとき

いずれの目的にしても，最終的には「データから対象の理解や洞察につなげること」ができなくてはいけません。では，可視化が理解や洞察につながるときには，いったい何が起きているのかを考えてみましょう。

単純な例ですが，図1.1.3に日本の総人口の推移を示します。顕著な特徴としては，今まで右肩上がりだった傾向が減少に転じたということが見て取れます。当たり前のようですが，ここでは「グラフ上の曲線の上がり下がり」という見た目

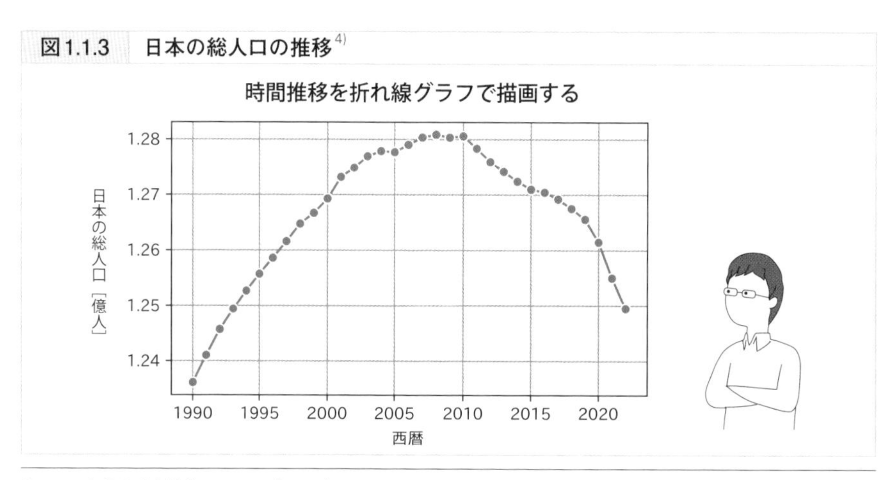

4) このような政府統計データは「e-Stat」https://www.e-stat.go.jp/ から入手できます。

の形状と，人口が増加の後に減少したという状況（抽象的な概念）が結び付けられています。形状の特徴は人間以外の多くの動物が判別できるのに対して，数量や増加・減少という概念を理解できる動物はかなり限られていることを考えると，この非自明さがよりおわかりいただけるのではないかと思います。データの可視化は，「形や色といった視覚情報」と「対象の振る舞い」という異なるレベルのものを紐づけるということなのです。

データ解釈は「ロジック」のあてはめ

というわけで，この紐づけをどう行なっていくのかということが問題になります。まず重要になるのが，「データをどのような振る舞いに紐づけるのか」です。先ほどは「増加の後，減少に転じる」という振る舞いに紐づけることができる可視化が行なわれました。例えば，同じデータを散布図として，ある年の総人口を横軸に，その翌年の総人口を縦軸にとって可視化したものが図 1.1.4になります。この図「だけ」を与えられたとして，何が読み取れるでしょうか？　先ほどのような時間的な増加・減少の振る舞いを，確信をもって読み取ることはできません[5]。

一方で，「概ね $y=x$ の一直線上に並んでいるので，全体で見ると連続する2年間では同じような値を取っている」ということがわかります[6]。これも一種のデー

図1.1.4　散布図で見る総人口

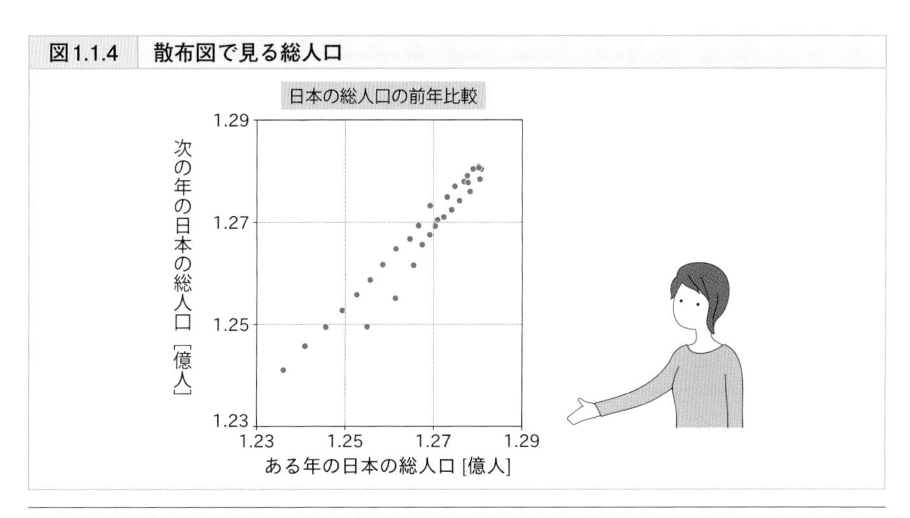

5)　注意深く観察すると，「増加から減少」または「減少から増加」した可能性が高いというところまでは想像することもできます。

6)　これは人口が毎年少しずつ変化していることを考えれば当然のことです。

タの特徴ということができるでしょう。

折れ線グラフと散布図という二つの可視化方法で今回観察されたデータの特徴に共通するのは，**「データが人間の理解できるロジックに当てはまっている」**ということです。つまり，「視覚化したパターンをデータの振る舞いに紐づける」といっても，その「振る舞い」は人間が使いこなせるようなものでなくてはならず，最終的に洞察に使えるロジック[7)]に落とし込まれている必要があるのです。

当たり前のことのようですが，この点を強調するのには訳があります。初学者の方が陥りがちなパターンとして，「データをなんとなくグラフに描画してみたが，イマイチこれで良いのかよくわからない」となって詰まってしまうことがあります。

例えば，先ほどの例と同じように各時刻で測定された「あるデータ$\boldsymbol{x}_t = (x_1, x_2, x_3, ..., x_{100})$」を可視化するのに，図 1.1.5左のような折れ線グラフを用いたとしましょう。このパターンから，なんらかの理解や洞察につなげることができるでしょうか？　細かい特徴をいくつか挙げることはできるでしょうが，この1枚の図で何かわかりやすい結論を導くのは難しいでしょう。一方で，図 1.1.5右は同じデータを，連続する2点(x_t, x_{t+1})でペアにして（XY平面上に99個の点$(X, Y) = (x_1, x_2), (x_2, x_3), ..., (x_{98}, x_{99}), (x_{99}, x_{100})$として）散布図で示したものです。明らかに，「連続する2点には一定の関係がある」という特徴が見て取れるでしょう。

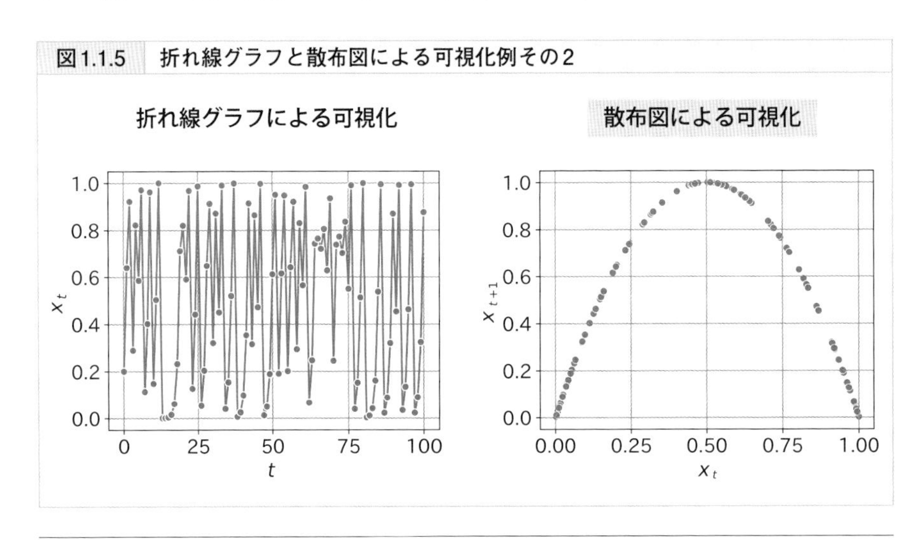

7)　本書では，明らかにしようとしている対象のメカニズムの特徴を可視化で理解できるようにしたときに使った論理のことを「ロジック」と呼ぶことにします。

今回の例では，折れ線グラフでは洞察に使えるロジックにつなげることができませんでした。一般に，折れ線グラフではデータの様々なロジックをとらえることができますが，その範囲外のデータの特徴に対しては別のアプローチが必要だったというわけです。$\boldsymbol{x}_t$について種明かしをすると，このデータはロジスティック写像（$x_{t+1}=4x_t(1-x_t)$）と呼ばれる方程式から人工的に生成したものです。人工的なデータではありますが，「生物の個体数が世代を経るごとにどう変動するか」を分析する理論との接点があります[8]。もし，データを分析する際にそのような文脈があれば，「ある世代の個体数と次の世代の個体数になんらかの関係があるのではないか」ということを調べたくなります[9]。

データ可視化のプロセスでは「どのロジックを捕まえに行こうとしているのか」が最初にあり，そこからすべての手続きが決まります。ですから，どういったロジックがあり得て，それをどのような手順で明らかにできるのかに関する知識を幅広く身につけることが，データ分析力アップにつながります。

指標化によるロジックのあてはめ

ロジックをとらえるために，可視化方法の選択と並んで重要なのが，そもそも**何の値を描画するか**です。得られた生データをそのまま描画するだけで結論が導ければ，それで問題ありませんが，実際のデータ分析では**なんらかの指標・特徴量に着目する**ことがよく行なわれます。これは，例えば「その量が大きい・小さいことが，どういう状況に対応するのか」といったロジックを指標化・特徴量化の段階で事前に埋め込んでいることになります。簡単な例では，ある小売り企業の売り上げを分析するのに，1店舗あたりの売り上げを計算するのもこれにあたります。全体の売り上げは店舗の数の増減に直接影響を受けますから，その影響を排除した指標である1店舗あたりの売り上げで分析を行なうことが適切な場合もあるでしょう。

8) x_tは個体数の密度を表し，x_tが大きくなったときに次の世代も増えるという効果と，食料などの資源が不足して次世代が減る効果を掛け算することでモデル化しています。拙著『データ分析のための数理モデル入門』（ソシム）でも紹介したロジスティック方程式の離散版です。係数の4はこれ以外の値でも良く，値によってモデルの振る舞いが大きく変わります。

9) これには別の背景もあります。ロジスティック写像はカオス時系列を生成する有名な方程式の一つです。カオス時系列の分析において，今回のように連続するデータ点をいくつかまとめて座標系の1点とすることを，**埋め込み**（embedding）といいます。埋め込みによって得られた座標系の上ではアトラクタと呼ばれる特定のパターンが現れることが知られていますから，その意味でもこのような図を描いてみたくなります。

少しややこしい例として，例えばある生物の集団の中で，「個体のペア同士で行動がどれくらい似ているのか」を適当な類似度スコア（なんらかの相関係数を計算したもの等）で表現したとします（図 1.1.6 上段）[10]。さらに，「個体同士の見た目がどれくらい似ているか」も同様に，類似度スコアで表現しましょう（図 1.1.6 下段）。ここでは計算の詳細は気にしなくて構いません。

図1.1.6　2個体間の類似度のスコア化の仮想的な例

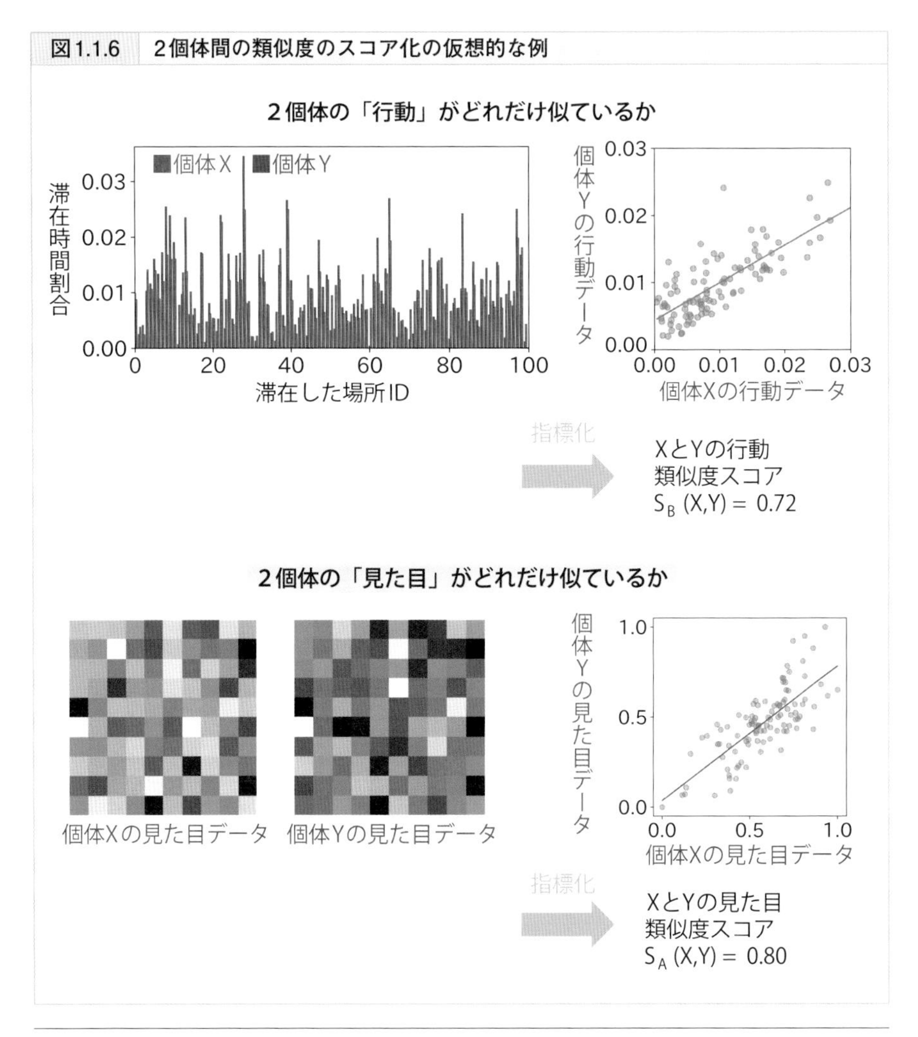

10）使用したデータも指標化の方法も，仮想的な例です。何かの類似度を測る指標には用途や状況に応じて様々なものがあり，詳しくは第6章で解説しますが，ここではひとまず説明のために簡単な指標を用いることにします。ちなみに，図中の S_B と S_A は similarity（類似度），behavior（行動），appearance（見た目）の頭文字から名付けました。

さて，ここで「見た目が似ている個体同士は，行動も似ているのか」について調べるにはどうしたらいいでしょうか？　それにはまず，各ペアごとの見た目の類似度スコアを横軸に，行動の類似度スコアを縦軸に取った散布図を描くことが考えられます。図 1.1.7では，この可視化を行なった結果，「見た目の類似度が高い個体同士は，行動の類似度も高い」ということが観察できます[11)]。

ここでは類似度スコアという指標に着目しましたが，指標を使わずに「二つの個体の行動の間の相関係数と，同じ個体ペア間の見た目の間の相関係数には，相関がある」といってしまうと，主張の内容は同じですが，非常にわかりにくくなってしまいます。指標化を行なうことで，その中身（データがどう変換されてその指標が計算されているか）のことは一旦忘れて分析を進めることができるというわけです。逆に言うと，このような比較的抽象度の高い理解を得ようとする際には，適切な指標化やデータの変換を行なった後に可視化を行なう必要があるということで，そのプロセス自体も非常に重要です。

本書では，どのような可視化が可能であるかということに加え，データに潜むメカニズムを浮き出させるための指標化・特徴量化の手法を紹介することで，読者の皆様がデータ可視化のプロセス全体をより上手く設計できるようになることを目指します。

図1.1.7　二つの類似度スコアの関係

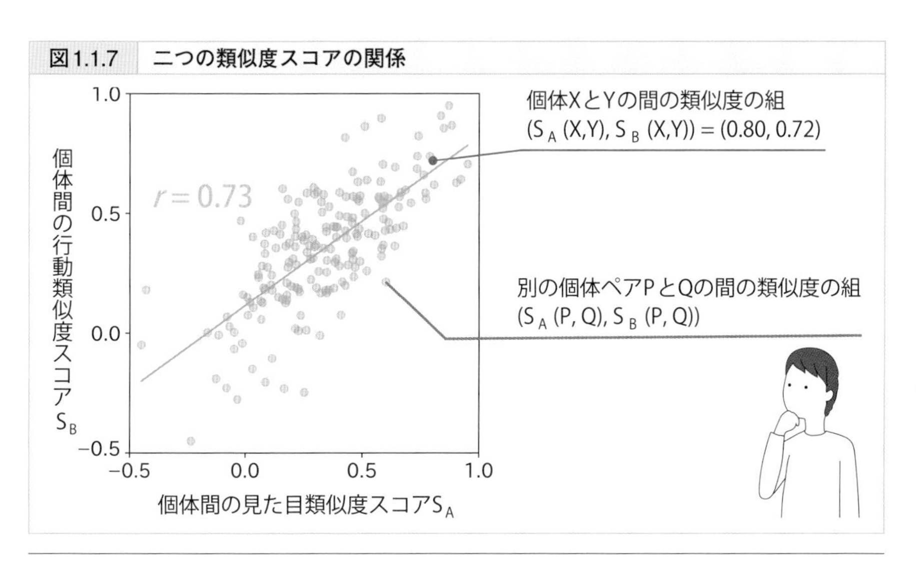

11) これは仮想的な例でしたが，実際の生物で見た目と行動の間にこんなに高い相関があるケースは稀でしょう。しかし，もしこんなことが起きるしたら，どんな生物のどんな見た目と行動が考えられるでしょうか？　このようなことを想像してみる力が，データの探索においては非常に重要になります。

本書で扱わないこと

データの可視化というと，ビジュアルが美しいグラフを描くとか，センセーショナルに人々に訴えかける視覚効果をどう付加するかといった話題を期待される読者の方もいらっしゃるかもしれません。本書では，先述の通り「良い可視化＝理解や洞察につながる可視化」という立場で説明を進めていくので，そのような内容には基本的に立ち入らないことにします（ただし，「見やすい可視化とは何か」については一定紙面を割いて紹介します）。

なお，データの基本的な扱い・知識や，数理モデル・統計の詳しい内容については，同シリーズの4冊：江崎貴裕著『分析者のためのデータ解釈学入門』，阿部真人著『データ分析に必須の知識・考え方 統計学入門』，江崎貴裕著『データ分析のための数理モデル入門』，杉山聡著『本質をとらえたデータ分析のための分析モデル入門』に譲り，本書では可視化にまつわる内容に集中して扱っていきます。基本的に本書を1冊目に読んでも十分ご理解いただけるように配慮してありますが，もしこれらの知識で躓いたり詳しいことが気になった場合には参考にしてみて下さい。

1.2 可視化の効果を考える

文字情報と視覚情報

まず，データを視覚的に表現することの直接のメリットについて紹介していきましょう。ロジックをとらえやすくすることが可視化の目的でしたが，そもそも可視化を行なうとなぜロジックがとらえやすくなるのでしょうか？

人間の脳の情報処理能力の中で，視覚情報処理は圧倒的な優位性を誇っています[12]。視覚化された情報は同時に大量に並列に処理できますが，言語情報や数値情報は順番に一つずつしか処理できません。もし，視覚情報処理が言語処理のように行なわれていたら，目の前に見えている様々なものに対して，「これは机で，これはパソコンで，これはコーヒーで，これはボールペンで，…」と順番にすべて認識した後で，ようやく今見えているものの全体像が把握できる，ということになってしまいます。

実際，読者の皆さんは今これを読んでいるので，筆者の目の前の景色（のごく一部）をそのように情報を処理することで理解したわけです。加えて，人間の視覚情報処理はパターンの認識を非常に得意としています。この能力を上手く使うことで，様々なパターンの特徴を検出することができます。こうしたパターンはまた記憶に残りやすいため，「いくつかのパターンを比較したり様々な情報を組み合わせて初めて可能になるような深い洞察」にもつなげやすいという利点があります。

以上のような人間の認知の特徴から，データ視覚化によっていくつかの恩恵が受けられます。

数値把握が容易になる

例えば，本書執筆時の日本の人口は約1.25億人ですが，これをアメリカ合衆国

12）Posner, M. I., Nissen, M. J., & Klein, R. M.(1976). Visual dominance: an information-processing account of its origins and significance. Psychological Review, 83(2), 157.

の人口3.36億人と比べてみましょう[13]。(極めて計算が得意な方でなければ) これらの間に差で約2.1億，比で約2.7倍の違いがあることを計算して状況を把握するよりも，単に図1.2.1上段右のように棒グラフで示された方が早く，かつ直感的に理解できるのではないでしょうか？

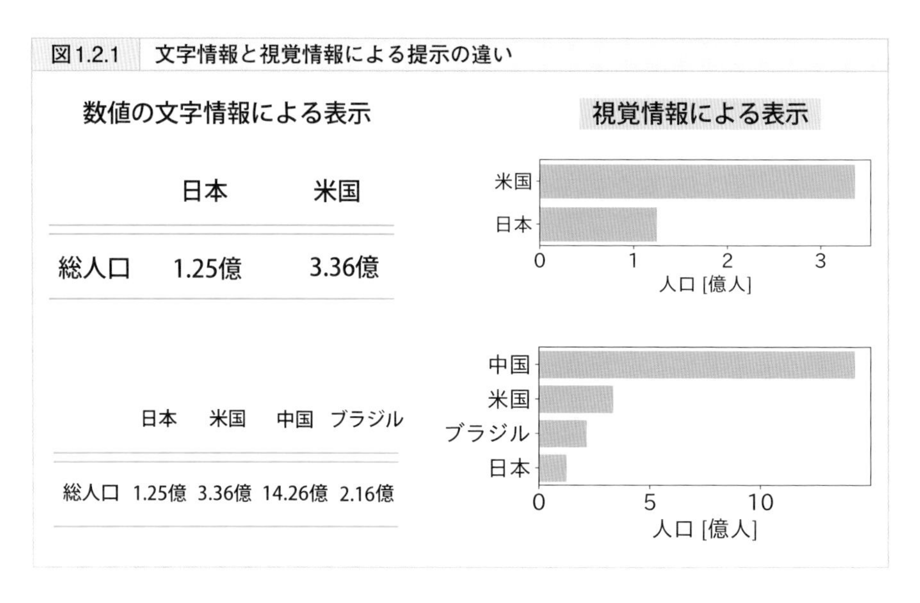

図1.2.1 文字情報と視覚情報による提示の違い

また，数量の把握が直感的にしやすくなると，何がどれくらい近いか・離れているかを理解するのも容易になります。例えば，先ほどの人口データに中国（14.26億人）とブラジル（2.16億人）も加えたデータを考えると，グラフの上（図1.2.1下段右）では中国とそれ以外の三国との差が際立っていることが一目で理解できます。これがもし，文字情報として4つの数字，14.26億，3.36億，2.16億，1.25億[14]で与えられたとすると，すべての数字を確認した後に14.26億が最大であることを発見し，それと他の値たちとの比較を行なうことでようやくその事実を理解することができます。今回の例では四つしか値がありませんでしたが，数値の数が多くなると全体を把握するのはさらに難しくなります。棒グラフによる可視化を行なうことで，「値の大きさ」を「見た目の大きさ」という視覚情報としてそれぞれの数値を並列的に同時に把握し，その上で比較的近い値のまとまりを見つけたり，離れた値に注意を向けるということがしやすくなっているわけです。

13) 人口統計は2023年4月時点でのIMFによる推計値。
14) グラフでは値の大きい順に並べ替えているので，比較がフェアになるようにこの順に示しました。

パターンの発見が容易になる

可視化は，より複雑なパターンの発見も可能にします。例えば，二つの変数x, yについて，図 1.2.2 左のように数値の表が与えられたとしましょう。これらの変数の間にどのような関係があるかを文字情報から見抜くのは困難ですが，図 1.2.2 右のように散布図として見れば，ある正方形のパターンに従っていることを簡単に発見することができます。逆にいうと，このように可視化さえすれば，明らかなパターンでも数値データの羅列として見ると，一気に状況を推察するのが難しくなります。可視化を行なうことで，すべてのデータの点の位置（値の大きさ）を同時に把握した上でパターンを探すことが容易になったわけです。

図1.2.2　2変数データにおけるパターンの発見

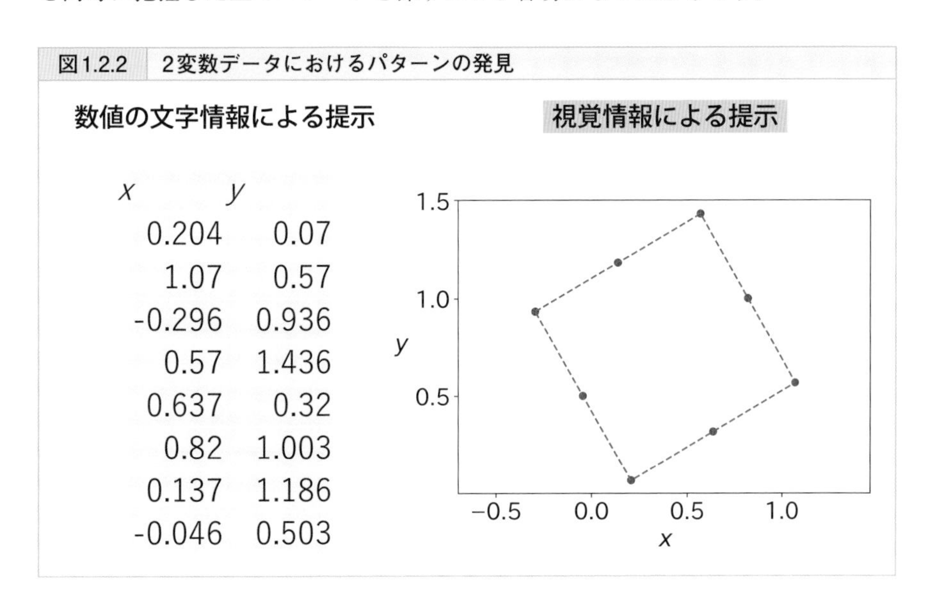

x	y
0.204	0.07
1.07	0.57
-0.296	0.936
0.57	1.436
0.637	0.32
0.82	1.003
0.137	1.186
-0.046	0.503

可視化は，さらに多くの要素の間の関係性を見るのにも役立ちます。例えば，各都道府県の「トラック物流の出荷量データ[15]」を可視化することで，それぞれの都道府県の間の輸送量がどうなっているかを見ることにしましょう。

このデータは，都道府県のペアごとに輸送量が測定されていて，次の表のような 47 × 47= 2209 行のレコードから成ります。

15)「第10回全国貨物純流動調査（物流センサス）」データより取得。

出荷元都道府県	出荷先都道府県	輸送量［t］
北海道	北海道	602,166
北海道	青森	2,070
⋮	⋮	⋮
沖縄	鹿児島	4
沖縄	沖縄	143,594

この表を見て何らかのパターンを見い出すのは，やはり難しいでしょう。

例えば，この中で輸送量が大きい都道府県のペアに興味があるとします。これをとらえることができれば，国内で行なわれている物流配送の「骨組み」のよう

図 1.2.3　重要なつながりだけ抜き出す

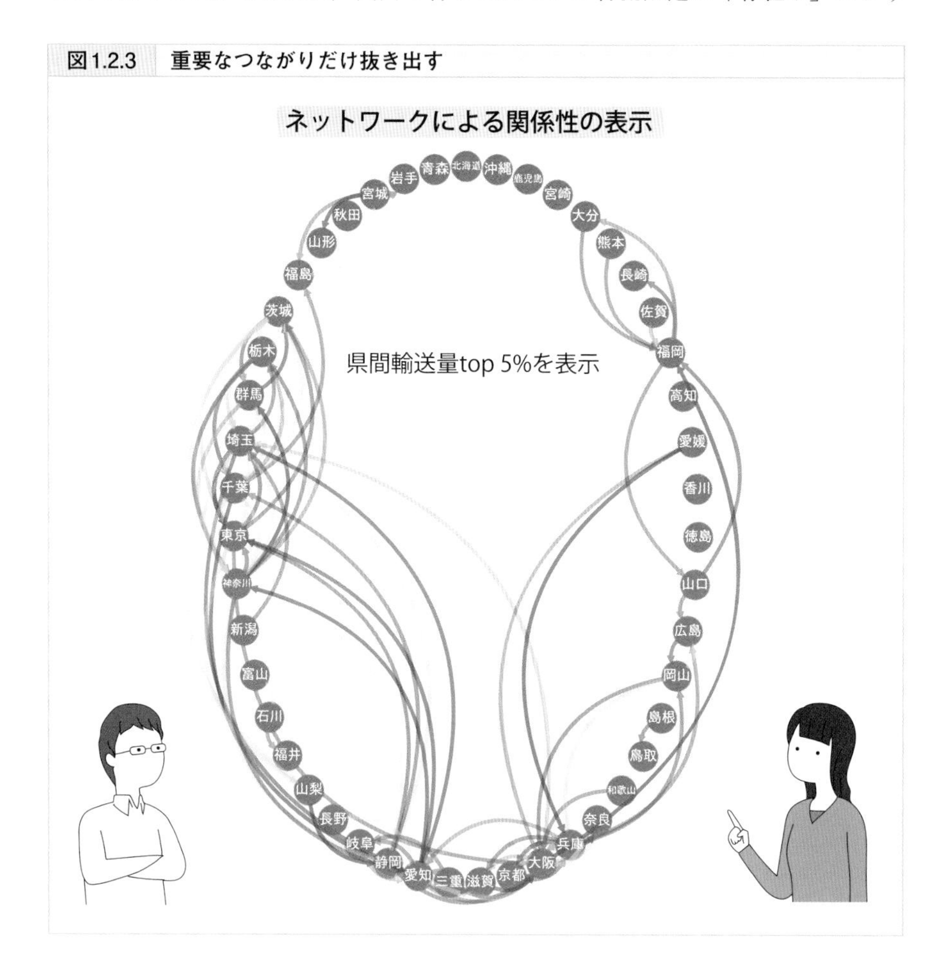

なものが見えることが期待されるでしょう。トップ5%のペアだけに着目して可視化したものが，図1.2.3になります。特に関東や中部，関西地方では近隣の県間で大きな輸送が行なわれているほか，これらの地方同士にも離れたパスが多く存在していることが目につきます。ネットワークの可視化では，複数の要素同士のどことどこがつながっているのかを同時にパターンとして認識することができるので，多くの関係性の特徴を俯瞰的な視点で見つけることができるのです。

また別の問題設定として，物流配送のパターンが似ている都道府県ごとにグループ分けしたり，データの中の特徴的な値を探索的に見つけたい，ということもあります。ここでは，すべての都道府県ペアについて輸送量の値をマトリックス状に表示してみましょう。さらに，第4章で紹介する「パターンが似ている都道府県は近くに並べる」クラスタリングを行なうことで，まとまりを見やすくしたの

図1.2.4　全体の関係性パターンを見つける

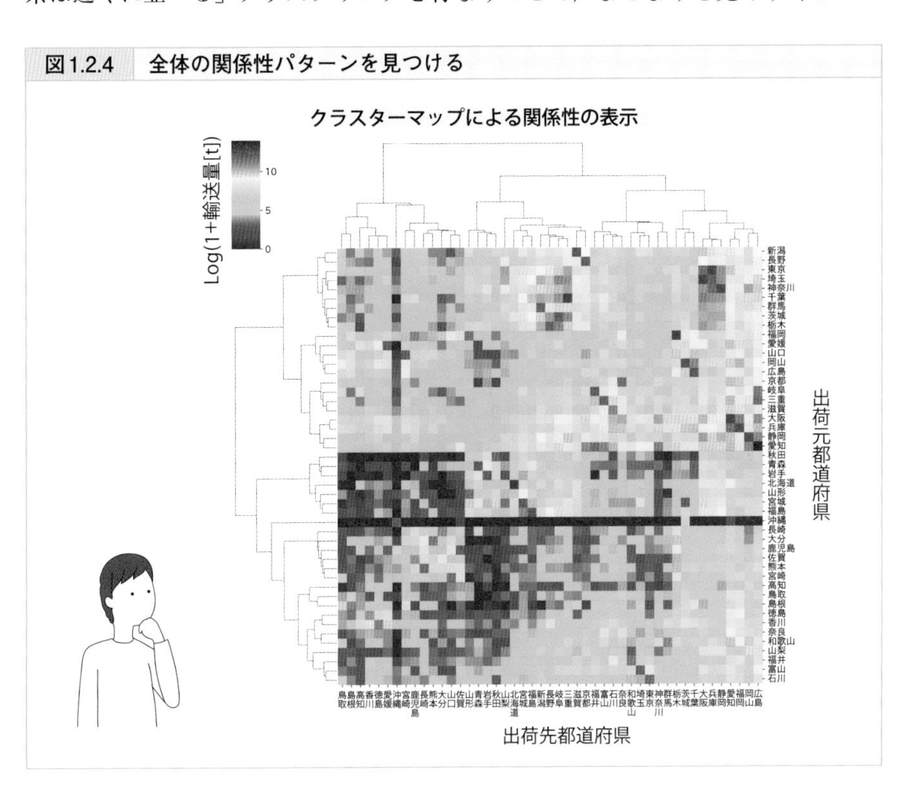

が図1.2.4です[16]。同じ地方の都道府県が近くにまとまっているほか，地理的に離れた地方同士でも人口や産業構造が似ていると，類似した物流のパターンが存在することもわかります。

このような「多」対「多」のデータの特徴を分析する際には，可視化が大きな力を発揮します。

追加の情報と紐づける

データ可視化の利点には別の側面もあります。それは，他のデータや知識と紐づけてデータを理解しやすくしたり，検索性を高めて特徴を発見しやすくすることです。

例えば，各都道府県のトラック物流の出荷量データ（今回は出荷先ごとに分類したものではなく，トータルしたもの）をいくつかの方法で示したものを見てみましょう（図1.2.5）。このデータは，北海道: 42324, 青森: 31895, …のように，都道府県のラベルと数値の組で与えられています。

一番上に示したのは，（あまり一般的には用いられませんが）都道府県の五十音順にデータを並べて描画したものです。埼玉県はどこかな？といった検索は比較的しやすくなっています。ただし，その意味では単に表で示したものと比べて，大きな優位性があるわけではありません。

次に，地理的な属性を可視化に含めたのが二つ目の棒グラフです。このグラフでは，北海道から沖縄まで地域のまとまりを考慮して決められた都道府県コードの順にデータを表示しています。地域的に近いデータがグラフの上でも近くに表示されるので，より大きなスケールの地理的な特徴がとらえやすくなっています。検索性についても，日本の地理情報を前提知識として要求しますが，個別の都道

16) 輸送量のばらつきが県ごとに非常に大きく，そのままの値でプロットすると特徴が見えなくなってしまうため，対数変換したスコアを利用しています。また，対数変換する前に全体に1を足し算していますが，これは元の値が0のデータ（そのままでは対数変換できない）でも変換できるようにするためです。Pythonの`numpy`にはこれを簡単に実現する`log1p()`という関数が用意されています。全体に1を足すと元のデータとは値が変わってしまいますが，輸送量の値が一定以上大きい領域ではほぼ無視できますし，そもそも，この解析自体が大まかなパターンを見るためのものなので，今回はこの点についてはあまり気にしなくても良いでしょう。また，トーナメント表のような線が描画されていますが，これについては後で詳しく解説します。

府県を探すのも容易です[17)]。

さらにこの方向を推し進めたのが，三つ目の地図による表示です。紙面の二次

図1.2.5 様々なデータの並べ方

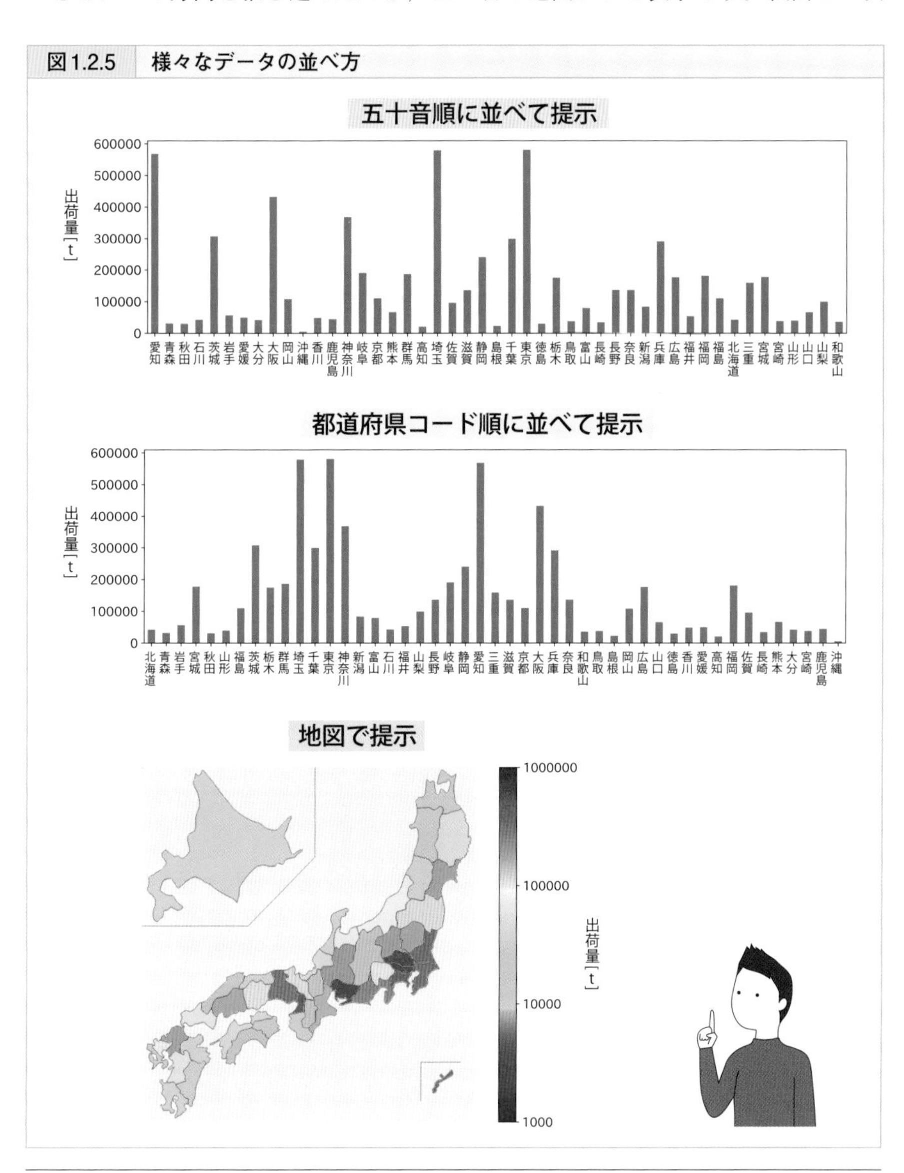

17) 例えば，日本の地理に詳しくない外国の方がこのグラフを見ると，必要な情報を探すのに苦労するかもしれません。逆に海外の統計データベースでは，都道府県をローマ字表記したものをアルファベット順に並べた表が使われていて，日本人からすると見づらいこともあります。「何を前提知識とするかによって，見やすさの基準が変わる」ということも覚えておくと良いでしょう。

元を場所の情報の提示に使用し，データの値は色で示しています。この図では，大体の地域的なパターンを非常によくとらえることができます。一方で，色から正確な値を読み取ることが難しく，定量的な議論をしたい場合には他のデータの提示方法と併用する必要があります。

これらの例では，都道府県の五十音順での順位や地理的な場所といった，データとして直接与えられた情報とは別の情報をグラフの一次元または二次元を使用して表現することで，データを視やすくしたり，洞察を導きやすい形に表示できたと考えることができます。これも可視化によって，より多くの情報を同時に処理しやすくなったことの恩恵であるといえるでしょう。

また，別の情報の追加方法として，「与えられたデータの特徴」である「全体で何番目に大きい値か」という情報を同時に示すと，図 1.2.6 下段のようになります。手続きとしては単に値が大きい順に並べ替えただけですが，「値が大きいことが重要」な文脈では「分析における重要度」という別軸の情報をデータに付加して表示したことになります。

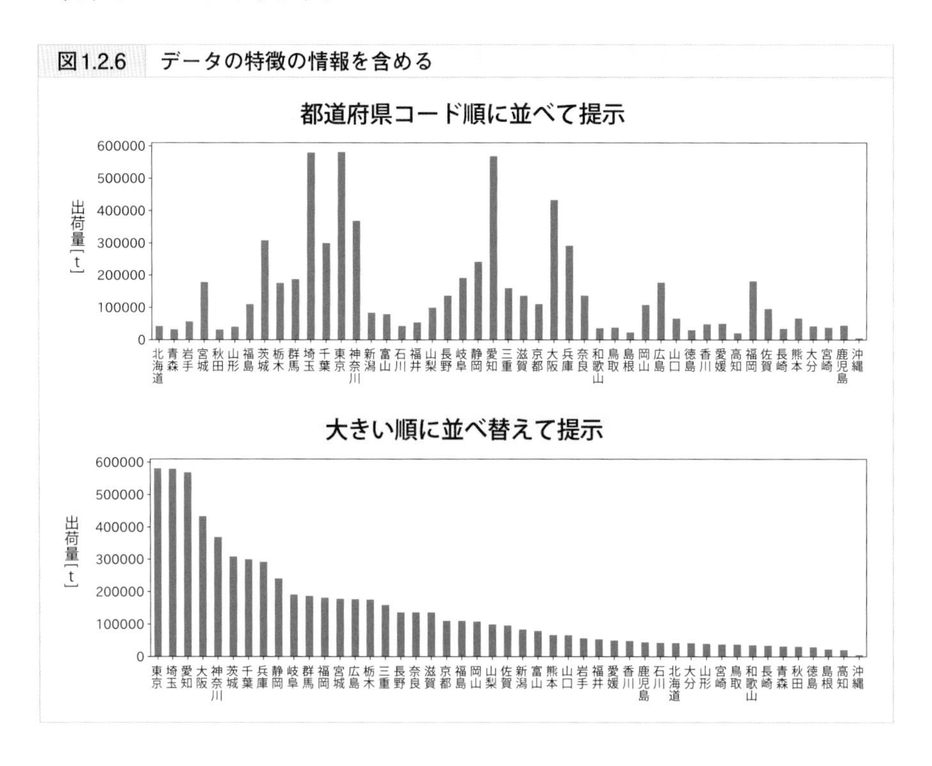

図1.2.6　データの特徴の情報を含める

本節で見たように，どのような情報を（場合によっては追加して）一つの図として可視化すべきかは，文脈や目的によって変わります。単純にデータを並び替えて表示するだけでも，そこには一次元分の情報を載せることができますから，より効果的な可視化を行なう上での重要な視点になるのです。

本節では，可視化による恩恵がどのように生じるのかについて解説してきました。でき上がった図を見て「なんだかパッとしないな」と思ったときは，大体の場合においてこの恩恵をうまくいかせないような可視化になっていたり，そもそも目的にそぐわない可視化を行なってしまっていることが問題です。「可視化の各要素が何のために実施されているのか」を是非意識するようにしてみて下さい。

1.3 可視化で読み取れるロジック

大小・遠近・多寡

次に，可視化でとらえやすくなったデータの特徴が，どのようなロジックと紐づけられるかについて考えていきましょう。

まずは，単純なロジックとしてデータの「値の大小，遠近，多寡」が挙げられます（図 1.3.1）。既に見た通り，可視化によって値がどれくらいの大きさを持っているのかが直感的にとらえやすくなり，「どちらがどれくらい大きいかという比較」を行なうことができます。また，散布図（図1.1.4）やクラスターマップ（図1.2.4）のように沢山の点がプロットされている図においては，集団の中でどの点とどの点が近くにあるか・遠くにあるかを見ることで「点同士がどれくらい似ているか（異なっているか）」をとらえることができます。

また，例えば図1.2.3のネットワーク図で，リンクの数によって各都道府県の重要度を調べる際には，「特定の条件を満たす要素の数が多いか少ないか」というロジックに紐づけることができます。

図1.3.1　大小・遠近・多寡というロジック

以上のような「ロジック」は，ロジックと呼ぶほどのものではない，当たり前のことのように感じられるかもしれませんが，こうした段階から「今，自分が可視化で何をしようとしているのか」を意識することは，より複雑な可視化や新しいデータの見せ方を考える際に役立ちます。

変数間の関係性の存在

もう少し複雑なロジックについても見ていきましょう。

散布図において，二つの変数の間に相関が見えたとします（図 1.3.2）。これが意味することは，「片方の変数がある方向に変化すると，もう片方の変数も決まった方向に変化するという関係がある」ということです[18]。相関は二変数の間の一次関数的な関係性（片方の変数が増えると，もう片方が増える／減る）のことを指しますが，それ以外のより複雑な関係性も，こうした可視化方法でとらえることができます。二つの変数の「変化の仕方を同時に可視化する」ことで，こうした関係性の存在に紐づけることができるわけです。

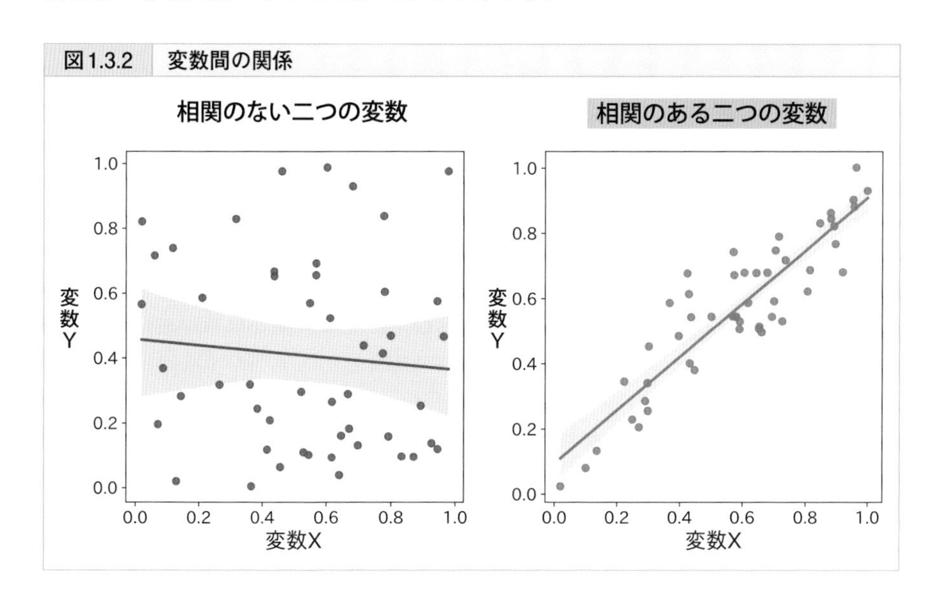

図1.3.2　変数間の関係

現象ダイナミクスの特徴

可視化されたパターンから，対象のメカニズムについての情報を得ることができる場合もあります（図 1.3.3）。わかりやすい例としては，本章冒頭の人口の推移で見たような，ある変数が時間（もしくは，その他の変数）に対して増加・減

18）一般に「片方の変数を**変化させると**，もう片方の変数も変化する」わけではないことに注意して下さい（cf. 相関と因果関係の違い）。また，二つの変数の間に関数関係があったとしても，いつも相関が出るとは限りません。詳しくは拙著『分析者のためのデータ解釈学入門』（ソシム）をご参照下さい。

少しているという性質もその一つです。増加・減少が一定の間隔で起きているという特徴（周期性といいます）が見えれば，周期を作っている何らかのメカニズムが想定されます（例えば，曜日による需要の変動など，原因が明らかな場合もあれば，原因が全く非自明な場合もあります）。また，増加・減少の後に一定の値から変化しない場合，何らかの理由でそれ以上の変化が止まる（＝変化の源となる何かが枯渇する）メカニズムが考えられます（収束・飽和）。

図1.3.3　可視化されたパターンから読み取れる特徴

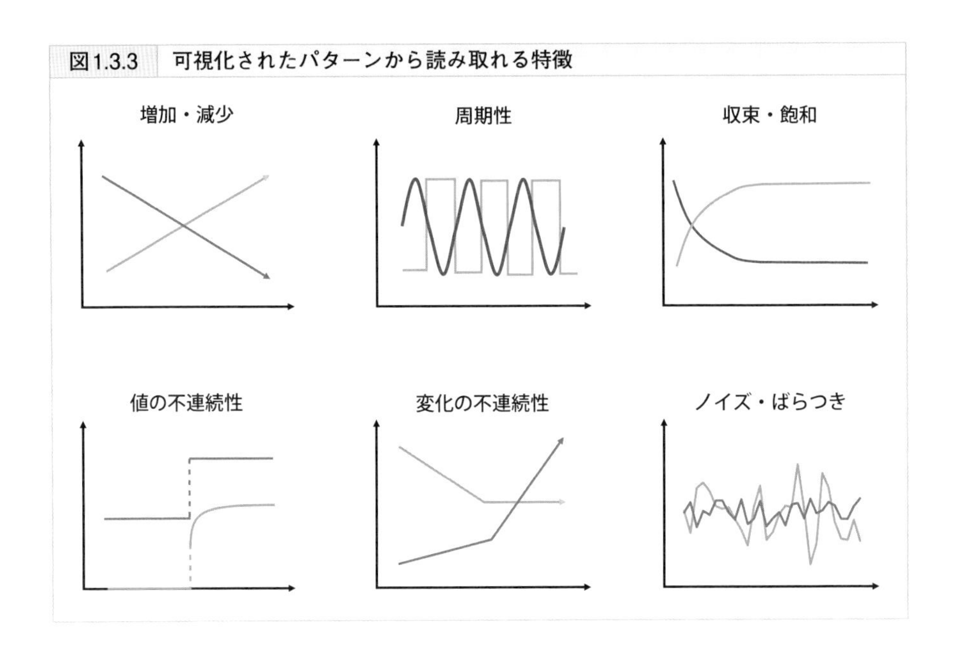

加えて，値の変化が不連続になっていることがわかれば，そこにはなんらかの非自明な理由があります。そこで「データの集計方法が変わった」とか，「一定以上の条件で扱いが変わるルール（税制など）のためにその前後で人為的な調整が行なわれた」といった人工的な要因や，物理学的なメカニズムがそこで大きく変わる何か（相転移といいます）が起きていることが考えられます[19)]。また，値そのものの不連続性だけでなく，変化の不連続性も，変化の速度を変える何らかのイベントが発生したことを示唆します。経営陣を刷新したら売り上げの伸び方が加

19）例えば，液体の温度を少しずつ上げて気体に変化させる過程で，各温度で体積を測定すれば，蒸発が起こる温度で一気に値が不連続に変化します。自然界では，こうしたケースを除くほとんどの場合で，何かをほんの少し変化させると他の量もほんの少ししか変化しません。

速したとか，自然現象において何か別の物理学的なメカニズムが働き始めたといったことが想定されます。

データのばらつき方も様々な情報を与えてくれます。ばらつきは他の要因の影響によって生じますが，その大きさは，見えている特徴（例えば，平均値の差や相関の有無）がどれだけ「たまたま」でないのかを（統計学的に）評価する際に重要となります。

また，このノイズの入り方自体にも情報が含まれている場合もあります。例えば，株価の変動の仕方は単なるノイズではなく，それ自体が様々な非自明なダイナミクスを持っています。

理論ロジックとの紐づけ

さらに，理論的な背景を知っていると読み解けるロジックもあります。その最たる例は，第3章で詳しく紹介する頻度分布でしょう。

例えば，各値の範囲ごとにデータの出現頻度をカウントして，図1.3.4上段の灰色のバーで示されるような（相対）頻度分布[20]を描いたとします。どちらも似たような（？）山の形をしていますが，実はその性質は全く異なります。上段左のデータは，**正規分布（normal distribution）**と呼ばれる分布（赤線で示した理論分布）から人工的に生成したデータで，非常に扱いやすい性質を多く持っています。また，世の中の（それなりに）多くのデータが正規分布に従うことが知られているので，このような分布が出てきても，普通は特に驚くことはありません。

一方，上段右のデータは**コーシー分布（Cauchy distribution）**という理論分布から生成したもので，ざっくりいうと「大きい値がいくらでも出てくる」ような性質を持っています[21]。例えば，20歳の日本人男性の平均身長は約170 cmですが，平均の2倍の身長を持つ人は存在しません。一方，20代前半の男性の年間平均給与は300万程度ですが，同世代のトッププロスポーツ選手には年間数十億を稼ぐ人もいる，といった状況を想像すればわかりやすいと思います。

コーシー分布のような分布に従うデータは，両対数グラフで表示すると「値が大きくなるにつれて出現頻度が直線的に落ちていく」という性質があり，これを

20）「分布」について詳しくは第3章で説明しますが，分布に馴染みのない読者の方はひとまず「それぞれの値がどれくらい出やすいかを記述したもの」だと思って下さい。この後に出てくるように，分布が与えられれば，サイコロを振るようにして値をランダムに好きなだけ取り出してくるということができます。

21）この性質のため，分散はおろか平均値も存在しない（発散する）という性質があります。

図1.3.4　性質の異なる分布の例

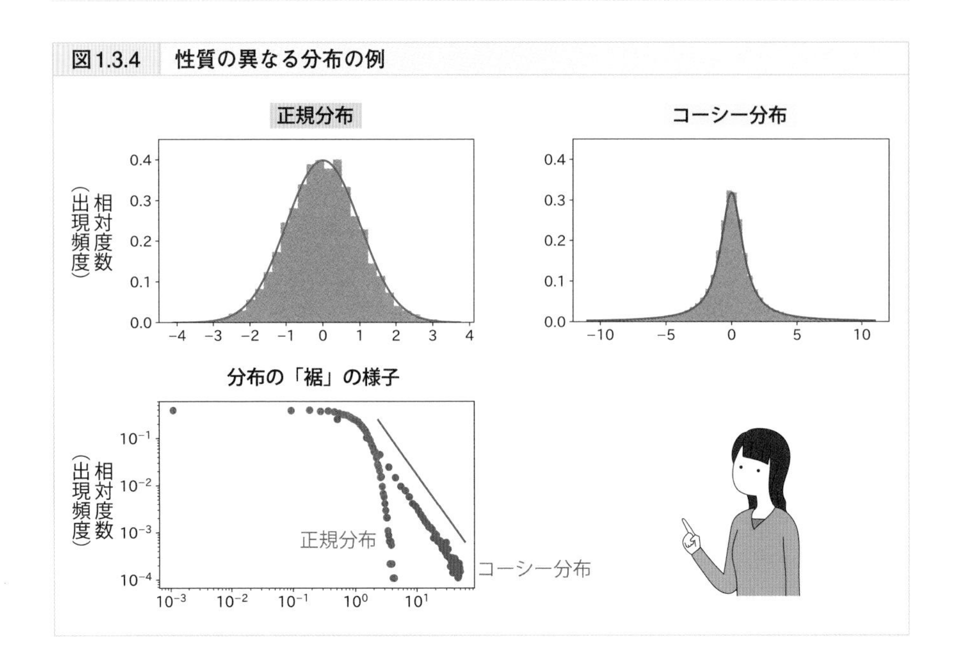

「ファットテール」と表現したりします[22]（一方，正規分布のような「普通の」分布は，より早く落ちていきます）。例えば，データの出現頻度をプロットしてこのような性質が見られた場合[23]，背後にファットテールの分布や，それを生み出す「大きい値がより大きくなりやすい」ようなメカニズムが存在することが想定されます。

このように，可視化されたパターンが出てくる理論的な背景を知っていると，より深い洞察につなげることができます。

さらに別の例として，感染症の拡大初期に感染者数が倍々に増えていく状況を考えてみましょう。このケースでは，日々の新規感染者数の値を対数変換して表示すれば，直線的なパターンが見えます（図1.3.5）。すると，背後に指数的に成長するプロセスが見えてきたり，一人の感染者が何人にうつしているのか，またそれをどれくらい減らせば感染者数を減少に転じさせることができるのかといっ

22）類似の表現として，「裾が重い（heavy-tailed）」という用語もあります。分野によって細かい定義や使い方が異なりますが，一般にこちらのほうがより広い概念で，指数関数よりも遅く減衰していく分布全般を指します。ファットテール分布は裾が重い分布の一部で，減衰の仕方が「べき乗則（power law）」に従っているものをいいます。

23）実際にこのような分析を行なうと，値が大きい領域でのデータが不足したり，現実世界の有限性からくるカットオフによって分布の右端が歪められてしまうので，分布の裾がべき乗則に従っていることを主張するのは難しい場合が多いです。またそうでなくても，一般に「あるデータが何の理論分布によく従っているか」をちゃんと調べるのは原理的に難しく，様々な分野で論争の種となっています。

た検証につなげていくこともできます。

以上のような理論ロジックとの紐づけは，言い換えれば「数理モデリングや統計解析と可視化の組み合わせ」です。使用している数理手法によって採用すべき可視化方法も変わりますし，逆に可視化手法から逆算して見やすい指標を設計するという視点も必要になりますが，これについては本書の後半で具体的に見ていくことにしましょう。

図1.3.5　初期の感染症の拡大

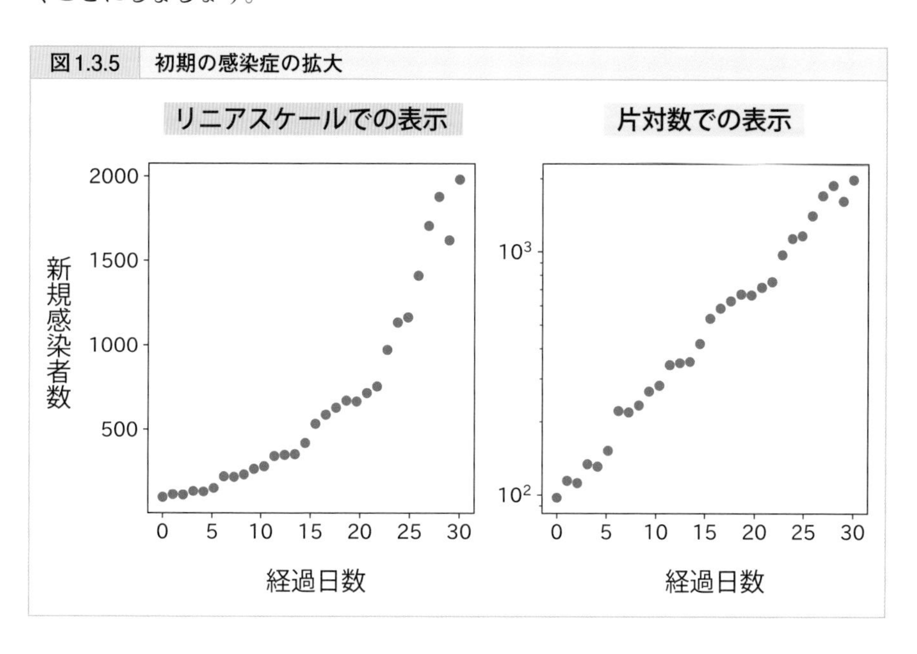

第1章まとめ

- データを可視化することは，データをグラフィカルな情報に「変換」し，さらに「ロジック」に紐づけることである。
- データを指標化することにより，抽象的な現象を理解しやすくできる。
- データを可視化することで，人間の視覚処理が持つ並列処理やパターン検知の能力を活かすことができる。
- 可視化で紐づけられるロジックには，値の大小といった単純なものだけではなく，変数間の関係やダイナミクス，また数理モデルや統計解析の理論などがある。

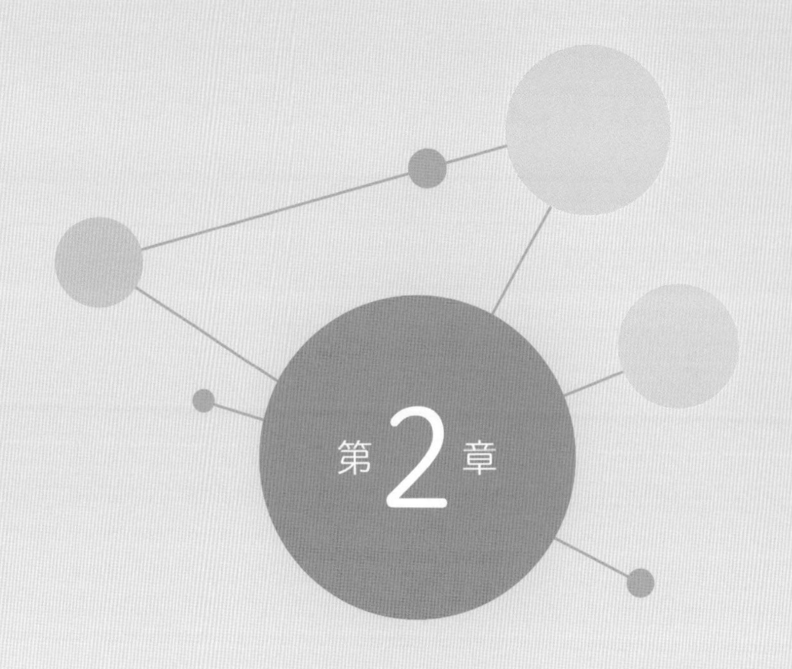

数量を把握するデータ可視化

データ可視化の最初のステップは数量を把握しやすくすることです。本章では，描画された図形の大きさや位置を数量に対応づけてとらえやすくする様々な手法と，その使い方について解説します。普段目にすることも多いこれらの手法ですが，正しく目的に沿った形で利用するのは意外に難しいです。目的に対してどういった視点で可視化方法を選べば良いのかに関しても，基礎的なところから確認しつつ解説していきます。

2.1 数量と図形の大きさを紐づける

二次元的な大きさ

データの可視化で一番わかりやすいのは，数量を図形の大きさと紐づけてしまうことです。この節では，（数値の情報を使わないで）二次元上の図形の大きさ「だけ」を利用して，どういうデータ分析ができるかについて見てみましょう。

例えば，図2.1.1のような図[1)]を普段よく目にするのではないでしょうか。左のほうの図は，世界の水の年間使用量がこんなに増えているのだという「印象を」わかりやすく伝える可視化です。「凄く増えているんだな～」という印象を与えることだけが目的であればこのような可視化が有効ですが，逆に数値が具体的にどれほどなのかを知りたいシーンでは，寧ろ不親切な情報の提示方法となります。

この状況を伝えるために，「1950年は水の年間使用量が1400 km^{3}ほどであったのが，2025年には5200 km^{3}と3.7倍にまで増加すると推計されている」と数値情報を直接与えたほうが良いケースも十分に考えられます。

図2.1.1　図形の大きさと数量を紐づける

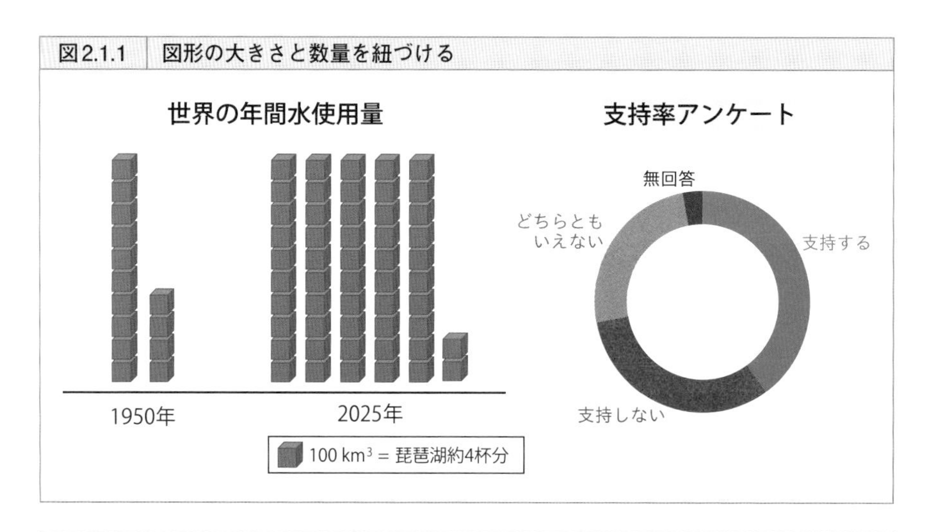

1)　水の使用量データに関しては，環境省「平成21年版環境・循環型社会・生物多様性白書」(2009) より。支持率アンケートの結果は仮想データです。

似た例で，**円グラフ（pie chart）**または図2.1.1右のような**ドーナツチャート（donut chart）**も一般によく利用されています。しかし，この図も割合の状況を直感的に大まかに伝えることはできますが，細かい数値を伝えるのには向いていません。特に，数値に対応する図形の形や角度が各々の要素で異なっているので，面積を比較するのが意外に難しいです。

図2.1.1右では，あえて数値情報を文字で記載しない可視化を行ないましたが，「支持する」と「支持しない」のどちらが大きいのか一瞬で判別できるでしょうか？

実際には，「支持する」が40%，「支持しない」が32%と1.25倍もの開きがあります。このような大きな差ですら簡単に見てとることはできないですし，実際に数値を文字情報で与えるだけでも十分に状況を把握できますから，これらの可視化方法を使わなければならないシーンは限定的です[2)]。

以上のようなグラフは，一般向けにざっくりとした印象を伝えるための一種の説明志向型データ可視化であるとはいえるでしょう。しかし，より細かい特徴を説明する目的ではあまり用いられません。描画されるカテゴリの数が多い場合などに，探索志向型のデータ可視化で用いられることはしばしばありますが，数量の大きさが把握しづらくなってしまう円グラフをわざわざ利用する必要はありません。

要素数が多い場合に全体像をとらえる

図形の大きさだけで可視化を行なう方針は，細かい数値情報が落ちてしまうため，描画される要素の数が少ない場合にはあまり有用ではありませんでした。一方で，要素が沢山ある場合に，まずは大きさに関して全体像を知りたいという探索志向型データ可視化においては，いくつかの便利な方法があります。

2)　例えば，「97%のお客様が満足と回答しています」といったメッセージとともに，さらにイメージを強調するために円グラフやドーナツチャートを用いることは考えられます。この場合，メインのメッセージは文字で表された数値のほうにあり，図は補助ということになります。細かいテクニックですが，円グラフを使うのであればドーナツチャートにして，真ん中の空間に何らかの情報（上記で言えば，97%という数字やサンプルサイズなど）を記載すると，見た目が間延びしないのでおすすめです。また，言うまでもないことですが，3Dで描画した円グラフを使うのは論外です。

一例として，図2.1.2に，著者の今まで書いた論文のタイトルに含まれる単語の登場回数を可視化したものを示します。ここでは，**ワードクラウド（wordcloud）**という方法を用いています[3]。与えられたテキストの中における単語の登場回数をカウントし，出現頻度が高いものほど大きく描画します。この図を見れば，著者にとって重要なキーワードが一目瞭然というわけです。全体を眺めて何か特徴を発見するための探索志向型データ可視化や，ざっくりした印象を伝えるための説明志向型データ可視化において，しばしば用いられます。

図2.1.2　ワードクラウドを用いた「頻度と見た目の大きさ」の紐づけ

また別の例として，個々の要素の大きさだけでなく「要素のまとまり」の大きさにも着目したい場合に有効な，**ツリーマップ（tree map）**という方法もあります（図2.1.3）。ここでは，各国の人口を長方形の大きさで示しつつ，さらにそれらを地域ごとにまとめることで，それぞれの相対的な大きさを観察することができます[4]。アジア地域の人口が過半数を占めていることや，その中でも中国・インドがひと際目立っていること，日本は順位としては上位だが全体に占める割合ではそこまででもないこと，など色々な特徴が読み取れるのではないでしょうか。

ツリーマップは他にも，株式市場における株価の騰落（上がったか下がったか）の全体のパターンを見る際に利用されたりします（各銘柄の大きさが時価総額で

3）　このような可視化は，Pythonの`wordcloud`ライブラリを用いれば簡単に実施することができます。

4）　色は平均寿命を表します。この図の描画については，`plotly`というライブラリのサンプル（https://plotly.com/python/treemaps/）で与えられているものをそのまま利用しています（したがって，使用されている人口のデータが最新ではないことに注意して下さい）。

図2.1.3 ツリーマップによるグループ情報の付与

色が騰落，それらがセクターごとにまとめられます）。

これらの手法は，相対的な大きさを全体の中でざっくりとらえるのに非常に適した方法です。一方，「図形の大きさ」というのは大体の値を直感的に理解するのには便利ですが，やはり表されている数量を精緻に読み取るのには向いていません。

例えば，先ほどのツリーマップ（図2.1.3）で，日本とその上にあるパキスタンの間に何倍の差があるかを，パッと見て把握できるでしょうか？　こうした，値そのものや倍率をしっかりとらえたい場合には，二次元的な「大きさ」を用いるよりも，一次元的な「長さ」を用いたほうが良いのです。

次は，そうした方法についても見ていきましょう。

2.2 大きさを比較する

棒グラフについて考える

可視化の目的の一丁目一番地といえば，「大きさを比較する」ことでしょう。

まずは基本的なところから始めていきます。数量を棒の長さで表して，視覚的に比較することを可能にしたものを，**棒グラフ（bar chart）**といいます。第1章でも示した通り，複数の値の大小関係とその程度を一目で理解できるという利点があります。「多数の要素の間の関係性や，特に際立った値がないかを発見するための探索志向型データ可視化」でも，「着目した二つの要素の大小関係を主張する説明志向型データ可視化」でもよく用いられる，オールラウンドなデータ可視化方法です。前節で紹介した手法たちとの違いは，棒の長さが一次元的にしか変化せず，長さの大小だけ見れば確実に大きさの相対関係を把握できる点です。

説明志向型データ可視化では，最終的に「AよりもBのほうが○○」という主張を行なうことがよくあり，適切なデータの測定や指標化により棒グラフ（や他の可視化手法）での大小の比較に落とし込めるように，データ分析のプロセスを設計します。当然のことのようですが，値が比較できるためには，比べられる値が「同じ土俵」で得られたものではなくてはいけません。

例えば，ある病気の患者の発生件数の国際比較を行なう際に，各国の別々の機関が集計したデータを寄せ集めて比較を行なうと，国によって集計の定義や時点が異なったりして，正確な比較にならないことがよくあります。また，実験データの比較を行なう際に，着目している要素とは別の要素が値の大小に影響を与えている可能性がある場合には，何らかの方法でその影響を排除することが必要になります[5)]。単に大小を見るというわかりやすい（強い）ロジックが使われるため，元のデータの質がそのまま分析の質になります。

5)　このあたりの詳しい内容については，拙著『分析者のためのデータ解釈学入門』をご参照下さい。

棒グラフの機能と見せ方

棒グラフにはいくつかのバリエーションがあります。例えば，値の内訳を示したい場合には，積み上げ棒グラフや集団棒グラフでカテゴリごとの数量も同時に示すこともできます。

図2.2.1　棒グラフの例

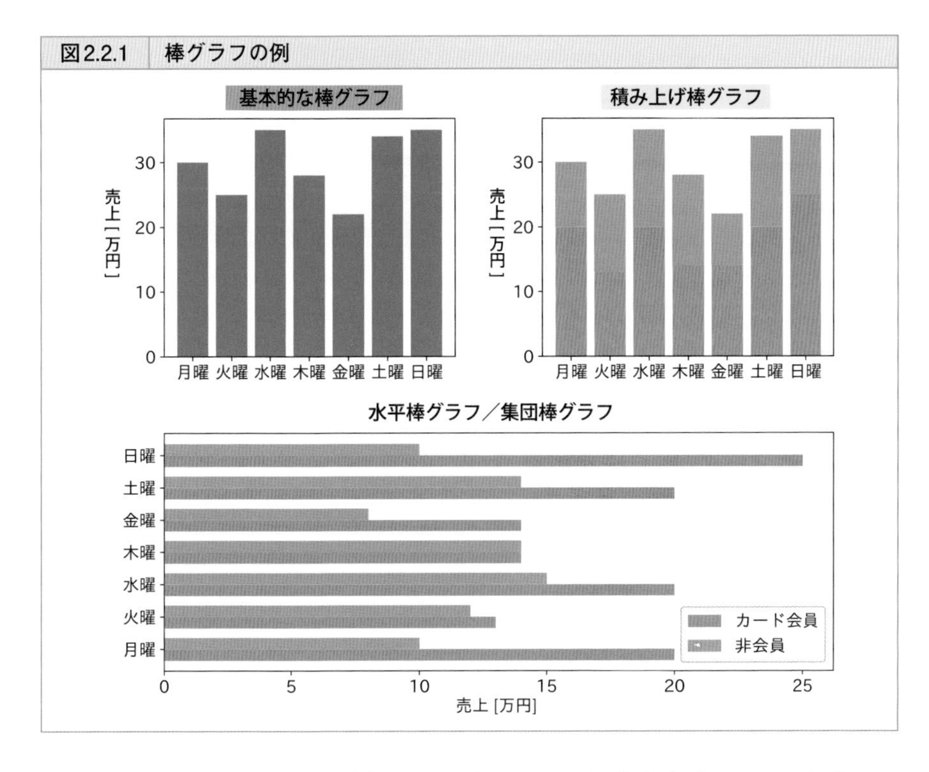

これらの方法は，全体的な様子をとらえるための探索志向型データ可視化においてよく用いられます。逆に，このような可視化方法は説明志向型データ可視化ではあまり用いられないのですが，それはなぜだかわかるでしょうか？

理由は，これらの図が様々な情報を同時に示せてしまうがゆえに，何を読み取らせたいのかがわかりにくくなりがちだからです。

例えば，図2.2.1では，ある小売店の1週間の曜日ごとの売り上げが，カード会員とそれ以外に分けて表示されています。ここから「水曜日と木曜日の売り上げにおいては，非会員の客の割合が高かった」ということを主張したいとしましょう。その場合，説明志向型データ可視化においては，これらの棒グラフをそのまま示すのではなく，非会員率を計算して，それを棒グラフなどで表した別の図を利用すべきです[6)]。

今回の例では，カテゴリが二つなのでまだ比較的見やすいのですが，3カテゴリ以上の積み上げ棒グラフ・集団棒グラフはかなり見づらいので，何か個別の特徴だけをメッセージとして伝える図には基本的には利用しません。もちろん，「同時にデータの全体像を示す必要がある場合」には，こうしたグラフを有効活用できます。

また細かいテクニックですが，棒グラフを垂直に伸ばすのではなく，水平に伸ばした水平棒グラフはラベルの名前が長くなる場合に便利です。例えば，ラベルが曜日の名前ではなく，2023/6/5, 2023/6/6,…, 2023/6/11 のように日付で与えられていた場合，通常の棒グラフではラベルが隣と重なってしまうので斜めに傾けて表示する必要がありますが，水平棒グラフではこのような心配は無用です。

必ずしも棒グラフにこだわる必要はない

棒グラフでは大小比較を行なうことができましたが，単に大小を比較するだけなら棒グラフを使う必要はありません。例えば，Aさんと B さんの日々の体温を測定した結果を図2.2.2に示しました。このようにすれば，日々の体温の変化や，A さんと B さんの間の大小比較も問題なくできます。このようなグラフを，**折れ線グラフ（line chart）**といいます。

値の大きさは平面上の位置で表現され，相対的な大小に注目したいときには棒グラフよりも使われやすいです。逆に，棒グラフは値の「大きさ」も同時に直感的に示したい場合に利用されます。体温の例では，「約36℃という数字から何パーセント変化したか」はどうでもいいことなので，折れ線グラフを用いるのが望ましいです。逆に，先ほどの売り上げデータの例のように，もし「年間平均で1日

6) 今回は紹介しませんでしたが，100%積み上げ棒グラフを利用する方法も考えられます。カテゴリが二つであれば割合を計算して棒グラフにするのと同じですが，三つ以上の場合にはかなり見づらくなるので説明志向型データ可視化においてはオススメしません。これを解消するために，パーセンテージを同時に記載するなどのテクニックも世の中にはあるようですが，そこまでしてしまうと本末転倒で，もはや何のために可視化しているかわからなくなってしまいます。

図2.2.2　折れ線グラフの例

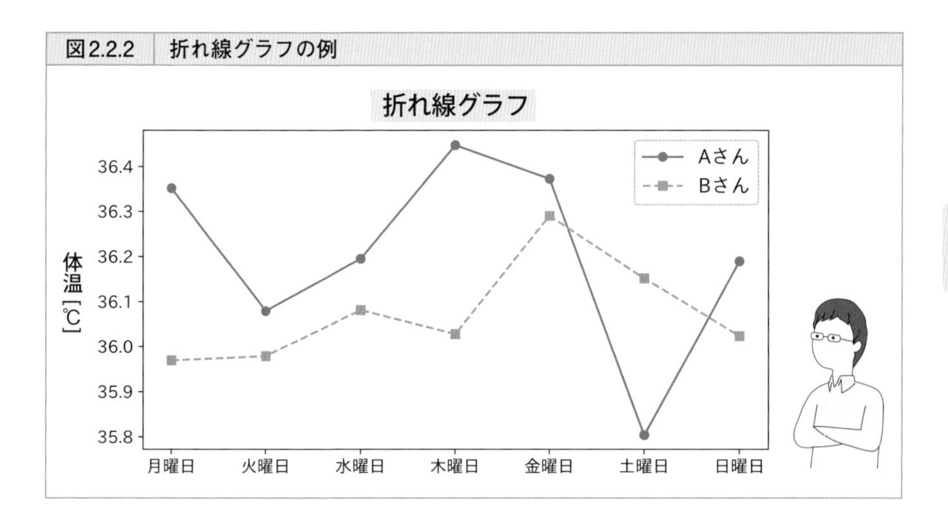

36万円ほど売り上げていて，日々そこから何パーセントくらいの変化が起きているのか」にも興味がある場合には，棒グラフを利用します。一方，同じ売り上げのデータでも，例えば1万円かけたマーケティングの費用対効果の有無を見たい場合には，より狭い範囲を拡大した折れ線グラフで可視化を行なうことも考えられます。

別のケースとして，Aさん，Bさん，…，Gさんの7人について，早朝と夕方で体温を測定した結果の全体像を把握したいとしましょう。この場合は，単にマーカーだけプロットした図2.2.3左のような可視化が可能です[7]。さらに，隣り合う点同士をつないでみましょう。本来，折れ線グラフの折れ線は，何かの推移を補完したり，隣り合う点同士の増加・減少を見やすくするために利用されますが，今回のようにそのいずれでもないケースでも，全体的な大小関係をざっくり把握するのに利用できます。「本来関係のないもの同士を折れ線でつないではいけない」という言説も目にしますが，必ずしもそうではありません[8]。やってはいけないのは，そこから誤った解釈や結論をしてしまうことです。例えば，AさんからGさ

7)　このグラフは，散布図や，この後に紹介するストリッププロットの特殊な場合ともいえますが，これといった名前は付いていないようです。しかし，意外に便利で，分析レポートや論文などでもしばしば利用されます。

8)　例えば，レーダーチャート（コーンフレークなどのパッケージの裏に書いてある，各栄養素の含有量を8角形などの領域で表した図を想像していただければわかりやすいと思います）も隣り合った関係のない値同士を直線でつないでいて，要素の並び替えに対して面積が不変ではないので定量的な議論には使えませんが，片方のカテゴリがもう片方をすべての要素で上回っていることをざっくり示すだけなら害はありません。

んの並びは「たまたま」このような並びになっていますが，これを並べ替えたら折れ線のパターンは変わってしまいます。このような変更によって失われてしまう特徴や結論を読み取ったり，主張してはいけません。

とはいえ，元々，この可視化は全体をざっくり見るための探索志向型の目的で行なっていますから，そうした探索の手助けとなるなるようなことをする分には何をしてもかまいません（ただし，他の人が見るところに出す場合には，誤解を生まないよう何の目的で何をしたかを明記したほうが良いでしょう）。例えば，ここから「人間の体温は早朝よりも夕方のほうが高いのではないか」という仮説を主張したいのであれば，それが見やすくなるように整理した別の説明志向型の可視化を行なえば良いのです[9]。

図2.2.3　見やすさのための折れ線

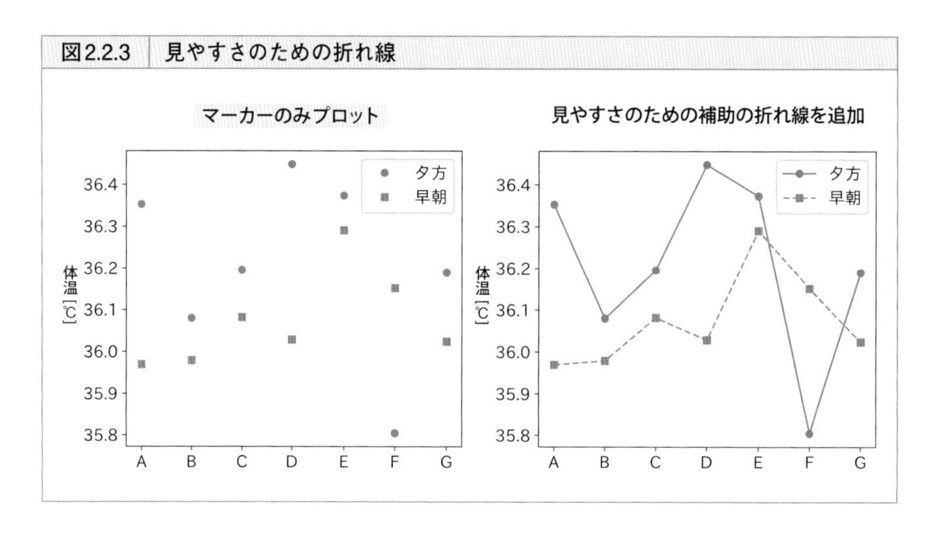

9) データ解釈としてこの主張が正しいかどうかは，データのとり方や分析方法によります。一般に，限られたデータからありうる特徴を探索して見つかったものが，「たまたまの結果」ではなく本質的にいつも成り立っているとは限りません。このあたりの詳しいことについては，拙著『分析者のためのデータ解釈学入門』などをご参照下さい。

2.3 標本を視えるようにする

グループ同士の比較を行なう

ある小売店で，二つの商品「商品1」と「商品2」の日別の販売数について比較するとしましょう。データは過去30日の販売数データを集計して，1日あたりの平均値を計算しました。その結果，商品1は100個，商品2は80個となりました。これを棒グラフで示したのが，図2.3.1左です。これを見ると，商品1のほうが商品2に比べ，1.25倍ほどよく売れる商品であることが印象付けられます。

さて，ここで分析をやめずに，平均をとる前の30日分の販売数をそのまま全部プロットしてみましょう。もし，データが図2.3.1中央のような散らばり方をしていた場合，先ほどの「商品1のほうが1.25倍ほどの売れる商品である」という結論に大きな問題はなさそうです[10)]。しかし，これがもし「商品1も商品2も日曜日限定販売の商品で，過去1か月のデータにそれぞれ4点しかデータしかなく，売れ

図2.3.1　平均値の棒グラフの危険性

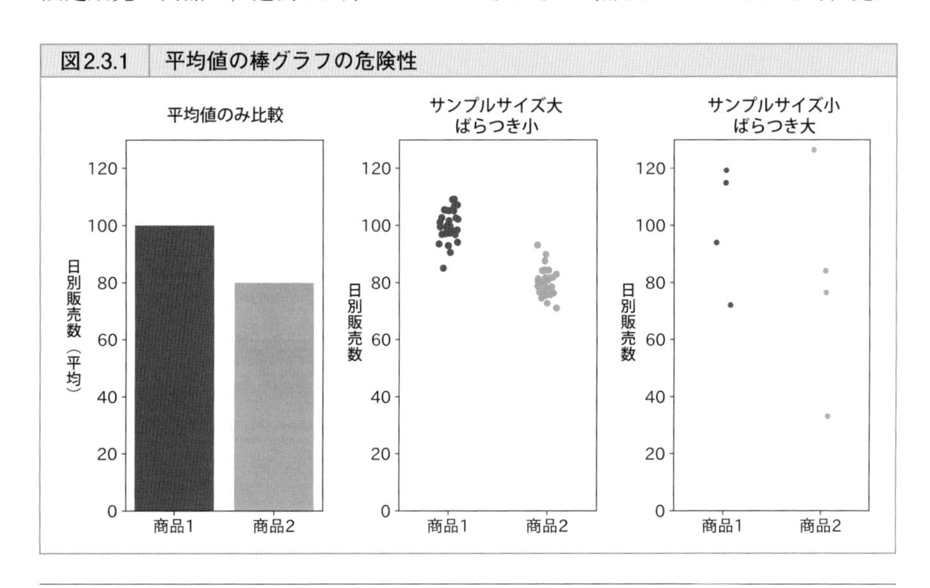

10) こうしたデータから何らかの結論を導くには統計学的な議論が必要になりますが，細かい内容については本書では立ち入りません。

行きのばらつきも大きい」という，図2.3.1右のような状況だったらどうでしょうか？

この場合は，どちらの商品がどれだけよく売れる商品なのかについて，大小関係も含めて結論付けることは難しいでしょう。

平均値は二つのケースで同じになるように設定してありますから，平均値の棒グラフを示されただけでは区別がつきません。

言葉づかいの確認

【観測値／データ点】

対象からデータを取得することを，**観測（observation）**といいます。観測された値の一つ一つを，**観測値（observed value）**またはデータ点（data point）といいます。

【標本／サンプル】

対象から観測したひとまとまりのデータのことを，**標本**または**サンプル**(sample)といいます。また標本を取得することを，**サンプリング**(sampling)といいます。標本に含まれるデータ点の数をサンプルサイズ（sample size）といい，しばしばアルファベットのN（またはn）で表現します。似た表現でサンプル数（sample number）というものがあり，こちらはサンプルが何セットあるかを表す用語なので混同しないようにしましょう。

データのまとまりを描画する方法

このように，各カテゴリについて値をいくつも測定したデータに対して平均値を棒グラフで示すと，その集団的な情報を大きく削ってしまいます。本質的に，一つの棒で一つの数量の値を表すだけの可視化方法なので限界があります。

「データがどこにどれくらい散らばっているか」という集団的な振る舞いを可視化したい場合には，他の手法に頼る必要があります。まずは，それらについて説明してきましょう（図2.3.2）。

先ほど図2.3.1でも登場した「各データ点をそのまま全部プロットする方法」を，**ストリッププロット（strip plot）**といいます。このように，単にデータを全部示してしまう方法は，データの全体像を把握する際には非常に役立ちます。ストリッププロットでは，描画される点の横位置はランダムに設定されます。そのため，点同士が重なってしまったり，どれくらいその値の周りに密集しているのかが見づらくなってしまう場合があります。

その問題を解決するのが，**スウォームプロット（swarm plot）**です。この手法では点同士が重ならないように横位置を調整するので，どのあたりにどれくらい点が存在しているのかを見やすくすることができます[11)]。

図2.3.2　様々な標本の可視化

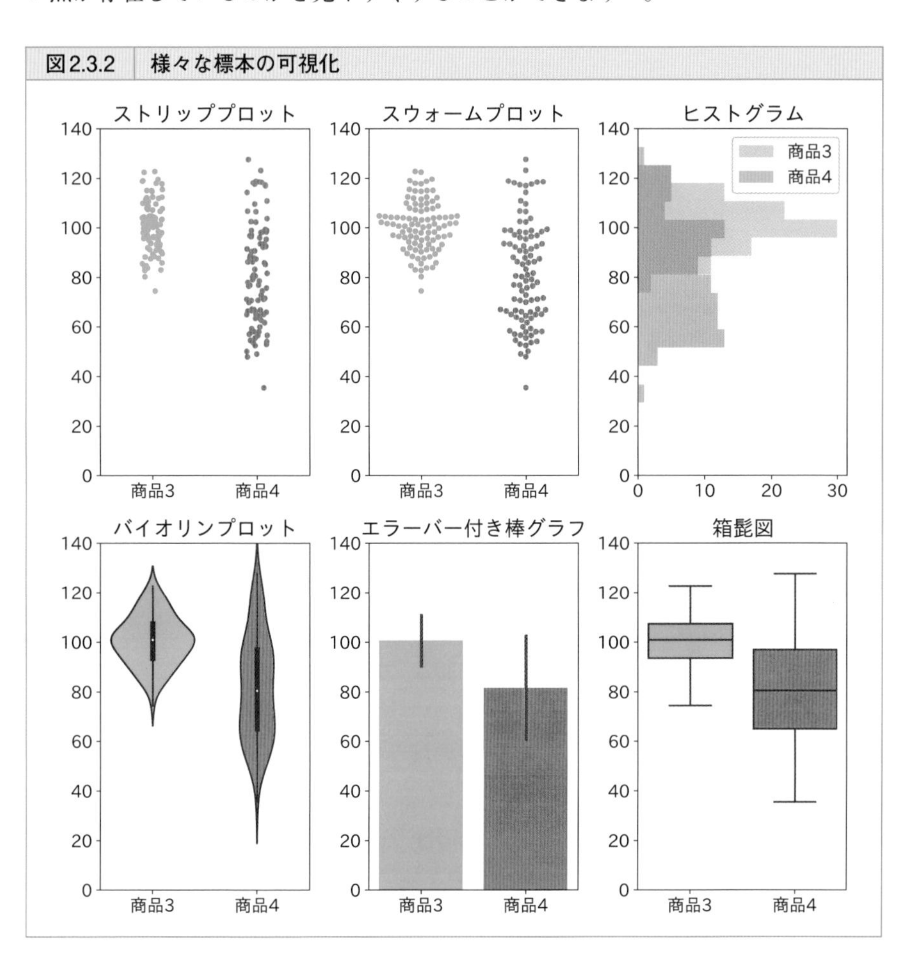

11）一部の領域に点が集まっていると，横に長く広がってしまうことがあります。その場合は，プロットを半透明にすることで重なりを許容してストリッププロットを利用するか，ヒストグラムを利用する方針が考えられます。

これをさらにしっかりカウントして描画したものが，**ヒストグラム(histogram；度数分布図)**です。一定区間ごとに数直線を区切り（それぞれを**階級**といいます），それぞれの区間に入ったデータ点の個数（**度数**または**頻度**といいます）をカウントして表示します。

度数を全体のサンプルサイズで割って，割合（**相対度数**または**相対頻度**といいます）にしてからプロットする場合もよくあります。図2.3.2上段右では，他の例と合わせるために度数をx軸に示していますが，普通は観測値のほうをx軸に，度数をy軸に取ります。データの散らばり具合を分析する王道の手法なので，これについては後程もう少し詳しく解説します。

限られたデータからでも滑らかな形の分布を推定して描画する，**バイオリンプロット (violin plot)** という方法も分布の形を見るには便利です(図2.3.2下段左)。

本節の冒頭で，「棒グラフでは平均値しか描画できないので，集団としてのデータの情報が落ちすぎてしまう」という説明をしました。それでは，その棒グラフにもう少し情報を付加していく方針はどうでしょうか？

その一つが，エラーバーを付加することです。図2.3.2では，データの標準偏差（第5章でも詳しく説明します）という「値がどれくらい散らばっているか」を表す指標の大きさと同じ長さの線を描画しています。例えば，この線で表される散らばりの範囲が，比較しているグループ同士の平均値の差と比べて十分に小さければ，その差には意味がありそうだと判断することができます。同じような意味合いで，エラーバーの描画には**標準誤差 (standard error)** や**信頼区間 (confidence interval)**[12)]という，「平均値がどれくらい信用できるか（できないか）を表す指標」を用いることもよく行なわれます。

このように，エラーバーには様々な描画の仕方があるため，利用する際にはそれが何を意味するのかを必ず明記しなければなりません。

最後に紹介するのが，**箱髭図 (box plot)** です。この図は，データの散らばり具合を5つの数値指標で表現します（図2.3.3)。

まず，データの最小値と最大値が「ひげ」の末端に描画されます。真ん中のボックスは，全体の50%のデータ点が入る領域を表していて，下の端は，データを順

12) これらの指標についても，第5章で簡単に解説します。

番に並べたときに下から25%丁度になるデータ点の値（**第１四分位点**または**25パーセンタイル点**といいます）を表しています。図の例では100個の点がプロットされていますから，下から数えて25個目のデータ点の値ということになります。

同様に，ボックスの上の端は下から数えて75%になるデータ点の値（**第３四分位点**または**75パーセンタイル点**といいます）です。そして，ボックスの中ほどに示された線は，データの**中央値**（下から数えて50%の位置にあるデータ点の値）です。ストリッププロットやスウォームプロットはデータ全体を可視化する良い方法ですが，「数値としてどの辺にデータが集まっているといえるのか」を読み取ることができません。一方，箱髭図は四分位点によってデータ全体を四つの領域に分けることで，標本の間の定量的な比較をしやすくするという効果があります。

図2.3.3　箱髭図の構成要素

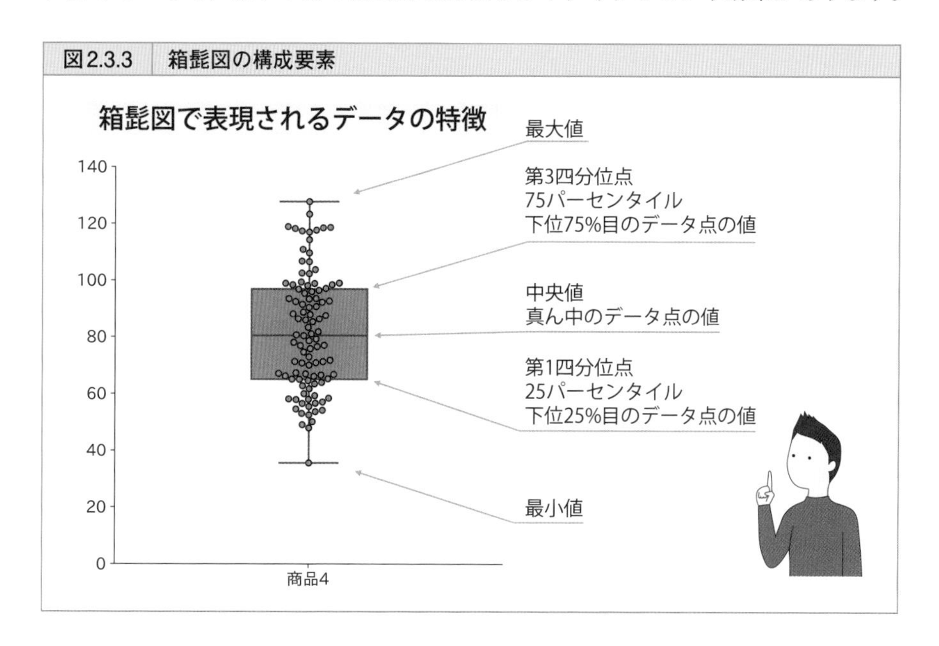

これらの描画方法を用いると，データ全体の特徴を効果的に把握できたり，データの間の差を主張しやすくなります。例えば，統計学的仮説検定を用いて有意な差があることを示す際には，エラーバー付き棒グラフではなく，図2.3.3のような箱髭図にスウォームプロットを重ねたものを描画すれば，何もおかしなこと[13)]は起こっていないことを補足情報として示すことができます。またヒストグラムを

13）検定の前提条件となっている性質が満たされていなかったり，明らかな外れ値によって結果が影響を受けているなど。

見れば，平均値に差はなくても散らばり方に大きな差があるような状況では，そこから何かの洞察が得られるかもしれません。

統計学的仮説検定のイメージ

例えば，プロ野球の開幕試合において4打数2安打で打率5割になった打者と，4打数1安打で打率2割5分となった打者がいたとして，「前者のほうがヒットを打つ能力が高い選手である」とは結論付けられませんよね。しかし，これが100試合を超えたあたりの成績が「300打数120安打で打率4割」の打者と「300打数75安打で打率2割5分」の打者の比較であれば，前者のほうが確実に優れた打者であると結論付けられそうです。

得られたデータに観察される特徴が，どれだけ「たまたまでないのか」を評価する方法に，統計学的仮説検定という方法があります。統計学的仮説検定では，もし着目する性質が存在していないにもかかわらず「たまたま」そのような（それ以上に）極端な性質が出てしまう確率を計算し，それが十分に大きければ着目した特徴があるとは言えない，と結論づけます。同じ能力の打者が1試合をプレイして，片方が4打数2安打，もう片方が4打数1安打となることは簡単に「たまたま」起きそうですが，300打席に立って片方の打率が4割，もう片方が2割5分になることはまずないでしょう。したがって，この場合は何らかの差があると結論付けられるわけです。

本章では，数量を把握するための手法について解説してきました。値がどれくらいの大きさを持っているのか，複数の要素の大小関係はどうなっているのかをとらえることは，データ可視化の最初のステップです。本書の後半で登場する「より複雑な可視化」においても，本章のテクニックを組み合わせて利用することでより効果的な可視化が実現できるでしょう。

第2章まとめ

- 数量の大きさを図形の大きさで表す可視化は直感に訴えるが，細かい数値を伝えるには向かない。
- 棒グラフは値同士を比較するのに有用だが，可視化の目的によってどの種類の棒グラフを利用するのか考える必要がある。
- データの集団的な様子を知る必要があるケースでは，棒グラフではなく，標本の全体がとらえられる可視化方法を利用する。

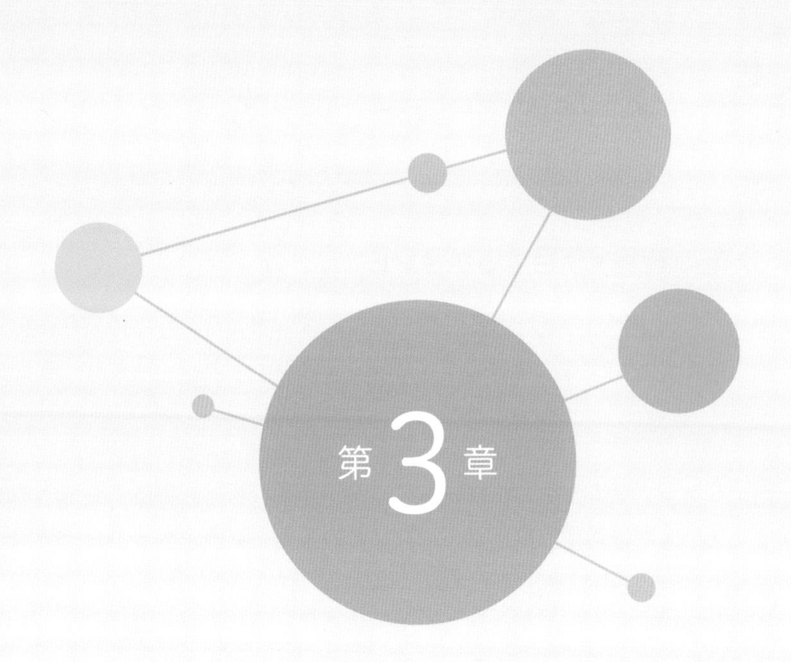

メカニズムをとらえるデータ可視化

この章では，データの性質からメカニズムに迫るための基本的な考え方について学びます。データ分布の形状から推察される特徴に始まり，時系列データから物事の時間変化をとらえる方法や，多変数データにおける2変数間の関係性を紐解くのに必要な可視化方法についても解説していきます。これらの方法や考え方は，データ分析の実践でも主力になるだけでなく，より複雑なデータ可視化の基礎にもなります。

3.1 分布の特徴をとらえる

分布の特徴・着目するポイント

ここからは，データの背後にある特徴やメカニズムをとらえるための可視化方法について解説していきましょう。まずは，1変数のデータの「分布」に着目します。

データをヒストグラムとしてプロットすると，分布の様々な特徴を発見することができます。まずは基本的な分布の特徴にどのようなものがあるのか，概観していきましょう（図3.1.1）。

第一に，基本的なことですが「分布の山の頂点がどこに位置しているか」を確認します（図3.1.1上段左）。これは「一番多く出現した値」を意味するので，対象とする現象の典型的な振る舞いを表している可能性が高いです。また，分布がどれくらい横に広がっているか，そもそもの形状が左右対称かどうかといった特徴も重要です（図3.1.1上段中央）。例えば何かのイベントの発生間隔や，年収の

図3.1.1　基本的な分布の特徴

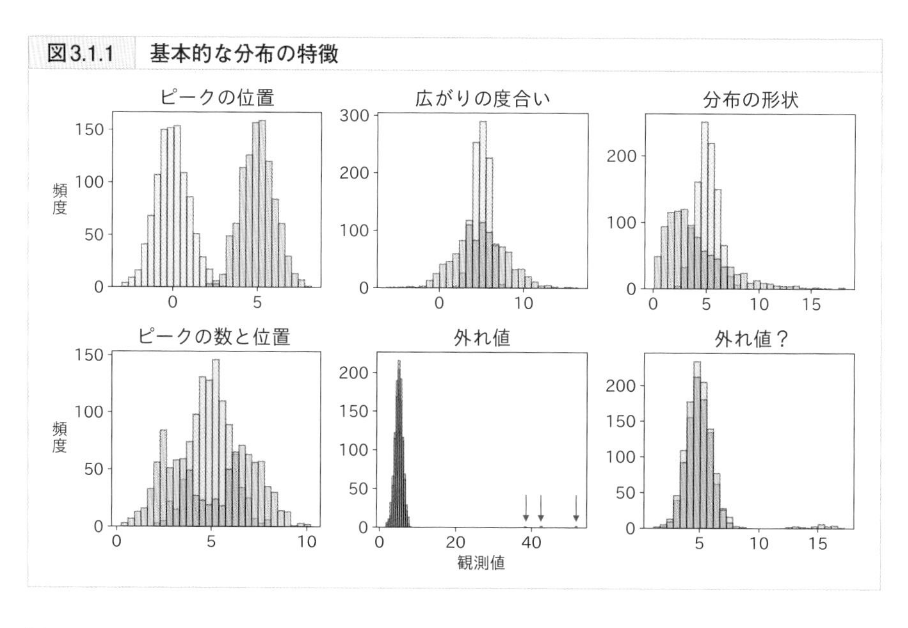

分布などを可視化すると，よく図3.1.1上段右のような形が歪んだ分布（**右に歪んだ分布**；「左に」ではありません）が現れます。

分布によっては，ピークが1つ以上存在する場合もあります（図3.1.1下段左）。このようなケースでは，それぞれのピークが別のメカニズムによって生じていることがよくあります。加えて，データの集団から遠く離れた位置に存在する点（**外れ値；outlier**）がどこにどれほど存在するかも重要です（図3.1.1下段中央・右）。これが分析に悪影響を与える場合は適切に取り除いたり，外れ値に影響を受けにくい分析手法を選択することになります。外れ値を分析から除いても良いかどうかはケースバイケースで，外れ値が生じているメカニズムが重要になるケースもあります。

データをヒストグラムで表示する際の注意点として，区間の区切り方（**ビン；bin**といいます）の幅を指定する必要がある（または，描画プログラムにおいて自動で設定される）ということがあります。ビンを細かく切ると，当然ですがその中に含まれるデータ点の個数が少なくなり，分布の形が見えづらくなってしまいます（図3.1.2上段右）。逆に，ビンを大きくしすぎると分布の細かい特徴を見逃してしまいます（図3.1.2上段左）。

図3.1.2　ヒストグラムの形状とビンの定義

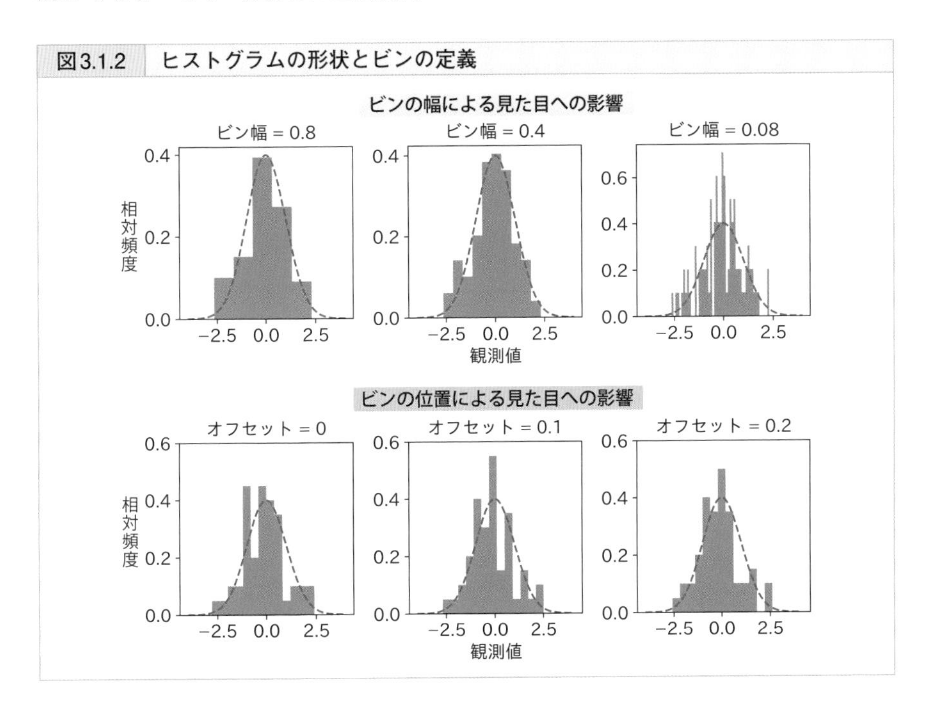

また，近い所にある観測値同士は，ビンの位置によって同じビンに入ったり隣のビンに分かれたりするため，最初のビンのスタート位置をどこにするかによっても見た目の印象が変わることがあります。図3.1.2下段では，全く同じデータ（サンプルサイズn=100）に対して，同じビンの幅0.4で，スタート位置を元の位置から0.1，0.2とずらしてヒストグラムを描画したものですが，形状が一定程度変わってしまっていることが見て取れるでしょう。

このように，特にサンプルサイズが十分でない場合にヒストグラムを描こうとすると，ビンの選び方によって見た目が変わってしまいます。これはそもそも限られたデータから全体の分布を推測しようとしているため仕方のないことであり，手法の限界です。なお，バイオリンプロットなどを利用すれば，基本的にこのような問題は発生しません。

理論分布と比較する

理論分布という概念があり，これとデータを比較することでメカニズムに迫れる場合もあります。例えば，サイコロを100万回振って出た目の回数を記録して，相対頻度のヒストグラムを描いたとしましょう。サイコロの各々の目は1/6の確率で出ますから，1から6までの目が大体同じ割合で観測されるでしょう。しかし，こんなことをしなくても，理論的に（というほどのことでもないかもしれませんが）各々の目が1/6という同じ確率で出るということは想像がつきますよね。「各々の観測値がどれくらいの確率で出現するかを記述したもの」を**確率分布（probability distribution）**といい，観測値がある分布から生成されていることを，「ある確率分布に従う」と表現します。

そして，もしもデータがこの確率分布からずれていたら，そのサイコロが普通のサイコロではないことがわかります。このように，理論的に予測される分布とデータを比較すると，分析の手掛かりを得ることができます。

なお，実際に得られたデータの分布のことを，理論分布と対比して**経験分布（empirical distribution）**といいます。

さらに，「サイコロを100回振って出た目を全部足す」ということをやってみましょう。サイコロを1回振った期待値は3.5ですから，100回振ると大体トータルで350くらいになることが予測されますが，たまたま大きい目が沢山出て380程度になることもあれば，小さい目が沢山出て320程になってしまうこともあるでしょう。この「100回振って出た目を足す作業」をワンセットとして，これを1000回繰り返してヒストグラムを描いたのが図3.1.3上段左です。

今回は，すべての観測値が同じ割合で出るわけではなく，350に近い値がよく出ることがわかります[1)]。一度に振るサイコロの数をどんどん増やしていくと，この分布の山の形はどんどん滑らかになっていき，**正規分布(normal distribution)／ガウス分布（Gaussian distribution）**と呼ばれる特定の理論分布に近づいていくことが知られています。正規分布はその名が示す通り，ランダムな影響が（足し算的に）積み重なって生じるような現象で生じることが多く，ヒストグラムが得られたらまず比較対象の候補とされます。

図3.1.3　正規分布との比較

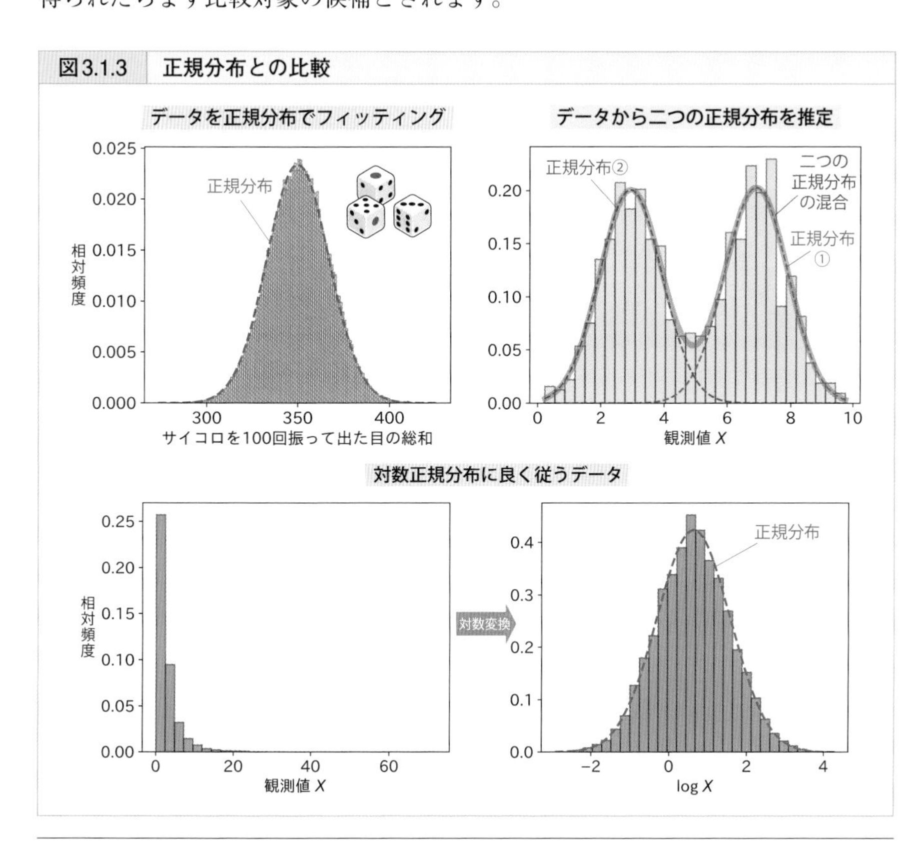

1) これは，極端な値を実現する事象の数が少ない（例えば，和が100になるにはすべてのサイコロが1になるという一通りしかありません）一方，和を350にする組み合わせは無数に存在するためです。ちなみに，この「パターンが沢山生じやすい事象がよく見られる」という事実は統計物理学の理論的な根幹をなしており，実は自然界の様々な現象の背後に存在しています。

ヒストグラムが得られたときに，それに対応する正規分布を重ねて表示することができます（この作業を，**フィッティング／当てはめ：fitting**といいます）。例えば，二つの正規分布から生じていると考えられるデータ（高校3年生の身長を測定したデータを性別で分けずにまとめたものなど）に対して，二つの正規分布を同時に当てはめる，といったことも可能です（図3.1.3上段右）。これを，**混合正規分布モデル（Gaussian mixture model：GMM）**といいます[2)]。

また，「得られたデータに特定の変換を施してから理論分布と比較する」というアプローチもあります。例えば，得られた値をすべて対数に変換して（logを取って）からヒストグラムを描くと，正規分布のような形が得られることがあります（対数を取る前のデータは，**対数正規分布：log-normal distribution**という分布に従っていたことになります）。このようなデータでは，様々なランダムな要素が「掛け算」で積み重なるようなプロセス（例えば，一定確率で倍々になっていくギャンブルなどをイメージするとわかりやすいです）が背後にあることが想定されます。例えば，脳内のニューロンの活動をカルシウムイメージングで測定した輝度データは，対数変換すると正規分布でよく近似できることが知られており，それに正規分布を当てはめて脳活動の変化をとらえる，といった使い方もできます[3)]。

なお，正規分布以外にも様々な現象に対応した理論分布が知られています（図3.1.4）。

2) Pythonでは`sklearn.mixture.GaussianMixture()`などで簡単に実施できます。
3) Yamagata, N., Ezaki, T., Takahashi, T., Wu, H., & Tanimoto, H. (2021). Presynaptic inhibition of dopamine neurons controls optimistic bias. Elife, 10, e64907.

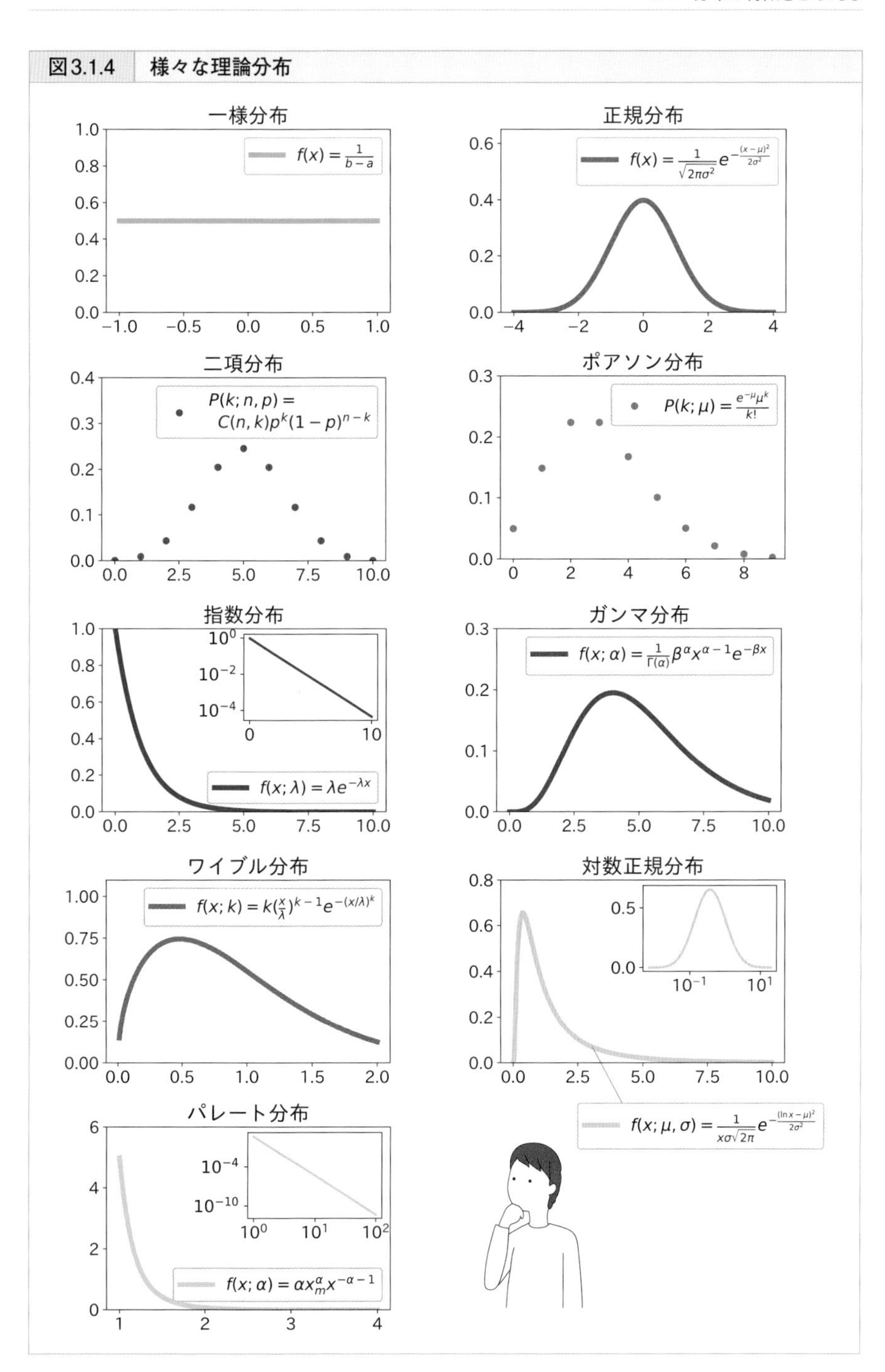
図3.1.4　様々な理論分布
一様分布
$f(x) = \frac{1}{b-a}$
正規分布
$f(x) = \frac{1}{\sqrt{2\pi\sigma^2}} e^{-\frac{(x-\mu)^2}{2\sigma^2}}$
二項分布
$P(k; n, p) = C(n, k)p^k(1-p)^{n-k}$
ポアソン分布
$P(k; \mu) = \frac{e^{-\mu}\mu^k}{k!}$
指数分布
$f(x; \lambda) = \lambda e^{-\lambda x}$
ガンマ分布
$f(x; \alpha) = \frac{1}{\Gamma(\alpha)}\beta^\alpha x^{\alpha-1} e^{-\beta x}$
ワイブル分布
$f(x; k) = k(\frac{x}{\lambda})^{k-1} e^{-(x/\lambda)^k}$
対数正規分布
$f(x; \mu, \sigma) = \frac{1}{x\sigma\sqrt{2\pi}} e^{-\frac{(\ln x-\mu)^2}{2\sigma^2}}$
パレート分布
$f(x; \alpha) = \alpha x_m^\alpha x^{-\alpha-1}$

様々な理論分布の例

【一様分布（uniform distribution）】

一様分布は，取りうるすべての値が同じ確率で生じることを表す分布です。

関連する例：サイコロ，くじ引きなど。

【正規分布（normal distribution）】

自然現象や社会現象で多く見られる分布。平均値を中心とした左右対称の山型の形状を持ちます。

関連する例：人々の身長や体重，テストのスコア，製品の寸法誤差など。

【二項分布（binomial distribution）】

二項分布は，二つの結果（例えば「成功」と「失敗」とします）のどちらかが生じるようなイベントがn回行なわれたときに，全体の成功回数が従う分布を表します。

関連する例：コイン投げで表が出る回数，ランダムに選ばれたn個の対象のうち，着目している性質を持っているものの個数など。

【ポアソン分布（Poisson distribution）】

ポアソン分布は，一定時間または空間内でランダムに（お互いに無関係に）起こる事象の発生回数が従う分布です。

関連する例：単位時間あたりの電話の着信数，単位面積当たりの雨粒の数など。

【指数分布（exponential distribution）】

指数分布は，（お互いに無関係に起こる）ある事象が次に起こるまでの時間間隔が従う分布を表します。

関連する例：コールセンターでの電話の着信間隔，機械が故障する間隔など。

【ガンマ分布（gamma distribution）】

ガンマ分布は，ある事象が指定した回数発生するまでの時間の分布を表します。

関連する例：ウェブサイトに10人からのアクセスがくるまでの時間など。

【ワイブル分布（Weibull distribution）】

ワイブル分布は，製品の寿命や故障時間など途中で発生確率が変わる事象に関する信頼性分析によく使われる分布です。

関連する例：ある製品が故障するまでの時間，生物の寿命，風速の分布など。

【対数正規分布（log-normal distribution）】

対数正規分布は，ランダムな要素が掛け算で積み重なって生じる事象においてよく現れる分布です。

関連する例：所得分布，株価の変動率，都市の人口など。

【パレート分布（Pareto distribution）】

パレート分布は，所得や人口のような社会経済的な現象で見られ，少数の要素が全体の大部分を占める現象（80:20の法則）を記述するのによく用いられる分布です。

関連する例：富の分布，ウェブサイトの訪問者数，都市の規模など。

分析の対象としているプロセスから生じそうな理論分布を知っていると，それを「ロジック」として利用した深い洞察につなげることができます。これらの分布もデータに対して当てはめたり，そこで推定されたパラメータを使ってさらに分析を進めることが可能です。

累積分布で当てはめる

本節の最後に，**累積分布（cumulative distribution）**というデータの見方を紹介します。累積分布とは，「値がそれ以下のデータが全体の何割を占めるか」を示したものです。

例えば，図3.1.5上段左のヒストグラムで表されるデータを累積分布で表したのが下段左の図です。「このデータの小さい方から数えて80%の観測値がどこにあるか」を探すと，その値が0.84だったとします。これを「0.84のところまで行けば，割合として全体の0.8がカバーされる」ということで，点（0.84, 0.8）にプロットします。これをすべての場所で繰り返すと，図3.1.5下段左のような図が得られるわけです。

図3.1.5　累積分布でデータを見る

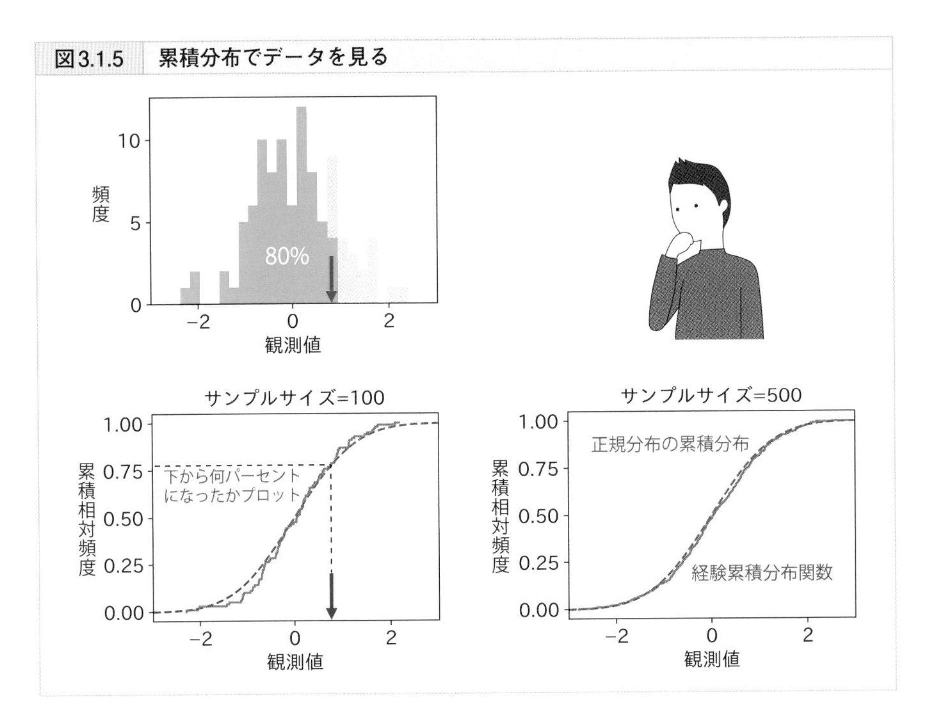

十分に大きい観測値を考えれば，すべてのデータが「それ以下の領域」に含まれますから，累積分布の値は右に行くほど1に近づいていきます。また，観測値が存在する前後でのみカバーされる割合が変化するので，階段状の曲線になります。正規分布のような理論分布を累積分布にすることも可能[4)]で，正規分布とデータを比較するときには累積分布の世界で見ることもしばしば行なわれます。

累積分布の良い点は，ヒストグラムのようにビンの幅を選ばなくてもいいこと，データのばらつきが足し算されていくのでそれらが打ち消し合って比較的滑らかな振る舞いになることです。実際，図3.1.5上段左と下段左を比較すると，同じデータを描画しているにもかかわらず形状の粗さが全く異なることがわかるのではないでしょうか。サンプルサイズを500にすると，図3.1.5下段右くらい滑らかな形状になります（このサンプルデータは実際に正規分布から生成しているので，正規分布の累積分布にピッタリ合います）。

4)　理論分布の累積分布は観測値から作るのではなく，理論的に積分計算を行なうことで得られます。

3.2 線で特徴をとらえる

折れ線・エリアチャート

ここからは第2章でも簡単に紹介した**折れ線グラフ（line chart）**を使って，対象の時間変化に関する情報を抜き出す方法について考えていきましょう。

図3.2.1に，日本のGDP統計データ[5]を可視化したものを示します。このように，一定間隔の各時刻に対して観測値が与えられているデータを，**時系列データ（time series data）**といいます。

折れ線グラフは増加，減少のパターンを見やすくするのに非常に長けたデータ可視化手法です。着目する変化の大きさに応じて，縦軸の拡大率を調整することができるためです。逆に，値の大きさとの対比で変化をとらえたい場合は，**エリアチャート（area chart）**が有効です。エリアチャートでは，領域の大きさも数量を表す重要な情報なので，縦軸はゼロからスタートする必要があります。棒グラフで可視化しても同様の効果を得られますが，エリアチャートのほうが増減のパターンが見やすく，また棒グラフの無駄な縦線がない分，図がごちゃごちゃ

図3.2.1　時間推移を可視化する

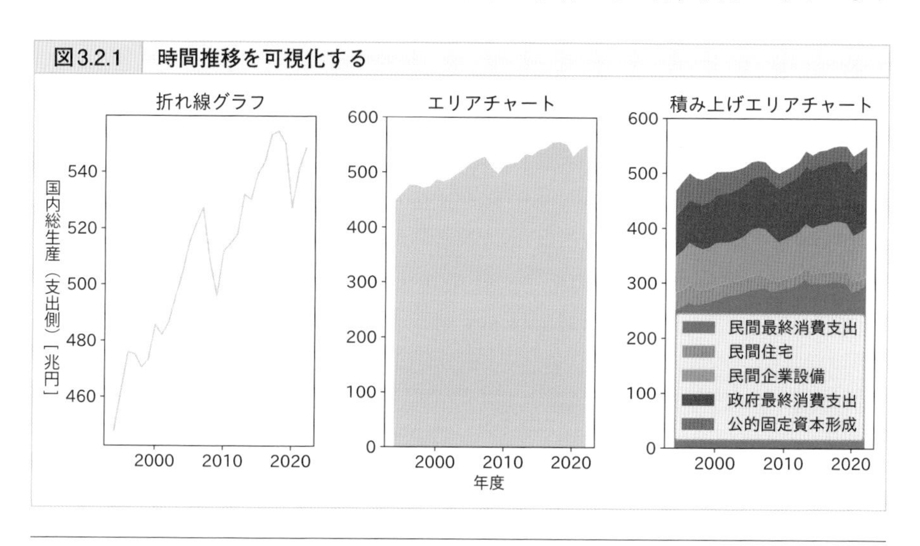

5）内閣府経済社会総合研究所のホームページ（https://www.esri.cao.go.jp/jp/sna/menu.html）からダウンロードすることができます。

しないといったメリットがあります。

また棒グラフと同様，エリアチャートでもカテゴリごとに積み上げて描画することもできます。図3.2.1右では，GDPを構成する主要なセクターについての積み上げエリアチャートを示しました。この方法では，それぞれの要素が全体に占める割合と同時に，値の増減を観察することができます。

ただし，負の値を含むようなデータは，この方法では可視化できないという弱点もあります[6)]。加えて，各カテゴリの領域の下の線と上の線の位置が両方変動するので，「あるカテゴリが増えているのか減っているのか」が意外に見づらいです。

したがって，データの全体を示す目的であったり，探索的データ分析の中で行なう可視化としては有用ですが，具体的な個別のメッセージを端的に伝えたい場合は，それを直接抜き出すような別の可視化を行なった方が良いでしょう。

沢山のものを比べる

データ分析の現場では，沢山の要素の時間的な振る舞いを分析することがよくあります。例えば，生物の個体群や細胞群の活動が時間によってどう変化しているかを観察するとか，顧客の行動の履歴を属性ごとに分析する，複数銘柄の株価の推移を比較する，といったケースがこれに当たります。ここでは，そうした複数の時系列を可視化する方法について，いくつか実践的なテクニックを紹介しましょう。

一つの例として，（マウスなどの）ある生物の異なる条件における活動量の違いを分析することを考えましょう[7)]。ある条件下に置かれた個体群Aと，別の条件下の個体群Bのそれぞれ15個体ずつ，計30個体の日々の活動量（移動量など）を30日間計測してスコア化したデータがあるとします。

---

6) 実際，今回の可視化でも，マイナスの値を含む「公的在庫変動」,「財貨・サービス」,「民間在庫変動」,「純輸出（＝輸出と輸入の差）」のセクターについては（全体に占める割合が十分小さいことを確認した上で）除外しています。このように，データの一部を除外して可視化しても良いかどうかは文脈と可視化の目的によりますが，除外を行なう場合は誤解や混乱を生まないように，そのことを明示しておくと良いでしょう。

7) これは仮想的データですが，例えば，ある行動に関係している脳細胞の働きを抑えたり刺激することによって個体の行動が変化することを確認する，とか，特定の環境下に置かれたときの行動がどう変化するかを調べる，といった文脈でこのような分析がよく行なわれます。

図3.2.2上段左では，単純にすべての個体をそのまま折れ線グラフで描画し，個体ごとに色を付けています。当然ですが，30本もの折れ線グラフを同時に描画すると何が何だかわからなくなってしまうでしょう。したがって，文脈や目的に応じてなんらかの「見やすくする工夫」が必要になります。

例えば，30個体のうち，ある特定の個体に興味がある場合[8]，図3.2.2上段右のように着目する個体のデータだけ目立つ色で太く，それ以外の個体のデータを半透明で目立たない色で（重なった場合に，その度合いが読み取れるようにする意味もあります）細めの線で示すと，全体の中で比較した特徴をとらえやすくなります。

図3.2.2　複数の時系列データの描画

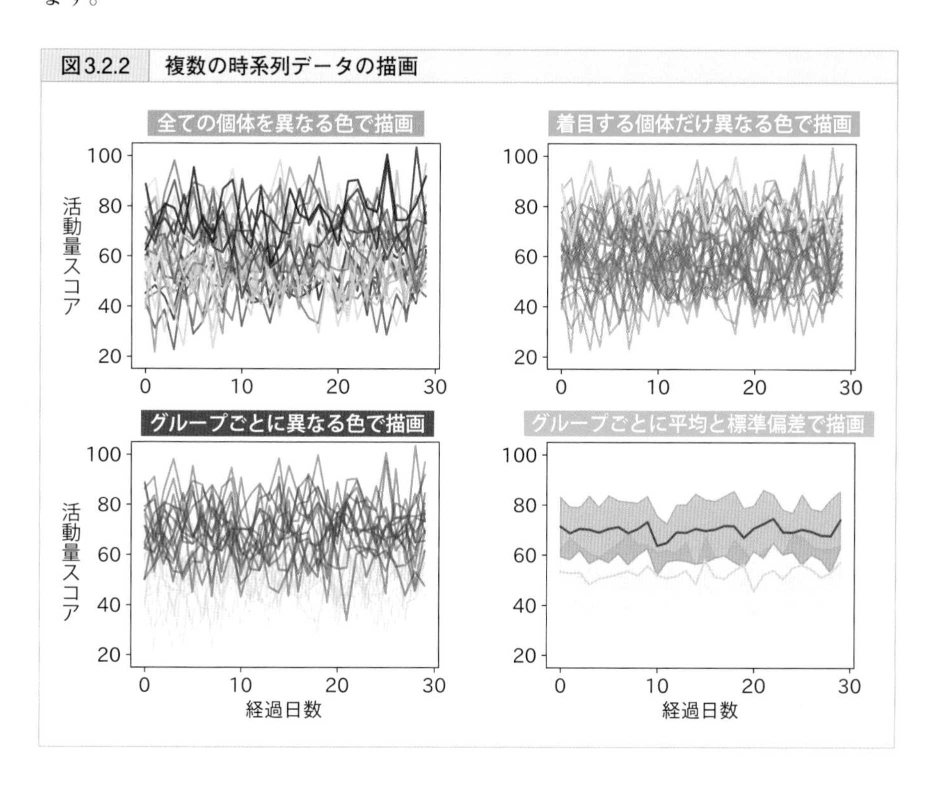

単に個体群Aと個体群Bの比較がしたい場合，図3.2.2下段左のように個体群ごとに色を揃えて，かつ半透明にすると見やすいです。この例では，個体群Aの方が平均して個体群Bよりも高い活動量を持っていることが観察できます。

8)　集団で生活する生物にはしばしば個体間で明確な役割分担がある（女王アリと働きアリなど）ので，それを手掛かりに特定の個体に注目するということもよく行なわれます。

また，これを平均値や標準偏差といった定量指標でとらえたい場合は，図3.2.2下段右のような可視化も便利です。この図では，各日の各個体群での平均値と標準偏差を計算し，平均値を太い折れ線グラフで，平均値から標準偏差の分だけ離れた値を細い折れ線グラフで示し，その間の領域を半透明に塗りつぶしています。特に，個体数が増えてきて，すべて折れ線グラフで示すとぐちゃぐちゃになってしまう場合には，非常に有用な方法です。

これらの可視化は，探索志向型データ可視化でよく利用されます。今回の例では，全体的な活動量が日によって特に変化していないので，活動量の大小について何かを主張するための説明志向型データ可視化では，わざわざこのように時系列として示さないことが多いでしょう（単に活動量の30日平均を取るなりすることが考えられます。逆に，変化して「いない」ことを示すためであれば，このような可視化を行なうことになります）。また，もし時系列としての顕著なパターンが見られる場合，（ある日を境にして状況が変化したとか[9]）このような可視化は探索志向型・説明志向型の両方で利用されます。

スロープグラフ

次に，複数の要素の値をいくつかの時点で比較して，「全体として増えたか減ったか」に興味があるような状況を考えましょう。

「ある食品を食べ続けることが，人間の体重にどういう影響を与えるか」を調べる実験で，50人の被験者の実験開始時の体重と1か月後の体重を測定してストリッププロットで表示したところ，図3.2.3左のようになったとしましょう[10]。一つの点が，一人の被験者の体重に対応します。

この2時点での標本の間には，何か差が見えるでしょうか？

このグラフだけだと，大体同じような範囲にデータが散らばっていて，あまり差が無いように見えます。実は，このばらつきの原因は二つの要素から成っています。一つは，「個人の元々の体重が異なっている」というばらつき，そしてもう

9) 例えば，（もっと短い時間スケールでの時系列データの話になりますが）実験室実験において，刺激を与える前後での反応を見るといったケースもこれに当たります。

10) 仮想的に生成したデータです。ちなみに，このような実験を行なってしっかりした分析を実施する際には，適切な比較対象としての対照群の設置や，被験者のサンプリングといった手続きが必要になります。

図3.2.3　スロープグラフで個々の変化をとらえる

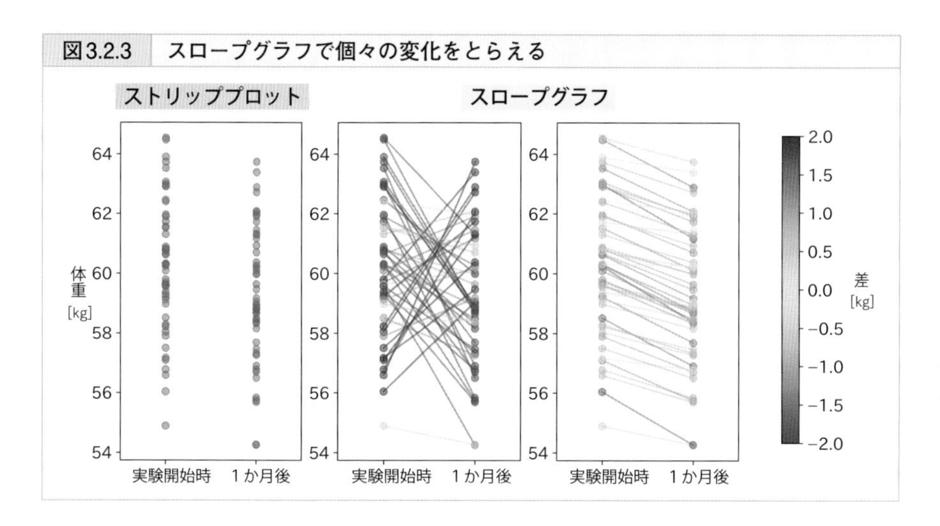

一つが，「ある食品を食べ続けた効果が人によって異なる」というばらつきです。

今回の分析では，後者だけに興味があります。このような場合には，「同じ個人の中でどう体重が変化したか」を直接可視化するのが便利です。図3.2.3中央・右には，異なる二つの状況に対してこれを実施した，**スロープグラフ（slope graph）**というものを示しました。同じ人から得られた2時点でのデータが直線で結んであります。

実験開始時と1か月後では，「点の集合としては全く同じ」これら二つのスロープグラフですが，意味する状況は全く異なります。図3.2.3中央のグラフでは，個人によって体重が増えたり減ったりあまり変わらなかったりしています。ここには一貫したパターンは見えてきません。一方で，図3.2.3右では，どの被験者の体重も一貫して減少しています。

スロープグラフでは，個々の要素の元々の値と，その変化の量を一緒に表示することができるため，状況を把握するのに非常に有用な可視化方法です。探索志向型，説明志向型の両方でよく用いられます。

変化のパターンを考える

本節で紹介してきた可視化手法は，主に時間的な変化をとらえるために用いられますが，この「時間的な変化」をもたらす要因について考えてみましょう。ここでは三つの視点で整理したいと思います。それは，対象の自己ダイナミクス，対象の内部パラメータ[11]の変化，そして，外部要因のダイナミクスです。

例えば，感染症の広がり方を時系列データで分析したいとしましょう。典型的な感染症の流行は，初期の感染者発生，その後の感染者数の増大，集団における免疫獲得による感染率の低下，そして最終的な感染の収束という流れを辿ります。このような，対象そのものが元から持っているメカニズムによる時間変化が，一番目の「対象の自己ダイナミクス」です。

この感染症の流行の過程で，変異株が出現することで感染率が変化したとしましょう。この変化は，感染者数の時間変化の仕方に大きく影響を与えます（別の言い方をするならば，先述の自己ダイナミクスに変化を与えます）。これが「対象の内部パラメータの変化」です。

そして最後に，もしこの感染症が「気温や湿度によって感染率が変わり，冬に流行しやすい」という特徴を持っていた場合，毎年冬に感染者数が増大するパターンが見られるはずですが，この時間変化を作っているのは感染症とは関係のない季節の変化です。これが，「外部要因のダイナミクス」というわけです。

これらの視点は，自分が分析しているデータで観察される時間変化がどこからきているのかを考える上で，非常に役立ちます[12]。例えば，季節のように一定の間隔で同じような影響を与えている外部要因のダイナミクス（**季節性：seasonality** といいます）が含まれているデータについては，比較的容易にそれを分離することもできます。

図3.2.4に，ある医薬品の月間販売額データ[13]から季節性を分離したものを示します[14]。ここでは分離の仕方について2パターンの分析を実施しており，片方は足し算で分解したもの，もう片方が掛け算で分解したものです。データの平均的な推移を表したものが**トレンド（trend）**です。そしてここから乖離した分のうち，定期的に起きている変動分が季節性として抽出されます。トレンドと季節性のど

11） 対象の振る舞いを決める変数のことを，一般に**パラメータ（parameter）**といいます。

12） 厳密には，どこまでを「対象」と考えるかによって着目しているメカニズムがどこに分類されるかが異なります。したがって，このような視点は飽くまでざっくりした指針として考えていただければと思います。例えば，感染症の例では，一定の確率で変異株が発生することも「対象の自己ダイナミクス」といえます。

13） Hyndman, R. J., & Athanasopoulos, G. (2018). Forecasting: principles and practice. OTexts.のサンプルデータとして公開されている(https://rdrr.io/cran/fpp/man/a10.html)，オーストラリアの健康保険委員会によって得られたデータです。

14） このような分析を支援するPythonのパッケージは沢山あり，例えば，`statsmodels`の`tsa.seasonal_decompose()`などを利用すれば簡単に実施することができます。具体的には，本書付録のコードをご覧下さい。

図3.2.4　医薬品の月間販売額を要素分解する

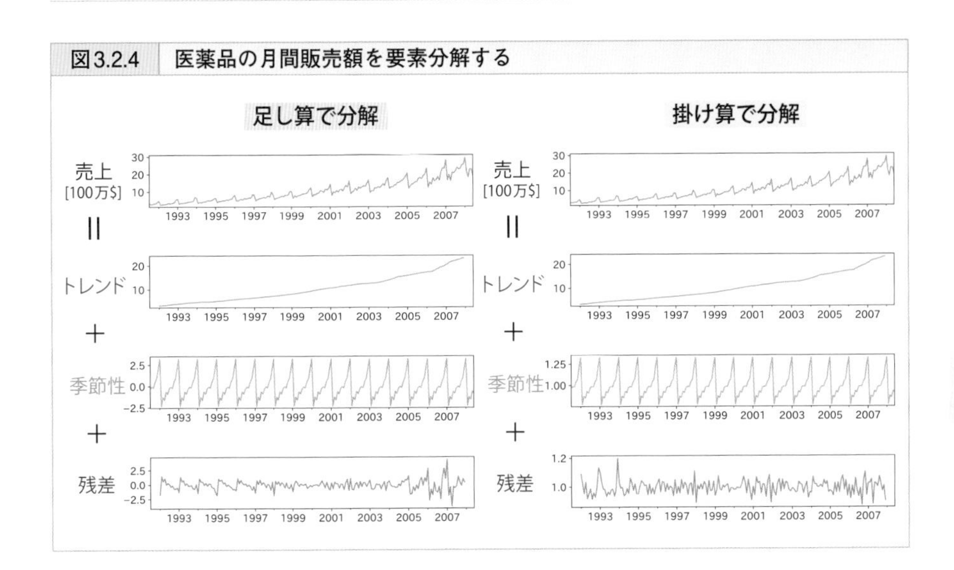

ちらでも説明できなかった変動は，**残差（residual）**として示されています[15)]。

このような時系列分析の手法とデータ可視化を組み合わせると，データの奥に隠れたより深いメカニズムに近づくことができます。他にも例えば，一定の周波数のノイズを除去したり，逆にそれだけを取り出すことで，関心のあるメカニズムを見えやすくする，といったこともデータ分析の現場ではよく行なわれます。

15) 足し算で分解したほうは明らかに残差に季節性のパターンが残っており，綺麗に分離できていません。これは，販売額が増えれば季節性の変動もそれに応じて大きくなるという特徴を分離できていないからです。一方，掛け算で分離したほうは常に一定割合で季節性の影響が考慮されるので，このようなデータに対しては上手く機能しました。

3.3 2変数の関係をとらえる

散布図・ペアプロット

次に，二つの変数の間の関係性を明らかにする方法について解説していきます。

ここでは，三つの異なる種類のペンギン（アデリーペンギン，ヒゲペンギン，ジェンツーペンギン）の身体の特徴について分析したいとしましょう。今，手元には，くちばしの長さや厚さ，足ひれの長さ，体重について個体ごとに測定したデータがあります[16)]。

種	くちばし長さ [mm]	くちばし厚さ [mm]	足ひれ長さ [mm]	体重 [g]
アデリーペンギン	39.1	18.7	181	3750
アデリーペンギン	39.5	17.4	186	3800
アデリーペンギン	40.3	18	195	3250
アデリーペンギン	36.7	19.3	193	3450
アデリーペンギン	39.3	20.6	190	3650
⋮	⋮	⋮	⋮	⋮
ヒゲペンギン	46.5	17.9	192	3500
ヒゲペンギン	50	19.5	196	3900
ヒゲペンギン	51.3	19.2	193	3650
ヒゲペンギン	45.4	18.7	188	3525
ヒゲペンギン	52.7	19.8	197	3725
⋮	⋮	⋮	⋮	⋮
ジェンツーペンギン	47.2	13.7	214	4925
ジェンツーペンギン	46.8	14.3	215	4850
ジェンツーペンギン	50.4	15.7	222	5750
ジェンツーペンギン	45.2	14.8	212	5200
ジェンツーペンギン	49.9	16.1	213	5400

このデータを分析するときの一つのアプローチとして，「種ごとに，それぞれの変数のペアの間の関係性がどうなっているかを見る」ことが考えられます。例え

16) Gorman, K. B., Williams, T. D., & Fraser, W. R. (2014). Ecological sexual dimorphism and environmental variability within a community of Antarctic penguins (genus Pygoscelis). PloS one, 9(3), e90081. で取得されたデータで，データ分析の練習用のデータセットとしてRやPythonのパッケージの中で利用できます。例えば，Pythonの`seaborn`パッケージでは`sns.load_dataset("penguins")`とすれば読み込むことができます。

ば，くちばしの長さと体重の関係性はどうか，足ひれの長さとくちばしの厚さではどうか，などいくつかのパターンがあります。これらのすべてのパターンをまとめて観察できるようにした，**ペアプロット（pair plot）**という便利な方法を使ってみましょう[17]（図3.3.1）。

この図では，グリッド状に分割された領域の横軸と縦軸にそれぞれ対象となる

図3.3.1　ペアプロットによる分布の可視化

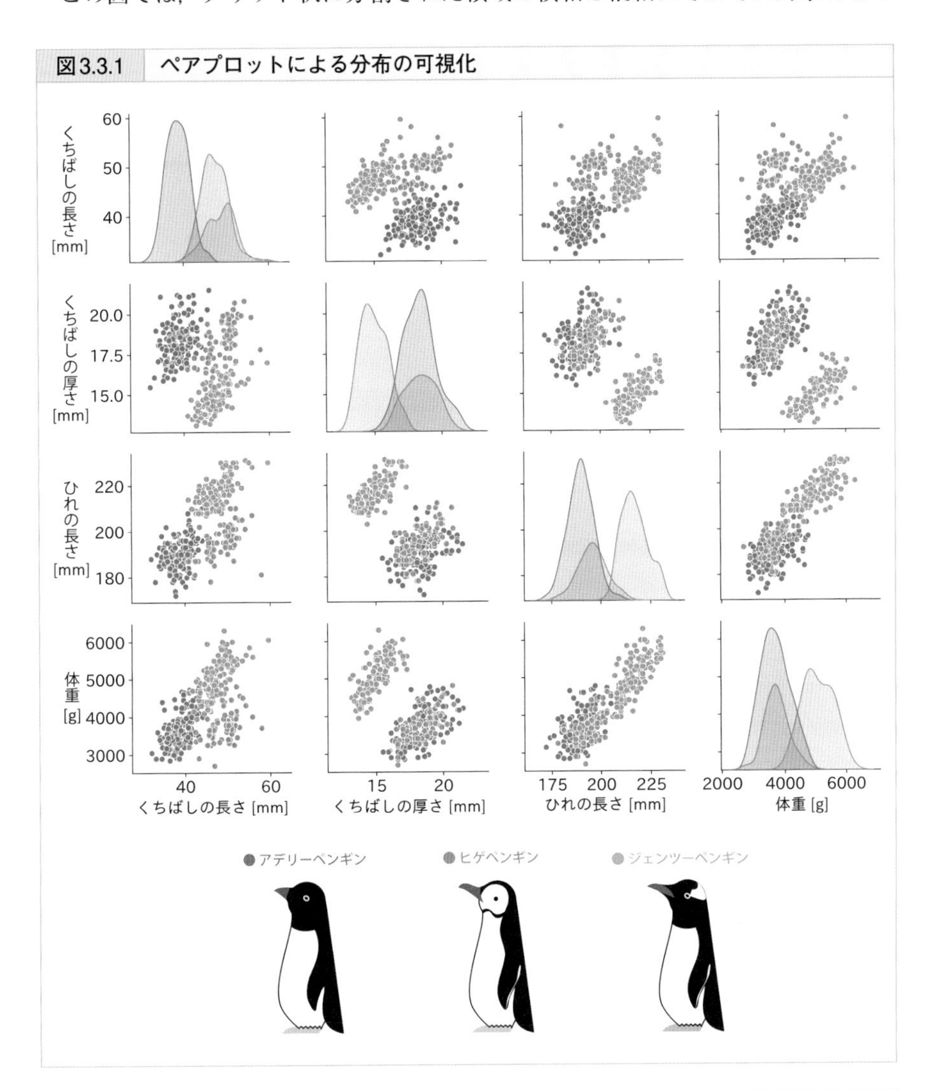

17）例えばPythonの**seaborn**パッケージを利用すれば，**sns.pairplot()**を呼び出すだけで簡単にこのような可視化を行なうことができます。

変数を並べ，その交差する位置に対象となる二つの変数を取り出して描画した散布図が配置されています。対角線上には同じ変数同士で散布図を描いても意味がないので，値の分布がわかるようなヒストグラムが示されています。また，この対角線上のちょうど反対側にある二つの散布図は，互いに横軸と縦軸をひっくり返した関係性にあるので，情報としては同じものがプロットされていることになります。

さて，この図を使って，二つの変数を同時に可視化することのメリットについて考えていきましょう。まず対角線上に配置されたヒストグラムを見ていくと，くちばしの長さだけではヒゲペンギンとジェンツーペンギンは分布が重なっていて同じような値を取っているので，両者を区別することは難しそうです。また同様に，くちばしの厚さだけ，足ひれの長さだけ，体重だけでは，アデリーペンギンとヒゲペンギンの区別がつきません。

では，散布図の方を見るとどうでしょうか？

くちばしの長さの情報が含まれた図では，三つの種類のペンギンがそれぞれ違う領域にプロットされていて識別可能です。

このように，変数の数を増やしてデータをプロットすると表現できる特徴のパターンが増えるので，複雑な特徴を検出しやすくなります。このメリットは，データの中で外れ値を見つける際にも役立ちます。

相関を見るフィッティング

散布図の主要な使い方として，**相関（correlation）**の有無を可視化するというものがあります。「片方の変数の値が大きければ大きいほど，もう一方の変数の値が大きい（または小さい）」という関係性のことを，相関といいます。例えば，先ほどのペンギンのデータでは，くちばしが長い個体ほど体重が重いという傾向が見て取れます（図3.3.2）。くちばしが長い個体は身体が大きいことが想定されます（その逆もまた然りです）から，このような関係性が存在することは自然なことですね。

相関の大きさを測る指標の一つとして，**相関係数（correlation coefficient）**というものがあります。この数字の大小で相関の度合いを議論することがよくあるのですが，散布図に示されている点たちの情報を一つの数字として表したもの

図3.3.2　相関を見るための散布図

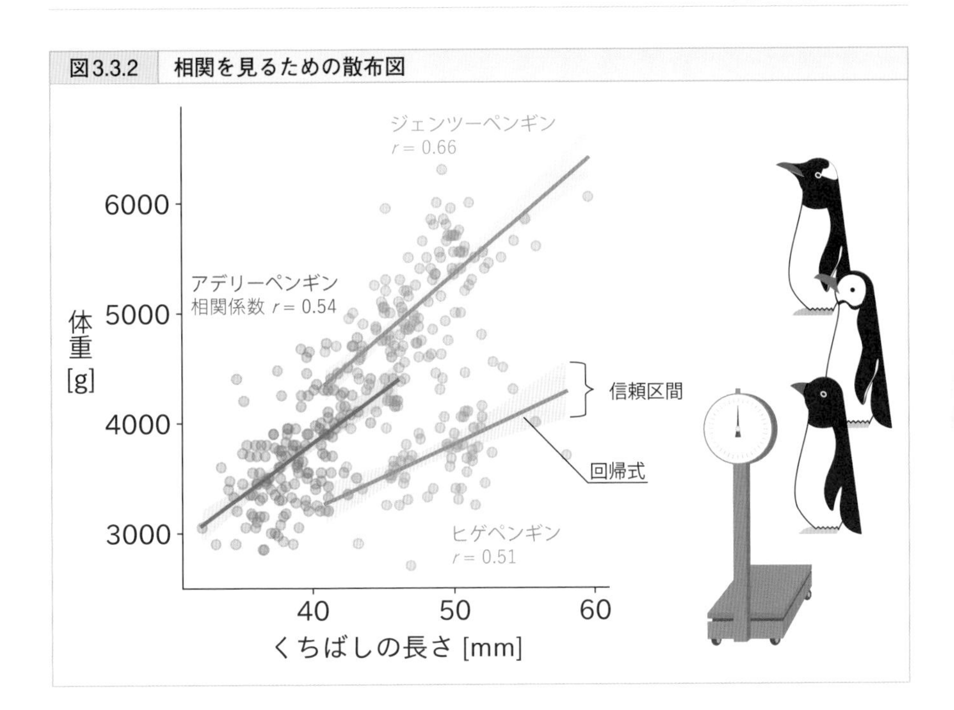

にすぎないので，これだけを見ているとどうしても様々な情報が落ちてしまいます。ですので，相関の有無を議論する際には散布図を実際に示すことで，議論の前提となっているデータをすべて可視化することが重要になります。**回帰式（regression equation）**と**95%信頼区間（95% confidence interval）**を一緒にプロットすると，関係性の強さが見やすくなります。

相関係数・回帰式・信頼区間

・相関係数

相関係数とは，二つの変数の間の関係性を数値で表したものです。しばしば，文字rで表され，−1から1までの値を取ります。1に近いほど正の相関（片方の変数の値が大きいほど，もう片方の変数の値も大きい傾向）が，−1に近いほど負の相関（片方の変数の値が大きいほど，もう片方の変数の値は小さい傾向）が強いことを表します。通常，単に相関係数というと**ピアソン相関係数（Pearson's correlation coefficient）**を表しますが，サンプルサイズが小さかったり，値のばらつきが大きい場合には，値の大きさそのものでなく順位（何番目に大きいか）に基づいて相関の度合いを測る，**スピアマンの順位相関係数（Spearman's rank correlation coefficient）**が用いられることもあります。

・回帰式

データに見られる変数の間の関係性を数式で表現したものを，回帰式といいます。相関係数は，直線の回帰式でデータの変動をどれだけ説明できるかを指標化したものなので，相関の有無を分析する際には一緒にプロットしておくと便利です。

・信頼区間

得られた回帰式がどれだけ信用に足るかを指標化したものに，信頼区間というものがあります。データがばらついていたり，サンプルサイズが小さかったりすると，得られた回帰式が「たまたま」そのような形になっただけで，別のサンプルでは全然違う結果になることも考えられます。回帰式の各値に対して信頼区間を図3.3.2のように描画すると，「回帰式が概ねどれくらいの範囲に収まっていると期待されるか」を情報として示すことができます[18)]。

特定の関係性からの散らばり具合を見る

相関を見る分析では，2変数の間になんらかの直線的な関係性があるかに注目しましたが，散布図は「特定の関係性」とデータの散らばり具合を比較する文脈でも使えます。例えば，最も簡単な関係性として，二つの変数が似たような値を取っているかを調べるために用いられる，$y=x$の関係性があります。

図3.3.3では，これまで何度も登場しているペンギンのデータを用いて3変数の線形回帰モデルを作成し，その性能を可視化してみました。具体的には，「くちばしの長さ，くちばしの厚さ，足ひれの長さ」という三つの情報から，そのペンギ

18) 2点ほど，厳密な説明を補足しておきます。まず，信頼区間とは「ある母平均を持つ母集団から同じサンプルサイズで何度もサンプリングして計算したときに，真の母平均が一定の割合（ここでは95%）で収まるだけの広さを取った区間」として定義されます。加えて，ここで示されている信頼区間は「個々のxの値に対するyの信頼区間を計算する」という形で求められているため，「回帰式全体」が含まれている領域についての信頼区間ではないことに注意して下さい。

ンの体重を予測するモデルをペンギンの種類ごとに作成し，実際にそのモデルを用いて予測を行ないました。

図の横軸には，テストに用いたペンギンたちの実際の体重，縦軸には体重以外の変数から各ペンギンごとに予測した体重の値をプロットしています。また，$y=x$の直線も別途描画しています。この直線は回帰式として得られたものではなく，参照用に設定されたものであることに注意して下さい。

図3.3.3　*y=x*との比較

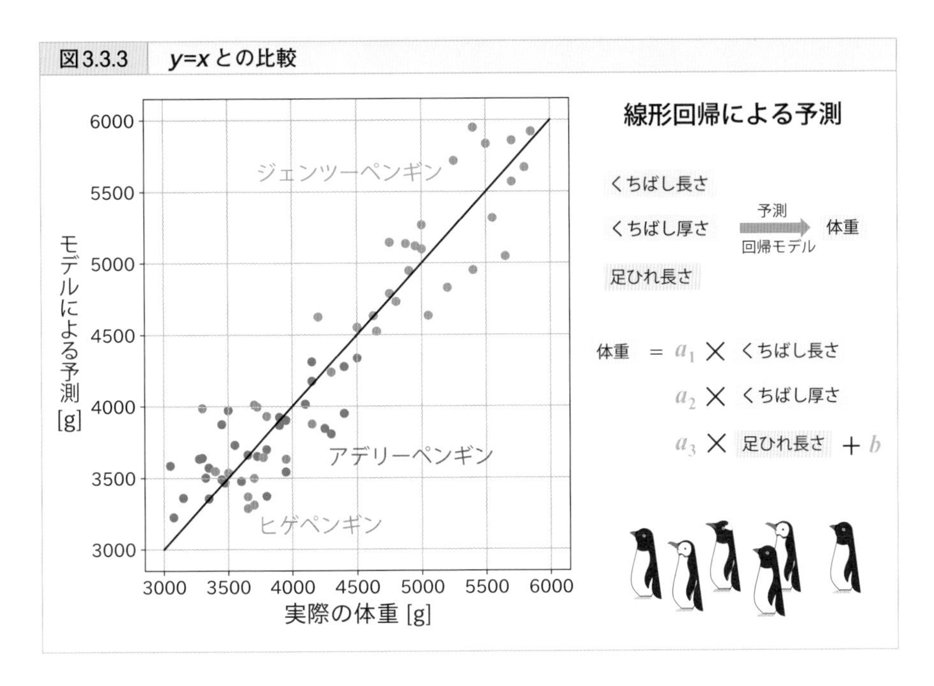

もし，それぞれのマーカーが，$y=x$の直線上に乗っていれば，モデルが精度よく体重を予測できている（別の言い方をすると，体重の変動を残りの三つの変数だけで「説明」できている）ことを意味します。このような可視化を行なうと，例えば，どのような個体に対して予測が上手くいっている／いっていないのか，外れ値的に予測が難しい個体がいる／いないのか，といった状況を把握することができます。

このように，二つの変数の値が同じような値になっていることを期待したり，値のペアを比較したい場合には，散布図の上で$x=y$の直線と比較する方法が便利です。例えば，図3.2.3のスロープグラフの例で紹介した「実験の前後で体重が増えたか減ったか」を分析するためのデータを同じようにプロットすれば，$y=x$と点群との位置関係を全体の増加・減少と紐づけられます（図3.3.4左）。

別の例として，SNSでアカウント同士のリプライが送られた件数を計測したデータ[19]について分析したいとしましょう。アカウントのペア同士で，リプライを送った回数と送られた回数をそれぞれx軸とy軸にプロットすると，図3.3.4右のようになりました。$y=x$の直線に近い点は，会話をしていてお互い同じくらいの数のリプライを送ったり受け取ったりしているペアに対応します。このデータでは，一方的にリプライを飛ばすだけの関係（有名人に対する反応など）が存在することが見て取れます。

図3.3.4　y = xとの比較：その他の例

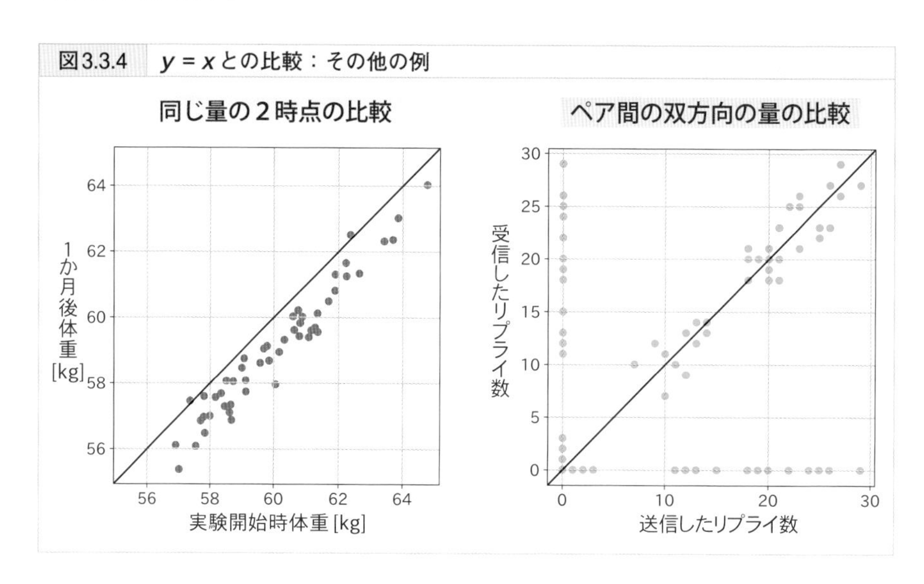

情報の多いデータを散布図にする

最後に，通常の散布図では上手く描画しきれないケースで利用できる可視化方法をいくつか紹介しましょう。

まず，サンプルサイズが大きい場合です。描画するべき点が非常に多い場合に図3.3.5左のように不透明なマーカーで散布図をプロットすると，重なった点がつ

19）人工的に作成したデータです。

ぶれて状況が把握しにくくなってしまいます。このようなケースでは，図3.3.5中央のようにマーカーの透明度を高めに設定することで，重なった部分が濃く表示されるので見やすくなります。

さらに，これでも不十分な場合は，ヒートマップを用いる方法もあります（図3.3.5右）。ここでは，*xy*平面を細かく区切ってその領域に含まれる点の個数をカウントすることで，各マスに色を付けています。二次元のヒストグラムを，色を使って描画しているといっても良いでしょう。この方法を用いると，具体的にいくつくらいの点がそれぞれの領域に存在しているのかを，比較的正確にとらえることができます。

また，マーカーを重なりにくくする別の方針として，マーカーを小さくしたり，図自体のサイズを大きくしてしまうという方法もあります。ただし，これらの方法は図が見づらくなりやすいので，あまりおすすめしません。

図3.3.5　サンプルサイズが大きいケース

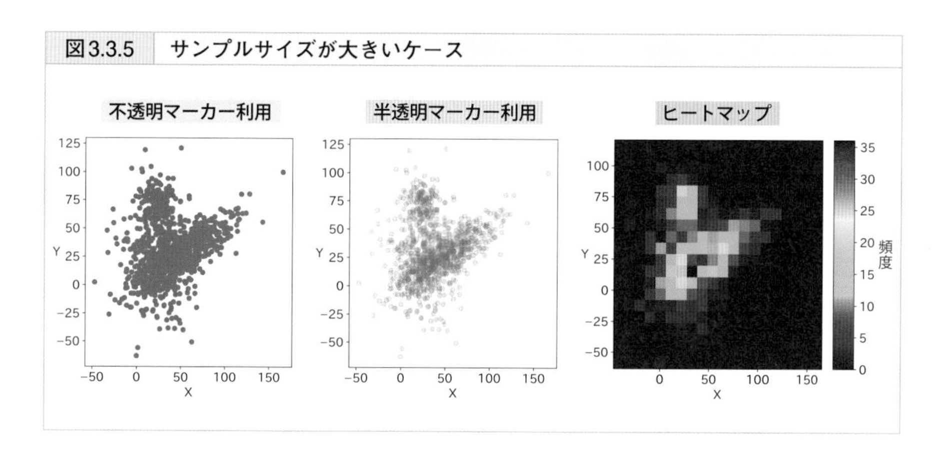

散布図に補足的な情報を追加する方法についても紹介します。例えば，世界の様々な国の一人当たりGDPと，平均寿命の関係を散布図で示す際に，その国が所属する地域（アジア，ヨーロッパ，等）の情報と，その国の人口も同時に見たいとしましょう。

これを実現したのが，図3.3.6の**バブルチャート（bubble chart）**です。ここでは，地域を色で，人口をマーカーの大きさで示しています。他のバリエーションとして，カテゴリごとにマーカーの形を変えて，さらに別の情報を付加することもできます。

バブルチャートは多くの情報を同時に可視化できるので，探索志向型データ可視化では有用な方法です。一方で，説明志向型データ可視化で利用する際には，注目すべき場所を絞りにくいので不親切な情報提示にならないように注意する必要があります。

図3.3.6　バブルチャートによる情報提示

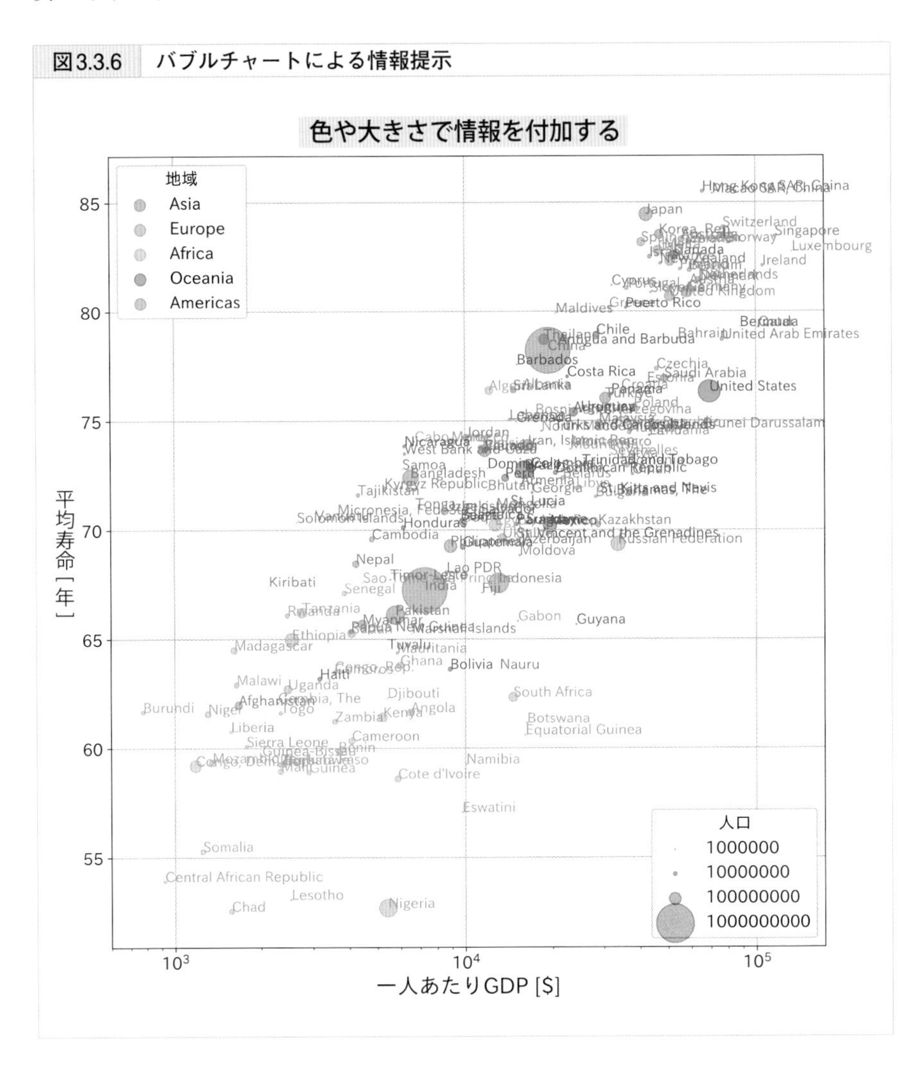

マーカーの「大きさ」や「色」，「形」といった要素を利用することで散布図に情報を付加する方法を説明しましたが，それぞれの情報の伝達能力には違いがあります。

まず，数量を表すにはマーカーの「大きさ」と「色」が利用可能です。「大きさ」のほうが視覚的にわかりすく，「色」のほうが（若干ですが）細かい値を読み取りやすい，という特徴があります。全体をざっと眺める目的であれば，「大きさ」の情報を利用したほうが良いでしょう。カテゴリを表すには「色」と「形」が利用できます[20]が，「色」を利用したほうが見やすく，「形」のほうは，例えば「少数の特殊な値だけ★マークで描画する」といった使い方が適しています。図3.3.6ではこれらの特徴を生かし，地域のカテゴリをマーカーの色で，人口を円の大きさで表示しています。

これらの方法はあくまで補足情報を付与する目的で行なわれるので，三つ目の変数も重視したい場合には，別途その軸を取った散布図を描いたり，次の章で紹介する多変量の可視化方法を利用します。

20）尚，「大きさ」でカテゴリを表現する方針は見づらいですし，ミスリーディングなので普通は採用されません。

第3章まとめ

・ヒストグラムの特徴で様々なデータの性質に迫ることができる。また，理論的な分布とのリンクを手掛かりにすることができる場合もある。

・物事の変化をとらえる折れ線グラフにもいくつかのバリエーションがあり，特に対象となる要素の数が多い場合には，目的に応じた可視化方法を採用する。

・二つの変数の間の関係性を見る散布図は，相関を見つけるだけでなく，特定の関係性を基準にしてデータを分析するのにも使える。

・散布図においては，補足的な変数の情報をマーカーの色や大きさ，形を用いて同時に提示することができる。

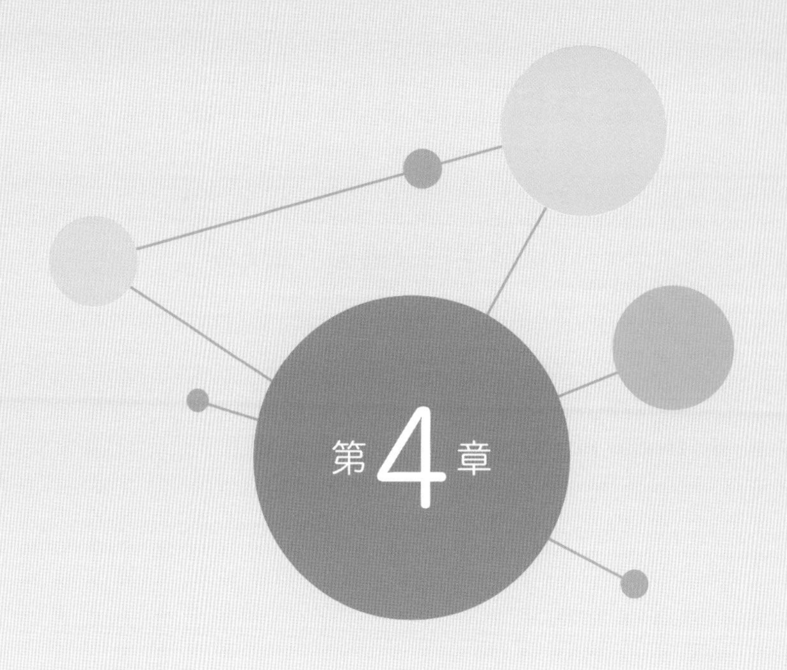

多変数をとらえるデータ可視化

対象を多角的に分析したり，対象の集団としての特徴を調べる際に必要になるのが，三つ以上の変数の可視化です。変数の数が増えることは，提示される情報の量が増えることに他なりませんから，こうしたデータを「視えるようにする」には工夫が必要になります。単にすべての変数を可視化する方法も重要ですが，適切な変換を施して，少ない変数でデータを表現したり，ネットワーク的な視点で全体的な構造をとらえるといった方針もポイントとなります。本章では，単に手法を紹介するだけでなく，シーンに応じた可視化手法・データの変換手法の考え方にも焦点をあてて解説していきましょう。

4.1 三つ以上の変数の可視化

レーダーチャートは限定的な場面で使える

まず本節では，要素同士のパターンを直接可視化する方法についていくつか紹介したいと思います。

いくつかの変数の値を放射状に並べて線で結んだ図4.1.1のような図を，**レーダーチャート（radar chart）**といいます。普段身の回りでもよく目にするレーダーチャートですが，データ分析の文脈ではあまり役に立たないことが多いです。例えば，図4.1.1上段左はAさんとBさんの5段階評価の成績表をレーダーチャートにして比較したものです。Bさんのほうが優秀な成績を収めているということが一目瞭然ですね。

図4.1.1　レーダーチャートの印象

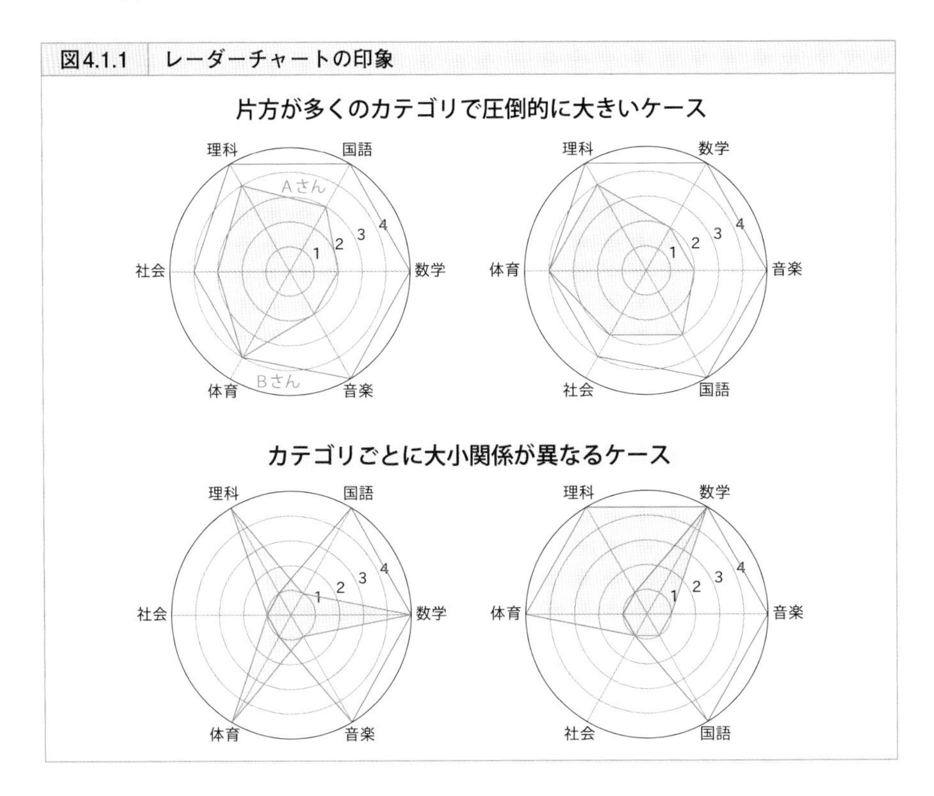

この図では，数学，国語，理科，社会，体育，音楽の順に値が線で結ばれていますが，もしこれを図4.1.1上段右のように音楽，数学，理科，体育，社会，国語と並び替えても，特に印象は変化しません。

一方で，図4.1.1下段のケースではどうでしょう？

左右で全く同じデータをプロットしているにもかかわらず，印象が大分異なって見えるのではないでしょうか。レーダーチャートは，一方が多くのカテゴリでもう一方を圧倒している場合にそれを視覚的にアピールするには有効な手法ですが，そのような関係性がない二つのものを比較するのには向いていません。加えて，比較するカテゴリが三つ以上の場合には，図がごちゃごちゃして見づらくなってしまうというデメリットもあります。定量的な比較もしづらいため，そのような目的ではカテゴリごとに棒グラフなどで示してしまったほうが良いでしょう。

パラレルプロットで特徴をとらえる

レーダーチャートは細かい特徴をとらえるのには向かない手法であることを説明しましたが，「このカテゴリではこの変数の値が大きいが，別のカテゴリではこちらの変数の値が大きい」といった個別の細かい特徴を発見したいときに有用なのが，次に紹介する**パラレルプロット（parallel plot）**です（図4.1.2）。

例えば，ブドウの品種ごとにワインの成分がどう変わるかを分析したいとします。ここではイタリアの同じ地域で栽培された三つのブドウの品種と，それを用いて作られた様々なワインの銘柄に対して，13の化学的な特徴を測定したデータ[1]を可視化します。まず，それぞれの測定項目（アルコール度数はもちろん，それ以外の様々な有機・無機物質の含有量，色に関する指標など）の値について，それぞれスコア化しておきます[2]。ここでは，「0」が全ワイン銘柄の平均値を表します。測定項目を縦軸に並べ，各ワイン銘柄ごとに横軸にスコアの値をつなぐと図4.1.2が得られます。なお，スコアの方を横軸に取る描画方法が一般的ですが，本書では誌面の都合上このようにしています。

1) Pythonの`scikit-learn`パッケージのテストデータとして公開されています（例えば，`df = sklearn.datasets.load_wine()`で利用可能）。

2) パラレルプロットでは，すべての変数で共通の縦軸を利用するので，取りうる値のスケールを揃えておかないと数値が小さい変数の特徴がつぶれて見えなくなってしまいます。元から同じような範囲で変動する変数の組を可視化する場合には，このような処理は不要です。

図4.1.2　各変数の特徴を概観して比較する

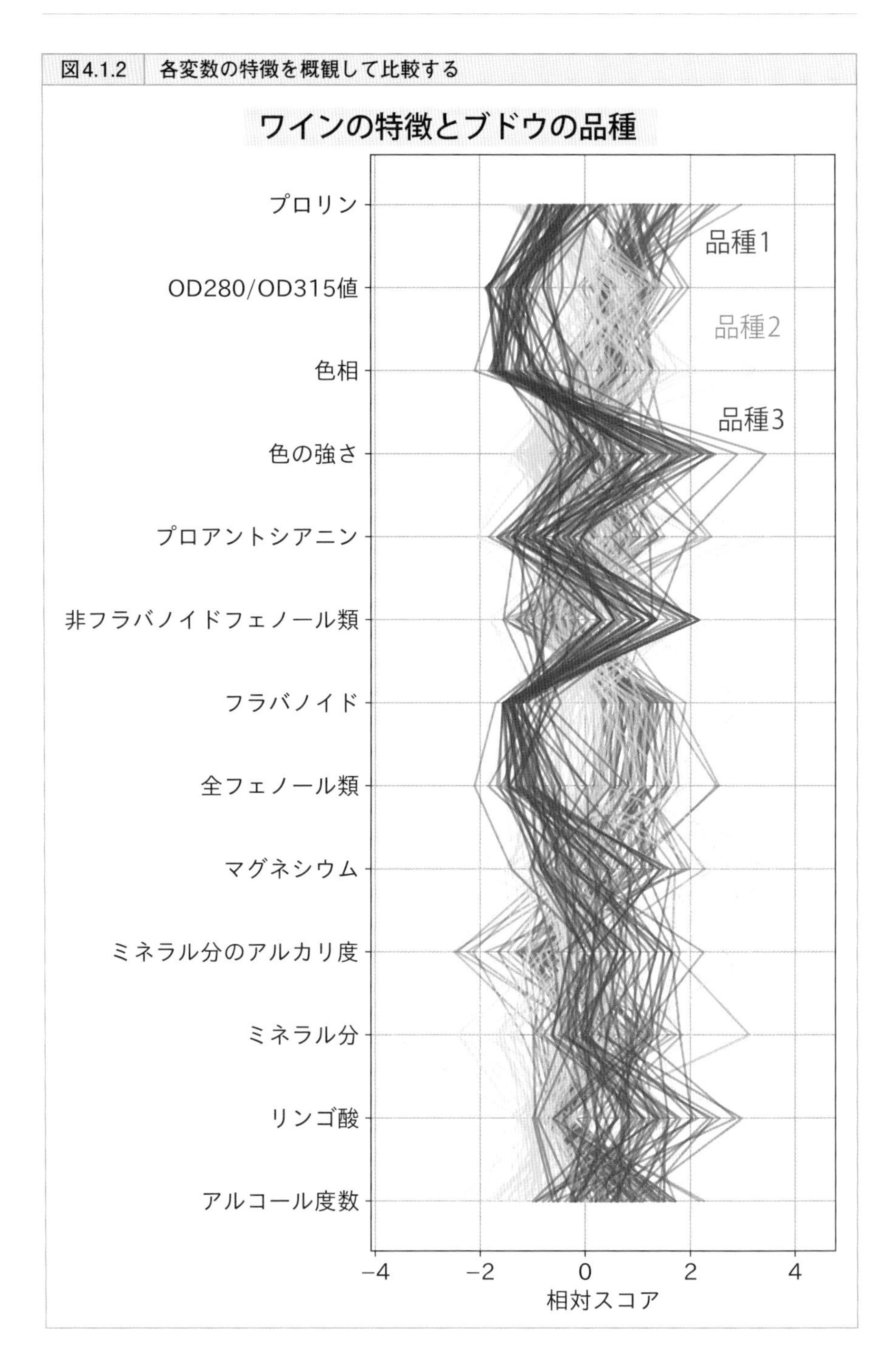

この図を見ると，ワインの銘柄ごとにばらつきはあるものの，ブドウ品種によって一定のパターンがあることがわかります。パラレルプロットの利点として，全体のパターンをとらえやすいということ，そして各要素ごとに変数間のつながりを観察できることが挙げられます。例えば，同じデータを可視化する方法として，

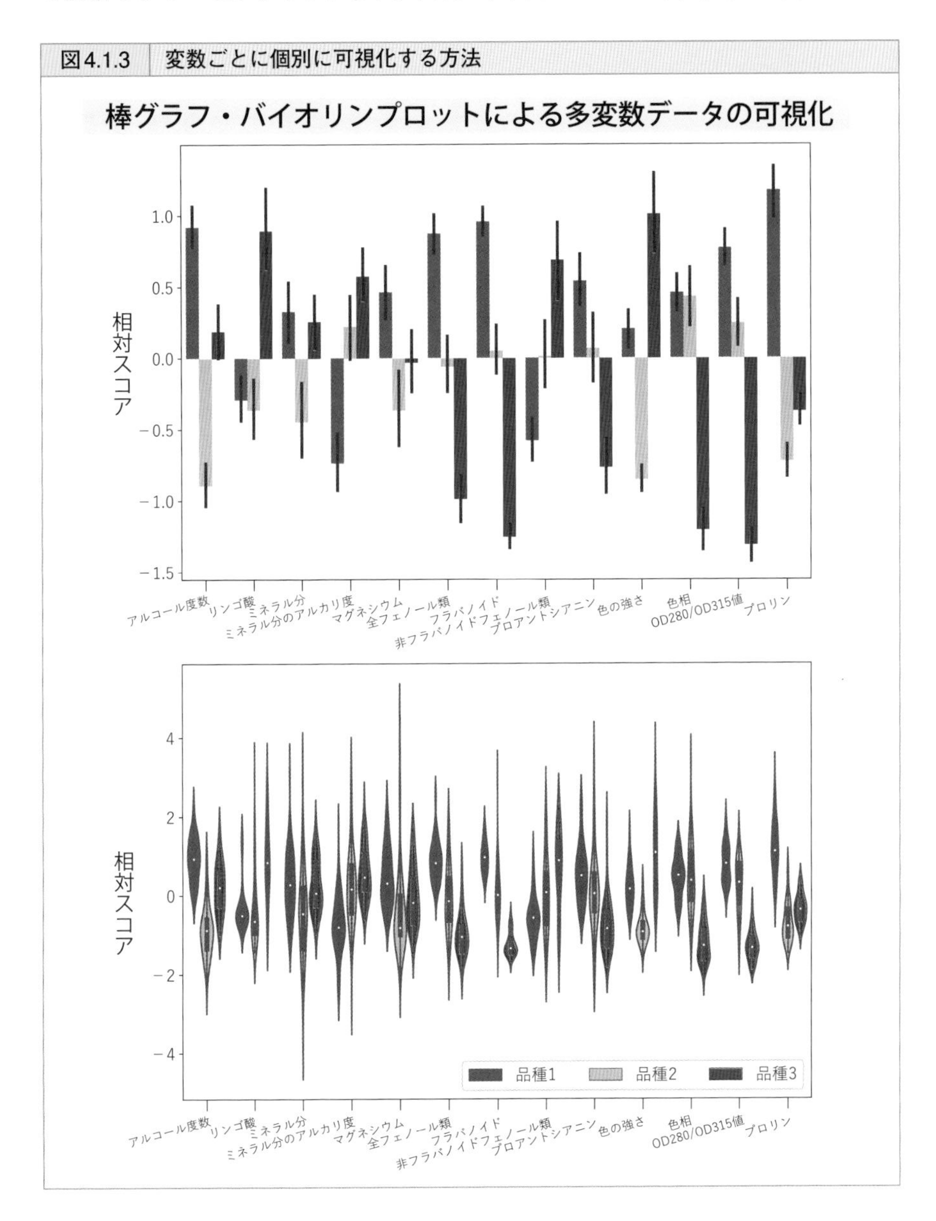

図4.1.3　変数ごとに個別に可視化する方法

各変数ごとに棒グラフやバイオリンプロットなどを利用してデータを描画することが考えられますが（図4.1.3），変数の数や比較するカテゴリの数が増えると，同じカテゴリ内でのパターンをとらえつつカテゴリ間の差を見るのが難しくなります。また，要素ごとの対応付けを表現することができないので，「プロアントシアニンの値が最大だったワイン銘柄は，色の強さも最大だった」といったような特徴を探すことができません。

このように，パラレルプロットは探索志向型データ可視化では非常に有力な方法なのです。一方で，データの情報を多く残した可視化方法なので，説明志向型データ可視化において端的にメッセージを伝えたい際には，あまり利用されません。どうしても線同士が重なってしまうので，データ全体の情報を完全に記述することに向いていないという事情もあります。単純にカテゴリごとに各変数のとっている値の範囲を示して比較したい場合には，図4.1.3のような可視化もよく用いられますし，要素ごとに変数の関係性を見たい場合には，一部の変数にフォーカスしてこれまでに紹介した手法を利用する方針が考えられます。

ヒートマップ

多変数データを単にすべて可視化したい場合，非常に有力な方法が**ヒートマッ**

図4.1.4　カラーコードで値を表現する

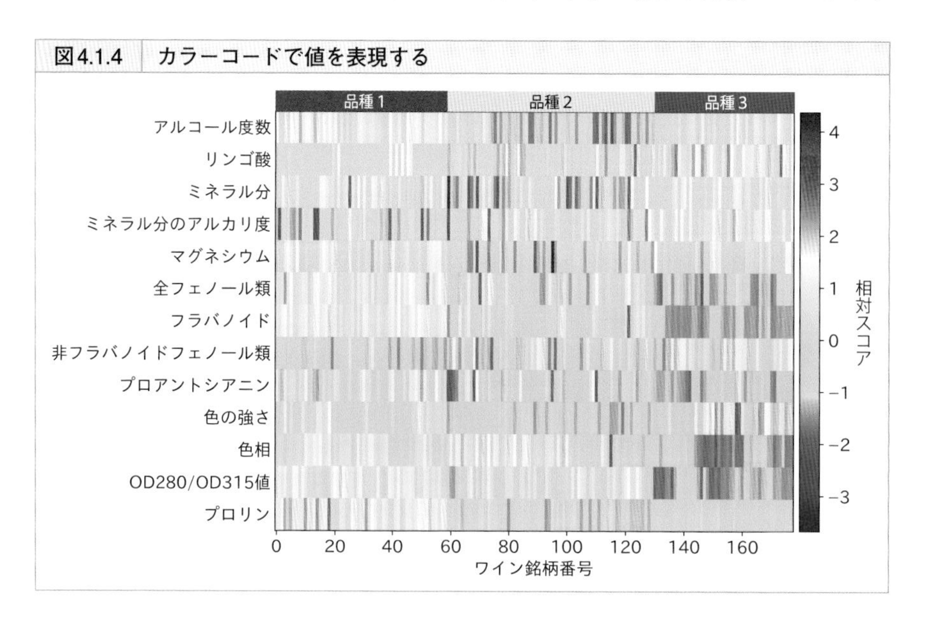

プ（heatmap）です。例えば，先ほどのワインの成分データをヒートマップで示すと，図4.1.4のようになります。

この方法の利点は，個々のデータ点の値を重ならずに完全に表現することができること，全体のパターンをざっくり見やすいこと，などが挙げられます。前者の理由から，単に「全体としてこういうデータが取れています」ということを示す際にも有用です。

一方で欠点としては，色（カラーコード）で値を表現しているので細かい値の把握や比較には向かないこと，描画できる変数の数やサンプルサイズに限界があること（あまりに細かすぎると見づらい），などがあります。

ヒートマップは，時系列のデータを表現する際にも便利です。例えば，図4.1.5はハダカデバネズミという生物のそれぞれの個体が，巣の中のどの部屋にいたかを示したものです[3)]。ハダカデバネズミは「真社会性生物」といって，コロニーを形成して生活しており，個体ごとに細かい役割分担があります。この図からも，個体ごとに大きく異なった行動パターンが見えてきますね。

「どのイベントがいつ・どういう頻度で起こったのか」をより詳しく見たい場合には，カテゴリごとに分けて描画すると見やすいです。

この例も示しておきましょう。図4.1.6は先ほどのデータの「個体J」を取り出して，各カテゴリごとに分けて可視化したものです。このようにすると，各カテゴリの出現頻度や時間間隔の分布などを観察しやすくすることができます。例えば，人間同士のコミュニケーション（メールのやり取りなど）においては，やり取りをしていない期間は全くイベントが発生しない一方で，一度やり取りを始めると高頻度でイベントが連続して生じるという性質があります（これを，**バースト性：burstiness**といいます）。バースト性の有無も，このように時間間隔を可視化すると発見することができます。

ヒートマップは，探索志向型可視化においても，説明志向型可視化においてもよく利用されます。いずれも全体のパターンをざっくりとらえたり，見た目で明らかな特徴を説明するのに利用されます。

3)　実データを模して作成した架空データです。

図4.1.5　各個体の行動時系列を可視化する

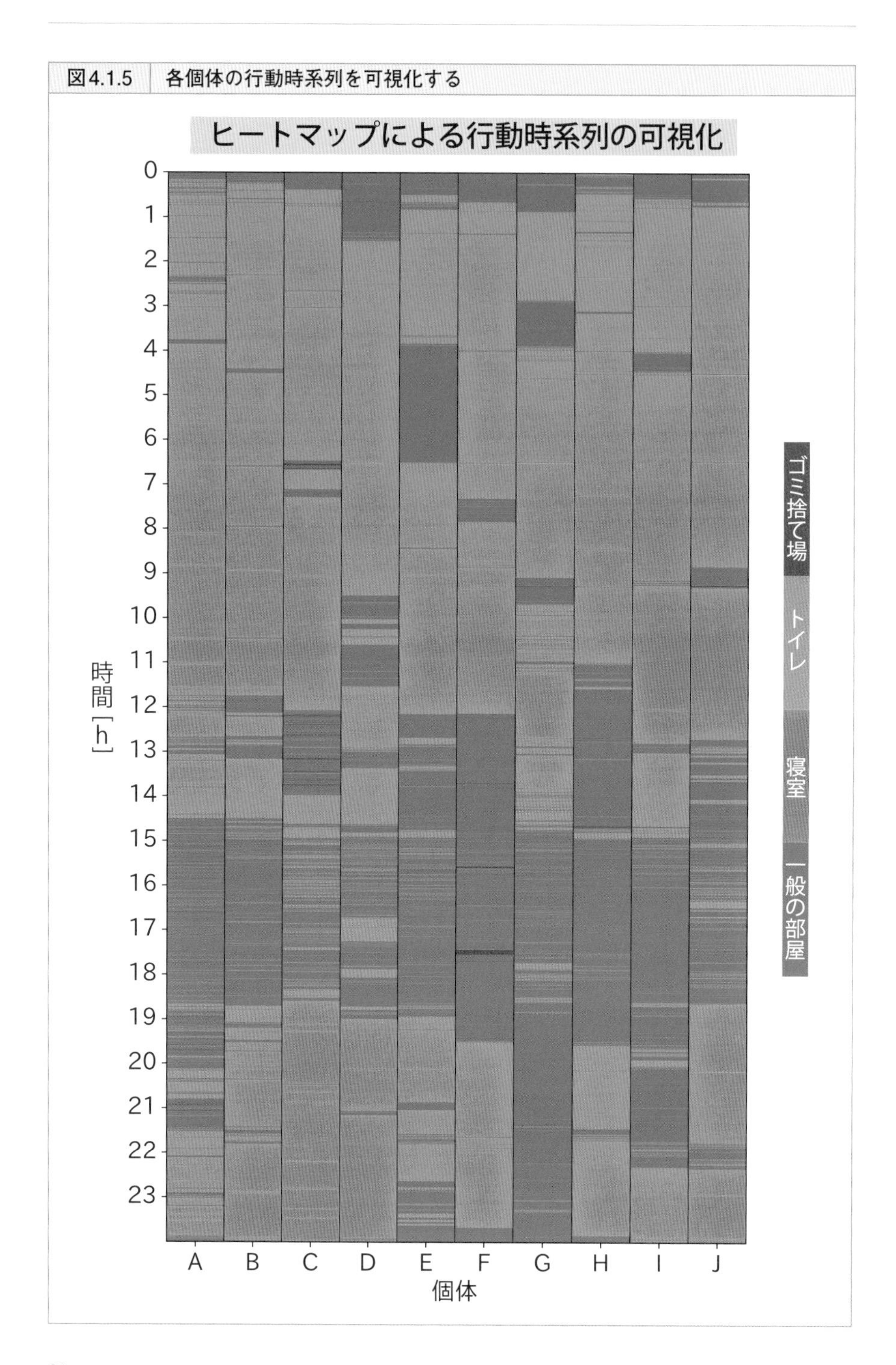

図4.1.6　1個体の各行動の可視化

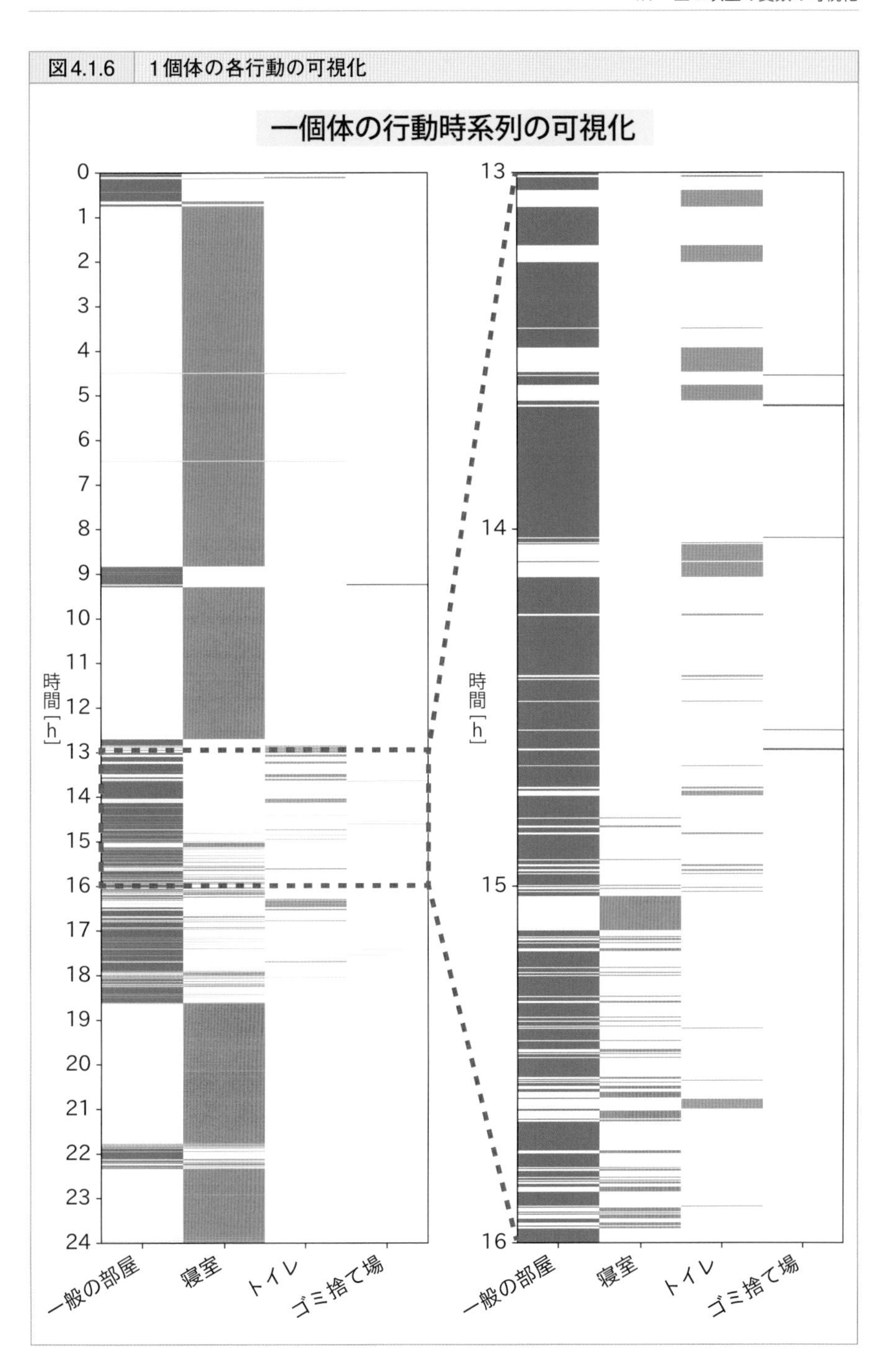

一方で，やはり情報量の多さと色を使った表現の限界があるので，個別の特徴に関する定量的な主張を行なうのにはあまり向いていません。例えば，最後の時系列の可視化で，各行動の頻度や時間間隔に関する主張を行ないたければ，それを直接反映した指標を計算したものを利用した別の可視化を実施するのが良いです。

本節では，多変数のデータをそのまますべて示す方法について紹介してきました。大体の目安として，個々の要素の定量的なパターンを見やすくするならパラレルプロット，全体の定性的なパターンを見やすくするならヒートマップが有効な場合が多いです。これらの方法は，すべての値を漏れなく表示することができるので，データ分析の初期段階に細かい特定の特徴や外れ値の発見を確実に行ないたい場合には非常に有効です。

単純なパターンが見つかればそれで良いのですが，一般に変数が多くなると，ありうるパターンが無数に存在するので，意味のある特徴を見出す手間は増大します。そういった場合には，説明志向型のデータ可視化としてこれらの手法を利用するのは避けた方が良いでしょう。例えば，着目する要素や集団が一部の変数グループで特徴的な値を取っていることを説明したければ，それらの値から算出したスコアを作ることで，図中に示す変数の数を減らします。これには本章の後半で紹介するクラスタリングや次元圧縮の手法，また，第5章以降で解説する種々の指標化のテクニックを用いることができます。

4.2 ネットワークをとらえる

ネットワーク・グラフ

要素同士の「間に」定義されるデータを，**関係データ（relational data）**といいます。例えば，人間同士の知人関係の有無，二つの空港の間の定期便の有無，脳の神経細胞の間のシナプス結合の有無といった「つながりの有無」を表すデータも関係データですし，株価の個別銘柄のペアがどれくらい似た動きをしているか，二つの単語同士の意味がどれくらい似ているか，人同士の相性がどれくらい良いか，といった「ペアの間に定まるスコア」も関係データです。この節では，関係データの可視化の考え方について紹介します。

同じ分野の研究者10人（Aさん，Bさん，…，Jさん）の研究スタイルについて分析してみましょう。手元には二つのデータがあります。一つは，それぞれの研究者同士が共著で一緒に論文を書いたことがあるかどうか（あり：1，なし：0）をまとめたデータ。もう一つは，各研究者同士の研究対象の興味がどれくらい似ているかをスコア化したものです。

こうしたデータはペアに対して一つ値が定まるので，リーグ戦の星取表のよう

図4.2.1　関係データのヒートマップによる可視化

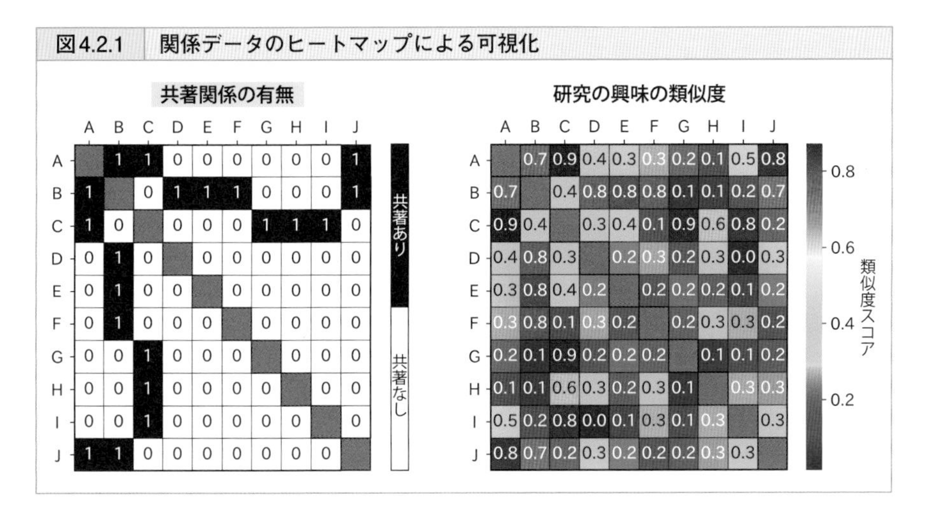

な形でヒートマップを用いて可視化することができます（図4.2.1）。ちなみに，ヒートマップは細かい値を読み取るのに向いていないことを説明しましたが，値が2値しかとらない場合は情報を落とさずに表示できますし（図4.2.1左），要素の数が比較的少ない場合は，数字をそのまま重ねて表示することで情報を補完することもできます（図4.2.1右）。

さて，これらの図を見ると，個別の研究者のペアの間に共著論文があるか，また研究の興味がどれだけ近いかを観察することはできますが，全体の様子がどうなっているかを読み取るのは難しいです。

ここで役立つのが，**ネットワーク（network）／グラフ（graph）**[4]の可視化です。ネットワークとは簡単にいうと，注目する対象の間のつながり方「のみ」を抜き出したものです。注目する対象のそれぞれを**ノード（node）**，つながりの一つ一つを**リンク（link）**といい[5]，つながりのあるノード同士をリンクで結んだものがネットワークになります。そして，今回のデータをネットワークとして可視化したものが図4.2.2です。

まず，共著関係の有無の可視化（図4.2.2上段）から説明します。

左の図では，各研究者を円状に並べ，共著関係がある場合にはリンクを描画しています。右の図は，つながり方は同じですが，図が見やすくなるようにノードの位置のレイアウトを調整したものです。

このように，ネットワークは要素のつながり方の情報のみを抜き出したものなので，それぞれのノードをどこにどう描画するかは任意に決めて良いのです。ただ任意とはいえ，ノードやリンクの数が多いケースでは，適当な位置にこれらを描画してしまうと要素同士が重なり，何が起きているのかがわからなくなってしまいます。

したがって，特徴を見つけやすいレイアウト（詳細については後述します）を選ぶことも可視化の重要なポイントになります。ここでは，スタンダードな方法

4）「グラフ」は数理的な文脈でよく使われます。「ネットワーク」はそのような文脈でも使われますし，日常用語としてより広い文脈（「友達のネットワーク」等）でもよく利用されます。本書では，特段の必要がない限り「ネットワーク」と呼ぶことにします。

5）ノードは日本語で「接点」ともいいます。また，グラフ理論の文脈では，ノード（接点）と同じ意味で頂点（vertex），リンクと同じ意味で辺（edge）という用語が使われます。また，有向の辺（directed edge）を弧（arc）と呼ぶ場合もあります。

図4.2.2 ネットワークによる関係データの可視化

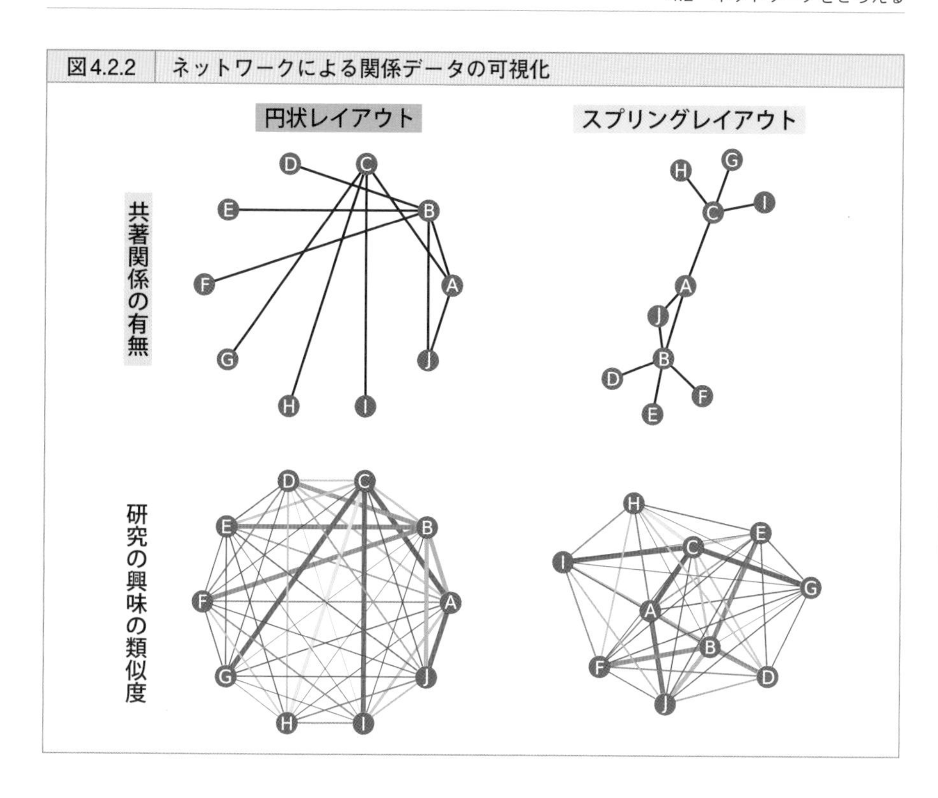

である円状レイアウト（circular layout）とスプリングレイアウト（spring layout）を採用しました。

前置きが長くなりましたが，これらの図からは，研究者BとCがそれぞれ多くの研究者とつながる主要な位置を占めており，その間は研究者Aを介してつながっていることがわかります。例えば，研究者Aの研究室がB，C，Jを輩出しており，BとCが独立して自分の指導学生としてそれぞれD，E，F，とG，H，Iを指導して論文を書いたのかもしれません。または，別のシナリオとして，単に分野の違いからそのようなパターンが生まれたことも考えられます。研究者BとCは各分野の主要人物で，様々な研究者と共同研究をしており，研究者Aは両分野の丁度中間に位置するような研究をしているので両者と共著関係がある，といった具合です。この図からはどちらなのかを結論付けることはできませんが，単にペアの関係を個別に見るよりは遥かに多くの情報を把握することができました。

今度は，研究の興味の類似度のネットワークについて見ていきましょう（図4.2.2下段）。ここでも先ほどと同じように可視化してありますが，類似度は1／0の値ではないので，値の大きさに応じてリンクの太さと色を変えています。この図を見ると，共著関係ネットワークと概ね同じような（共著関係のあるペア同士は近い研究の興味を持っている）状況が見て取れますが，BとCの研究の興味の類似度が低いことから，BとCが同じ研究室出身であるという可能性は考えにくいのかもしれません。

有向ネットワークと階層構造

ここまで見たデータでは，「対称な」関係性を分析しました。対称というのは，「Aから見たB」と「Bから見たA」の関係が同じであるということです。そうでない例として，指導教員・学生の関係性を考えてみましょう。

先ほどのデータにおける共著関係は，実は研究者Aの研究室の出身者と，その研究グループのものだったとしましょう。研究者AがB，C，Jを指導し，その後教員となったBとCがそれぞれD，E，FとG，H，Iを指導したとします。「AがBを指導すること」と，「BがAを指導すること」は全く別の事象である点に注意して下さい。

この状況を表示すると，図4.2.3左のようになります。なお，ネットワークのi番目のノードとj番目のノードの間のリンクの有無や，重みの値を要素A_{ij}に持つ

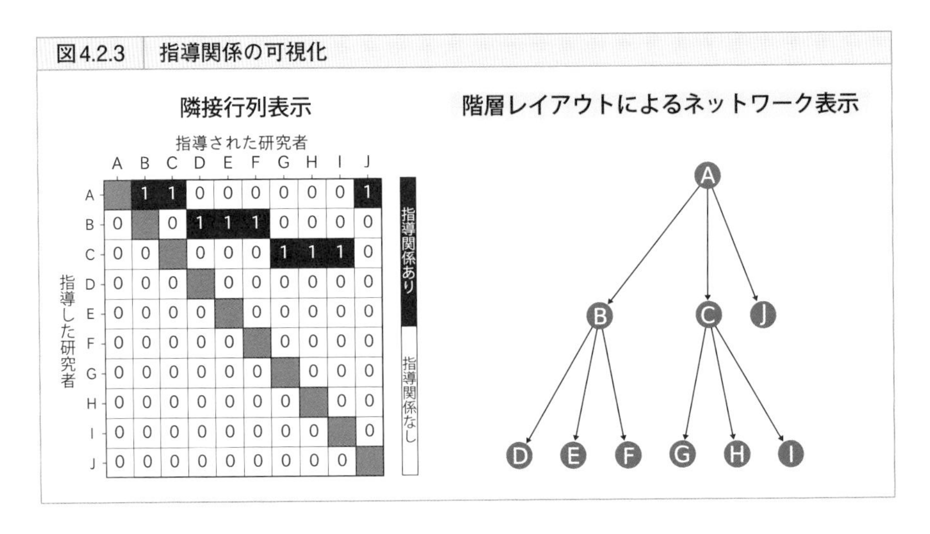
図4.2.3　指導関係の可視化

	A	B	C	D	E	F	G	H	I	J
A		1	1	0	0	0	0	0	0	1
B	0		0	1	1	1	0	0	0	0
C	0	0		0	0	0	1	1	1	0
D	0	0	0		0	0	0	0	0	0
E	0	0	0	0		0	0	0	0	0
F	0	0	0	0	0		0	0	0	0
G	0	0	0	0	0	0		0	0	0
H	0	0	0	0	0	0	0		0	0
I	0	0	0	0	0	0	0	0		0
J	0	0	0	0	0	0	0	0	0	

行列（要するに，この図の数字をそのままの配置で行列に入れたもの[6]）のことを，**隣接行列（adjacency matrix）**といいます。

先ほどの状況とは異なり，対角線に関して非対称の関係性があります。このように関係性の間に「向き」を考えなければならないケースでは，ネットワークの上で「向きを付けた」リンクを考えます。これを**有向リンク（directed link）**といい，矢印を使って表します。対応して，向きのないリンクのことは，**無向リンク（undirected link）**といいます[7]。一つのネットワークの中で有向リンクと無向リンクが共存することは，通常ありません[8]。有向リンクで構成されるネットワークを有向ネットワーク，無向リンクで構成されるネットワークを無向ネットワークといいます。単に可視化するだけであれば，リンクが矢印になるかどうかの差しかないように思えますが，ネットワークの特徴を分析する際には，取り扱い方を大きく変えなければならないこともあります。

有向ネットワークの大きな特徴として，要素の間に**階層（hierarchy）**が定義できる場合があることを説明しましょう。図4.2.3右では，指導教員ネットワークを階層レイアウトという方法で可視化しました。この例では，研究者AからB，C，J世代が生まれ，さらに次の世代としてD〜Iがいる，という全体の方向性が見えます。単に共著関係を示した先ほどのネットワーク（図4.2.2上段）では，つながり方はわかるものの，関係性がどこからスタートしているかを読み取ることはできません。

階層性の有無は，有向ネットワークのデータが得られた際には是非探してみたい特徴です。例えば，蟻やマウスの個体のデータを観察してそこから社会的なヒエラルキーを見つけたり，X（Twitter）のフォローの関係から情報の流れにおいて重要な場所を占めるユーザーを発見することもできるかもしれません。

ただし，階層性は常に存在するわけではないことに注意して下さい。例えば図4.2.3で，F→AのリンクやG→C，H→Jといったリンクがあった場合，階層性に

6)　ここでは対角成分を表示していませんが，値としては0が入ります。

7)　無向リンクが「両向きの関係性」であることを強調したい際には，英語ではbidirectional linkという用語を使うこともあります。日本語では「双方向リンク」ということになりますが，筆者はあまり使われているのを聴いたことがありません。

8)　無向リンクのほうを逆向きの2本の有向リンクで表示できるケースがほとんどで，かつそのようにしたほうが色々な場面で扱いやすいからです。

矛盾が生じてしまいます[9]。データから完全な階層性が抜き出せる条件としては，「ループが存在しない」ということが重要になります。

ネットワーク可視化のポイント

ここからは，ネットワークを実際に可視化する際に使えるテクニックやポイントについて紹介していきます。まずは，ネットワークのレイアウトについてです。先述の通り，ネットワークは要素同士のつながり方の情報だけを抜き出したものなので，描画する際にノードをどこにどう描画しようと自由です[10]。ただし自由とはいえ，可視化の文脈でいえばネットワークの構造から特徴を見出したいわけなので，「特徴を見やすいように」レイアウトを行ないたいですよね。このレイアウトを自動で行なう方法はいくつもあり，ネットワークの形に応じて適切な方法が異なります。実際のデータ分析の際には色々なレイアウトを試して，一番見やすいレイアウトを使うのが良いでしょう。

まず，無向グラフの可視化例をいくつか示したいと思います。ここでは，3種類のネットワーク[11]に対して，三つの異なるレイアウトで表示してみましょう（図4.2.4）。

可視化には，Pythonの**networkx**というライブラリでサポートされているアルゴリズムを用いました[12]。circularレイアウトは，単にネットワークのノードを定義された順番に円状に並べます。circoレイアウトもノードを基本的円状に配置しますが，順番は適宜入れ替えられ，また全体を円状に配置しないほうが良い場合にはいくつかの円に分けて描画します。Kamada-Kawaiレイアウトは，ネットワークの上での距離が近いノード同士が近くに描画されるように位置を調整します。

---

9) データ分析の実務においては，そのようなリンクが少数あったとしても，「全体として概ね階層性が見られる」という結論を導くことが妥当な場合もあります。

10) ただし，ネットワークとは別に地理的な情報がある場合は，それを用いるという方針もあります。例えば，空港の国際的なネットワークのデータであれば，世界地図の上に描画することが自然な場合もあるでしょう。

11) これらのネットワークの詳細については，後述のコラムや拙著『データ分析のための数理モデル入門』をご参照下さい。ここでは単に，「性質の異なるネットワークを3つ持ってきた」とだけ理解していただければ問題ありません。

12) **networkx**はネットワークの生成・描画だけでなく，最短経路計算や統計量の分析といった様々な機能が提供されているライブラリで，ネットワークの分析には欠かせない存在です。「circularレイアウト」と「kamada-kawaiレイアウト」については標準の機能でサポートされていますが，「circoレイアウト」に関しては別途**graphviz_layout()**を読み込む必要があります。詳しくは，公開されている図4.2.4の描画プログラムをご参照下さい。

図4.2.4　様々なレイアウトによるネットワーク描画

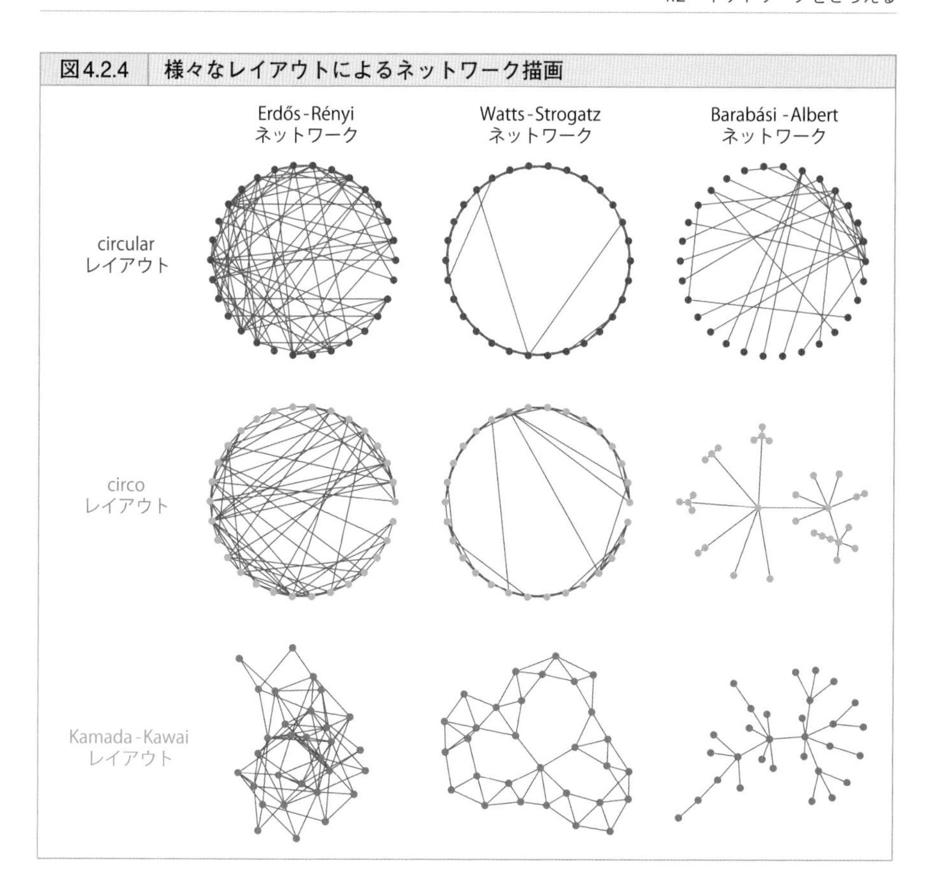

それぞれのレイアウトで全く同じネットワークを描画していますが，大分見た目の印象が異なるのではないでしょうか。各ノードの役割が対等だったり[13]，円状に示したほうが良い理由が存在するケース[14]ではcircularやcircoレイアウトを，とりあえず様子を調べたい場合にはKamada-Kawaiレイアウトを用いると，見やすい可視化を行なえることが多いです。

13）例えば，Erdős–Rényiネットワークでは完全にランダムに選ばれたノード同士をつなぐので，その意味ではノードの役割が対等といえます。

14）例えば，Watts-Strogatzモデルでは「ノードを円状に並べて近接したもの同士をリンクでつなぎ，それらのリンクのうちの一定割合をランダムにつなぎ変える」といったプロセスで作られるので，よく円状で示されます。

ネットワークを「作る」モデル

ネットワーク科学の世界では，現実のネットワークの特徴をよりよく理解するために，人工的にネットワークを作るためのモデルがいくつも提案されています。本書ではその代表的なものを利用しました。

・Erdős-Rényiモデル

ランダムにネットワークを作る方法として，よく知られたモデルです。ランダムに選ばれたノード同士をリンクで結びます。

・Watts-Strogatzモデル

「知り合い同士を辿っていくと，誰でも非常に少ない人数でつながる」ということでもよく知られる**スモールワールド性（small-worldness）**という性質を有するネットワークを作る方法です。まず，円周上で規則的につながった（それぞれのノードが前後k/2個のノードと接続する）ネットワークを作り，その後ランダムにリンクを張り替えることで完成します。

・Barabási-Albertモデル

「ごく一部のノードが大量のノードとつながっている一方で，大半のノードは非常に少ないノードとしかつながっていない」という，ネットワークで見られるスケールフリー性（scale-free property）という性質を有するネットワークを作る方法です。この方法では，ノードを一つずつネットワークに追加していきます。

追加されたノードは，決まった数の「すでに存在するノード」と接続されるのですが，このとき沢山のノードとつながっているノードが高い確率で選ばれるようにします。このプロセスを繰り返すことで，ネットワークを作成します。

有向ネットワークに関しても，これらのレイアウトを用いることができますが，ネットワークの性質によっては上手く描画できないこともあります。図4.2.5では，ランダムに有向リンクを張って作ったランダムネットワークと，とある階層構造

図4.2.5　有向ネットワークの可視化

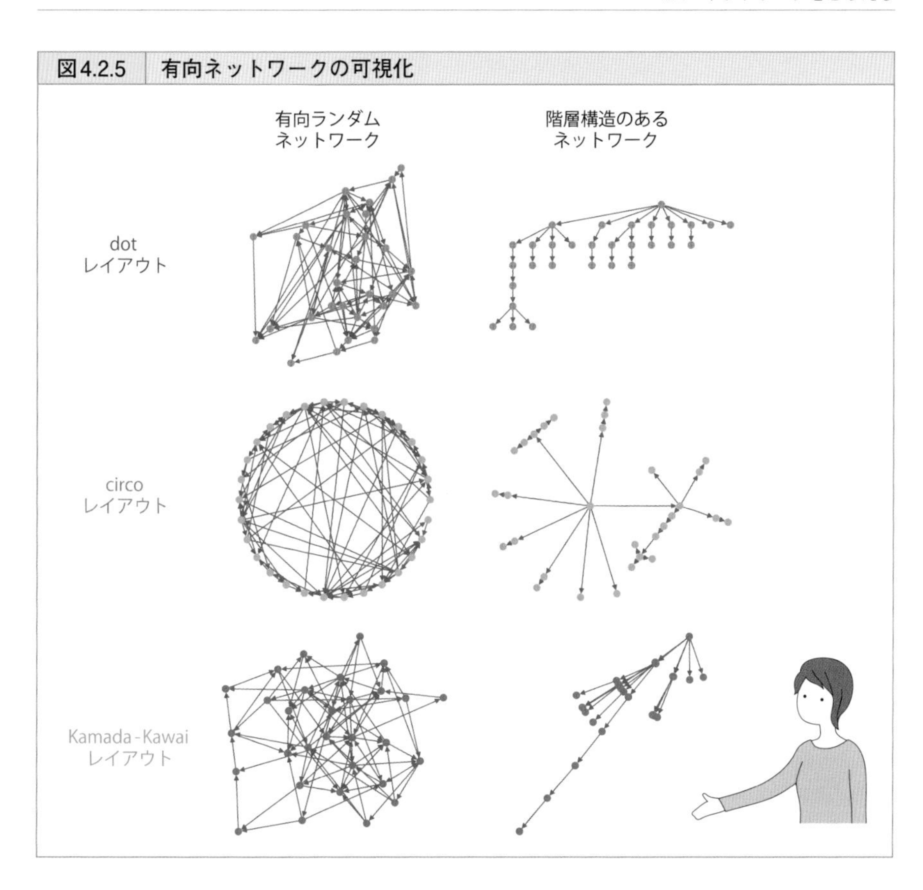

を持つ有向ネットワークの二つを異なるレイアウトで示しました。階層構造を見やすくしたい場合にはdotレイアウトが便利です。circoレイアウトやKamada-Kawaiレイアウトも利用可能ですが，階層構造のあるネットワークでKamada-Kawaiレイアウトを用いると，ノード同士が近くに寄ってしまうことがあります[15]。

この他にも，例えば巨大なネットワークを配置するのに適したレイアウトアルゴリズムや，特定の構造を見やすくするレイアウトアルゴリズムも存在します。

15）（細かい註）Kamada-Kawaiレイアウトは，各ノードの間が「何本のリンクを介して離れているか」という数字を基準にして，近いノードを近くに，遠いノードは遠くに配置するアルゴリズムを用いています。これにより，どのノード間にも一定の距離が空くように配置されるのですが，今回のネットワークでは，末端のノード同士はリンクを介して行き来することがそもそもできないので，そのような拘束条件が入らず近くに配置されてしまいます。

また，ネットワークのノードが地理的・空間的な情報を持っている場合には，その地点同士を結ぶ可視化も可能です。例えば，図4.2.6左・中央では，脳の特定の領域同士のつながりを可視化しました。加えて，ノードがカテゴリ分けされている場合（この例では，脳の領域の機能ごとにカテゴリが定義されています）には図4.2.6右のように，どのカテゴリからどのカテゴリにどれくらいのリンクが存在しているかを示す可視化も有力です。このような図を，**コードダイアグラム（chord diagram）**といいます。この可視化では，`nichord`というパッケージを利用しました。

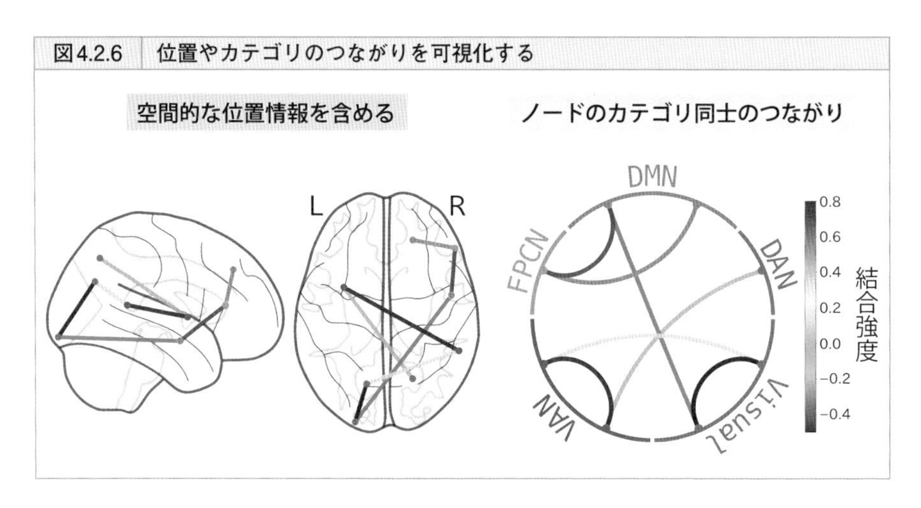

図4.2.6　位置やカテゴリのつながりを可視化する

ここまで例示したネットワークの可視化は，Pythonの`networkx`と`matplotlib`ライブラリを用いて実施したものですが，大規模なネットワークを可視化したり，美麗な図が作りたい場合には，Cytoscapeという専用のアプリケーションを使うのが便利です（図4.2.7）。

Cytoscapeは，ネットワークの描画や分析の機能を提供するオープンソースのソフトウェアプラットフォームです[16]。様々なプラグインによる機能の拡張や情報共有のコミュニティも整備されており，例えばCytoscapeを利用して作成した図が出版された論文の中でどう利用されているかを一覧で見ることができたり，データ分析の目的ごとに使い方を学べるチュートリアルも用意されています。ネットワーク可視化に興味が湧いた方は，是非覗いてみると良いでしょう。

16）公式HP（https://cytoscape.org/）からソフトウェア本体のダウンロードはもちろん，各種マテリアルへのアクセスが可能です。

図4.2.7　ネットワーク描画・分析アプリケーションCytoscape

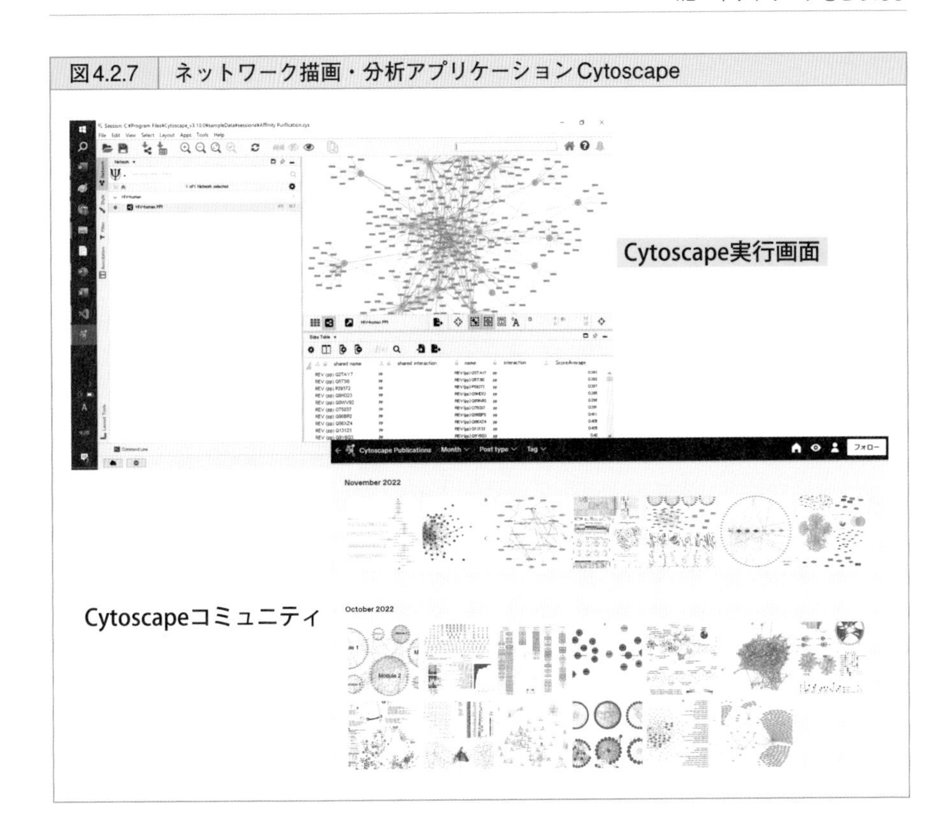

ここまでに紹介してきたネットワークの可視化は，関係データの全体を把握する強力な方法です。探索志向型データ可視化・説明志向型データ可視化の両方でよく用いられますが，ネットワークの形状の特徴について何かの主張をしたい場合（例えば二つのネットワークを比較したり，ネットワークが特定の性質を有していることを説明したいときなど）は，第7章で紹介する様々なネットワークの指標を計算して示したほうがわかりやすい場合が多いです。

4.3 「まとめる」可視化

クラスタリング

変数の数が少ない場合には，比較的容易にデータの構造を理解したり，特徴を把握したりすることができますが，変数が多くなるとそうはいきません。多変数データを見やすくする方法の一つとして，**クラスタリング（clustering）**という手法があります。似た特性を持つデータ点をグループ化し，それぞれのグループにラベルを付けることで「まとめて」把握することができるようになります。

ヒートマップの解説で利用したワインのデータに，もう一度登場してもらいましょう。このデータでは，ワインの銘柄ごとに成分や見た目に関する数値が与えられています。

前回はブドウの品種ごとに分けてプロットしましたが，今回はその情報が利用できなかったとしましょう。つまり「ワインの特徴はわかっているが，ブドウの品種についてはわかっていない」という状況です。ヒートマップにおいて「似ている」銘柄を近くにまとめて表示するクラスタリングを行なうと，図4.3.1のようになります。

このような可視化の方法を，**クラスターマップ（cluster map）**といいます。この図では，似ている銘柄を近くに表示する（横方向の並び替え）のと同時に，相関の高い項目が近くに表示される（縦方向の並び替え）ようにしてあります（例えば，色相に関わりそうな項目は上のほうに集まっています）。

ヒートマップとの大きな違いは，トーナメント表のような図（**デンドログラム**といいます）が横に表示されていることです。これについて簡単に解説します。

このクラスターマップでは，**階層的クラスタリング（hierarchical clustering）**というクラスタリング手法が用いられています。詳細については参考書に譲りますが，簡単な考え方だけ紹介しましょう。階層的クラスタリングでは，「データ点

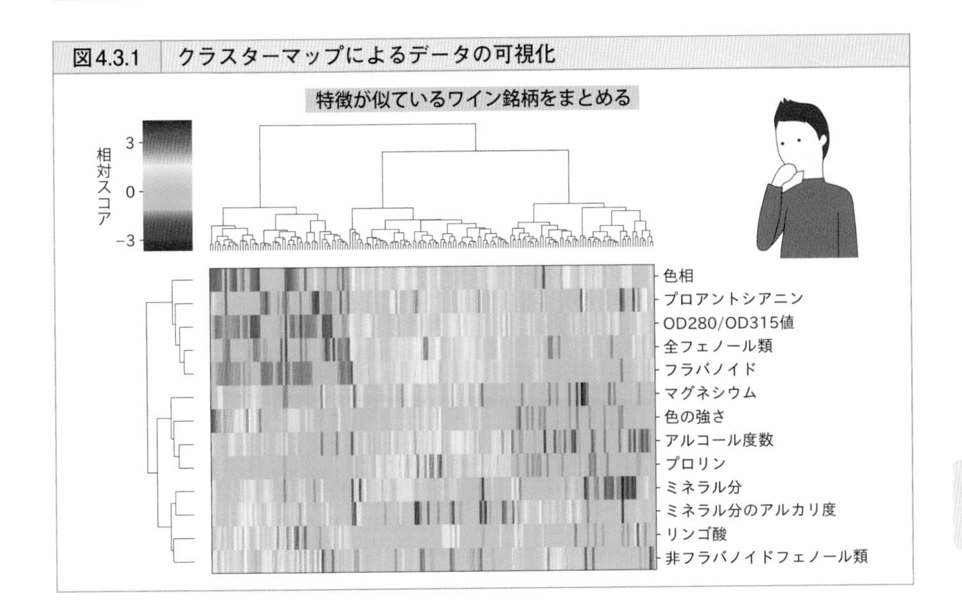

同士がどれくらい離れていたら，一つのグループとみなすか」という基準[17]を段々と上げていき，データ点がくっついたところがデンドログラムにおける合流地点として表されます（図4.3.2）。このような「どこでくっつくか」という情報に基づいて，データをクラスターにまとめます。

図4.3.1に戻ると，比較的距離の小さいところで三つのグループが形成され，それらのグループが合体するまでに大きな隔たりがあります。これは似たデータ点同士の集まり（＝クラスター）が三つ存在すると解釈することができるでしょう。

このことはクラスターごとに並び替えられたヒートマップを見ても明らかで，各クラスターで性質が大きく異なっているように見えます。「この三つのクラスターのうち，どのクラスターに属しているか」をラベルとして用いることで，データをまとめることができたわけです。

もし，データの中にブドウの品種が違う銘柄が混ざっていることを知らなかったとしても，このクラスタリングを行なえば「ブドウ品種のようにワインの性質に影響を与える要因が存在して，それ（ら）によって大きく三つのグループに分けられるようだ」という推察を行なうことができます。ワインにおけるブドウの

17）データ点同士の「距離」を指標化する方法については，第6章で詳しく解説します。

図4.3.2　階層的クラスタリングの概念図

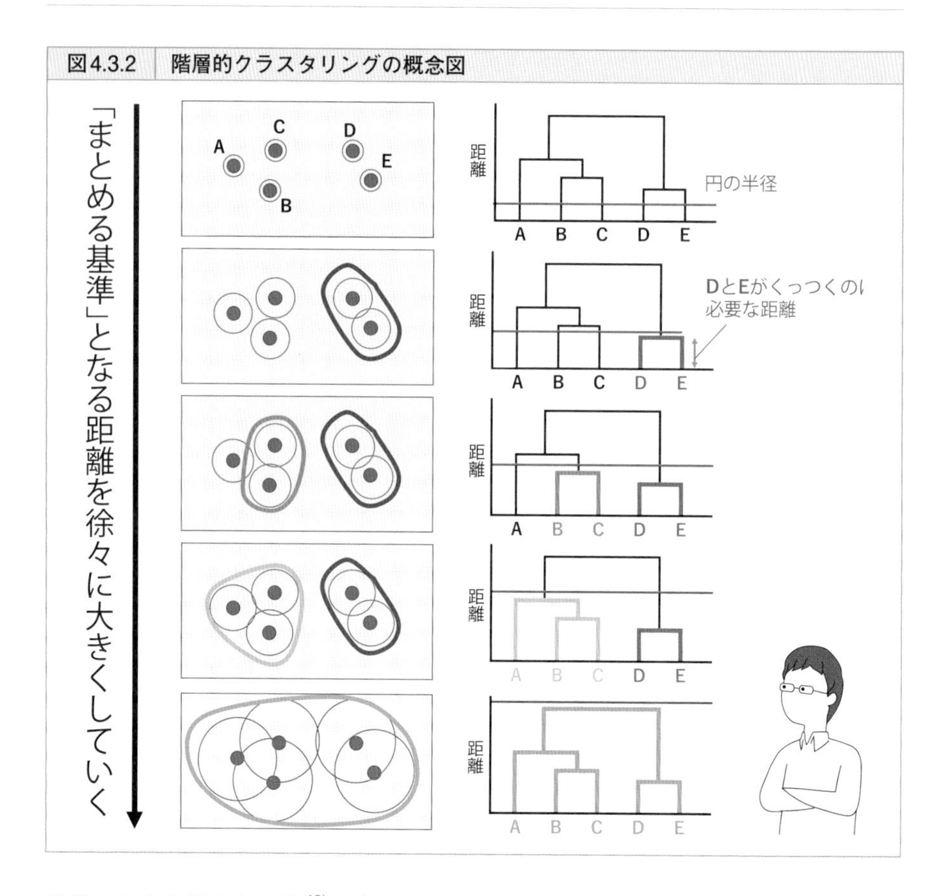

品種のような明らかな差[18]であれば，クラスタリングを行なうことでかなり正確に見抜くことができるのです。

ヒートマップでの可視化には相性の良い階層的クラスタリングがよく用いられますが，その他のクラスタリング手法も多く存在しています。

例えば，図4.3.3に，2変数のデータに様々なクラスタリング手法を適用した結果を示します[19]。ここでは，与えられたデータ点に対して各々のクラスタリングを

18）ワインのソムリエがブドウの品種を間違うことはあり得ないということを考えれば，これは十分に大きな差といえるでしょう。

19）これはPythonの`scikit-learn`パッケージで提供されているクラスタリングアルゴリズムを一覧化したものです。描画用のプログラムは，サポートサイトで提供されているものを改変して利用しています。（https://scikit-learn.org/stable/auto_examples/cluster/plot_cluster_comparison.html#sphx-glr-auto-examples-cluster-plot-cluster-comparison-py）

実施し，同じクラスターに分類されたデータ点たちにラベルを付けて同じ色で描画しています。各パネルの右下に書いてあるのは，筆者のラップトップで計算の実行にかかった時間です。

図4.3.3 様々なクラスタリング手法

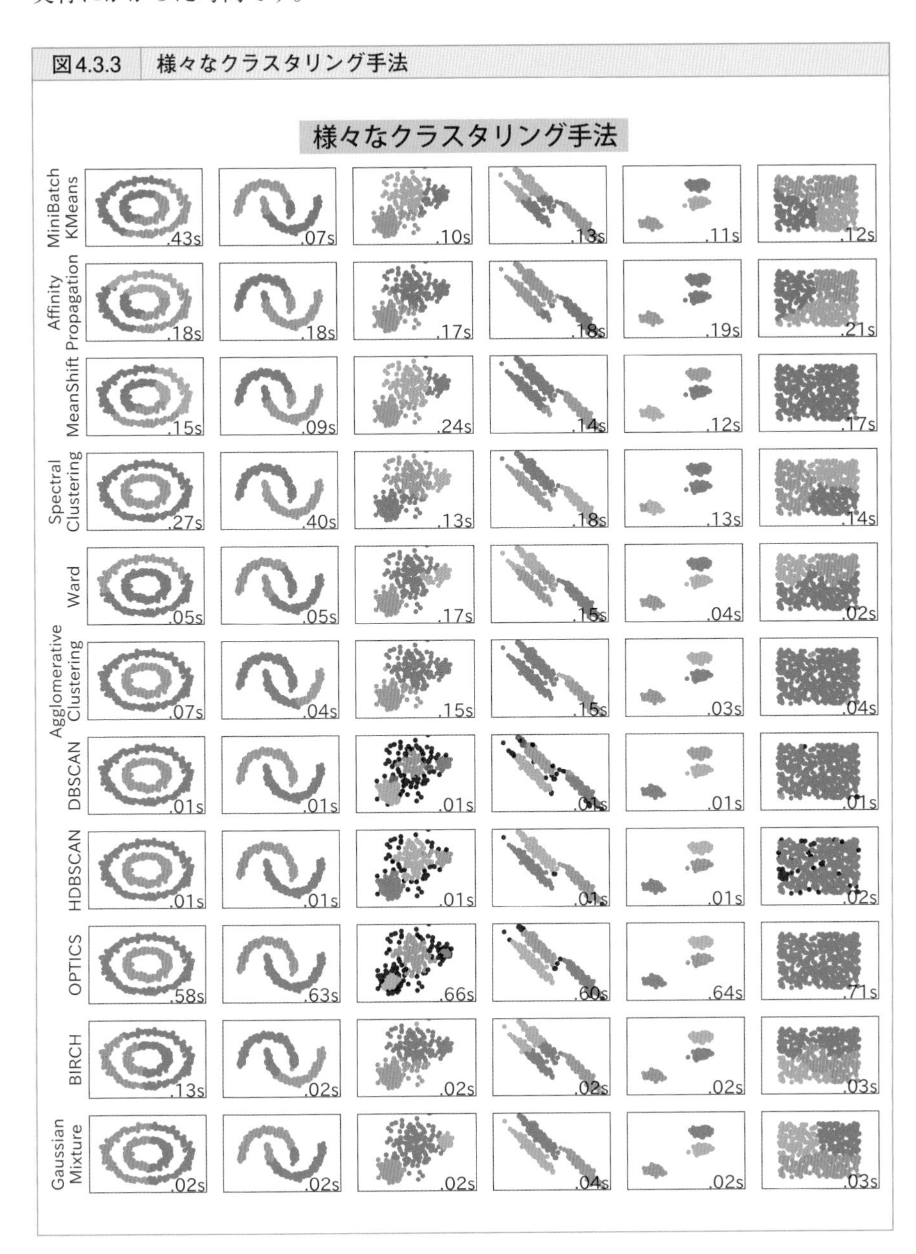

どのクラスタリングアルゴリズムも万能なわけではなく，データの散らばり方に応じて結果が大きく変わってしまうことが見て取れるかと思います。

このような二次元のデータであれば，人間の目で見て上手くクラスタリングできているか判断することができますが，変数の数が大きい場合には注意が必要です。また，クラスターごとに散らばっている範囲のサイズが異なる場合，クラスターの中心の近傍に同じカテゴリのデータが集まっているとは限らない場合，データの分布が曲がりくねった曲線状になっていると想定される場合などは，特に慎重にアルゴリズムを選択しましょう。

とはいえ，「種類が沢山あってどう選べばわからない」という場合には，大まかな方針として，特に注意の必要がなさそうなデータにはまずスタンダードな**K-means法**，分布が細長い形状をしているデータには**スペクトラルクラスタリング（spectral clustering）**，データが楕円状に分布していてかつクラスターごとに大きさが異なる場合には，**混合ガウス分布（Gaussian mixture model）**によるクラスタリングを用いると上手くいくことが多いです。

次元圧縮

ワインの例でもそうでしたが，データの変数の数が多く，かつそのうちのいくつかが連動して動いていると想定される状況を考えましょう。例えば，脳の複数の領域や細胞から取得した活動データや，画像データ（「隣り合うピクセルは似たような値になりやすい」「大域的に特定の形状でつながっている」などの関係があります），身体の動きを複数のセンサーから取得したデータなどを想像して下さい。

多変数のデータでは，図4.3.4のようにペアプロットで各変数のペアの間の関係性を見ても（個々の関係性はよくわかりますが），全体として何が起きているかを把握するのは難しいです[20)]。この中でいくつか「クラスター」が存在していたとしても，見つけるのは至難の業でしょう。

さらに，このような状況では一般に，データの値のとりうる（多次元の）空間に対してデータの量が少なく，プロットすることができたとしても全体が「スカスカ」の状態になっています。このときに，すでに紹介したようなクラスタリング手法をそのまま適用しても上手くいくとは限りません。

20）なお，ここでは描画のため10次元のデータを用意しましたが，以後の解説では数十次元以上のデータを念頭に置きます。

図4.3.4　多変数をペアプロットで見る

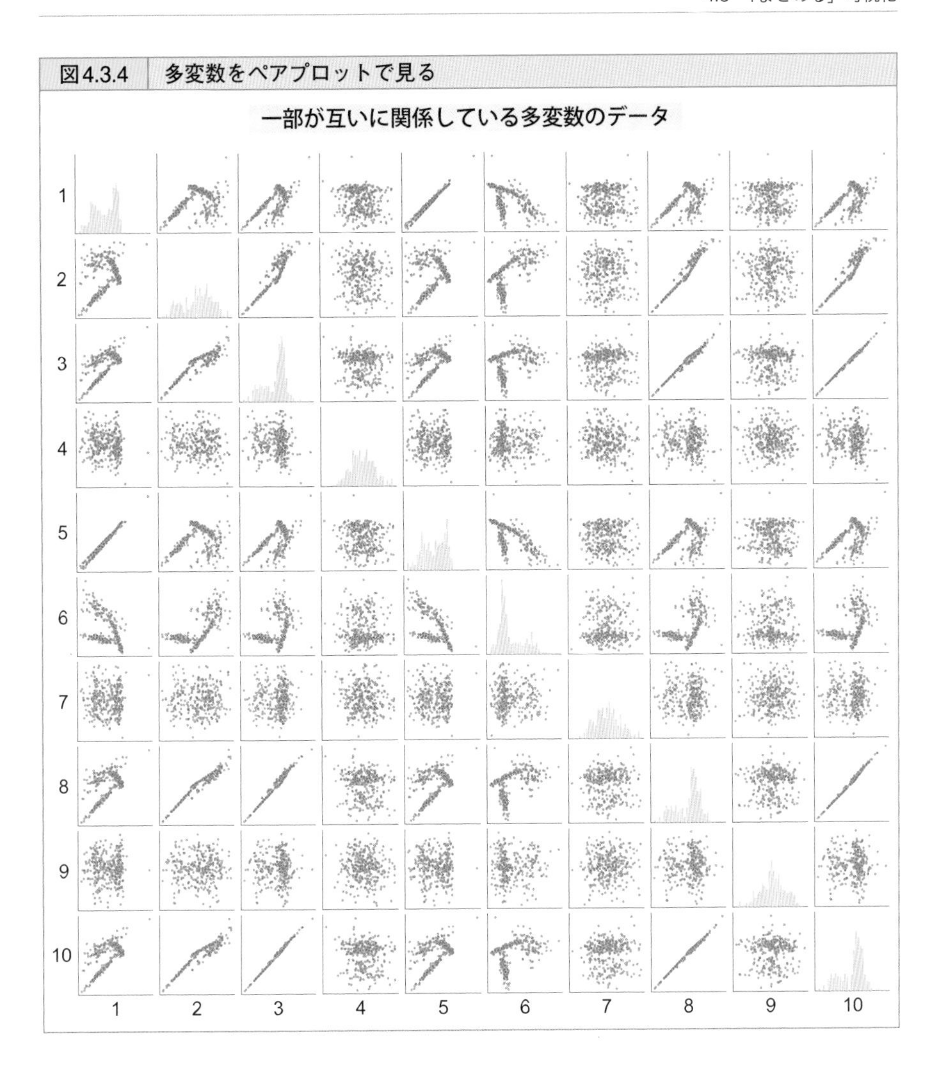

そこで用いられるのが，**次元削減（dimensionality reduction）**という考え方です。先ほどのペアプロットでは，いくつかの変数のペア間に高い相関があり，それらに関しては「片方の情報だけあれば実質二つの変数の値を特定できる」状況になっています。また，2変数の間だけの関係ではなく，ある変数Xが他のいくつかの変数（$A, B, C,\cdots$）の（重み付きの）足し算でよく表現されているということもあるかもしれません。この場合も，他のいくつかの変数（$A, B, C,\cdots$）の情報があれば，変数Xの数値を推定することができます。

このような変数間の関係性[21)]を利用してデータを変換し，変数の数を減らしてしまうことを，次元削減といいます。

例えば，ある世帯の1か月の水道の使用量と，それに対する請求金額という二つの変数のデータがあったとしましょう。このようなデータでは，「水を何m^3使ったか」さえわかれば金額のほうは自動的に決まるので，請求金額の値は分析に使用しなくても良いはずです。この例だと，どの変数を除けば良いかが自明ですが，そのような関係性が存在しているかわからないデータを相手にする場合，数理的な手法でデータの特徴を抜き出してやる必要があります。基礎的な方法の一つが，**主成分分析（principal component analysis：PCA）**です。

図4.3.5　主成分分析のイメージ

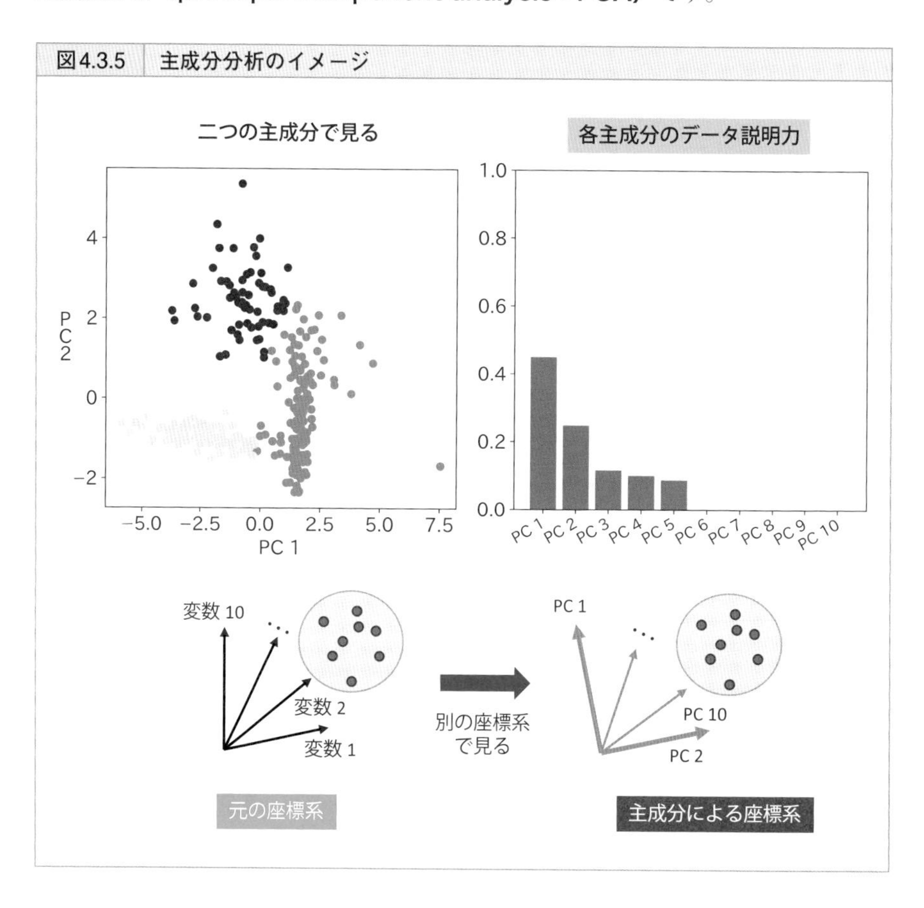

21）後半で紹介しますが，これ以外の非線形な関係性やデータ点同士の分布の仕方から，次元圧縮を行なう方法もあります。

主成分分析の詳細な説明は参考書[22]に譲りますが，簡単にいうと，座標軸を回転させて新しい座標軸を作り，データの散らばりがよく見える方向を順番に新しい座標軸（**主成分（principal component: PC）**といいます）に割り当てていきます。この新しい座標軸において，「データがあまり散らばって見えない軸」に対応する変数は，あってもなくても「各データ点がどこにいるのか」という情報を知る意味では関係ない，ということになるので，その分の変数は無視しても良いということになるわけです。

この「どれくらいデータの散らばりがよく見えるか[23]」を指標にしたものは，主成分分析の出力結果として見ることができ（図4.3.5上段右），データ全体をよく説明するのにいくつ変数が必要か（いくつ無視しても問題ないか）を判断するのに使用します。このテストデータでは，五つの変数が他の変数から導けるように作ってあるので[24]，6番目以降の主成分の説明力がゼロになっています。

特に，最初の二つの変数（主成分）でデータがよく表現できる場合には，図4.3.5上段左のように新しい二つの軸で張られる平面上にデータをプロットし，そのうえでクラスタリングなどの分析を行なうことができます[25]。これは多次元の座標系をくるくる回して，一番データが見やすい方向から二次元の紙面にデータをプロットしていると考えることもできます。

主成分分析は，変数の間に線形の関係性（$y = ax + b$のような直線的な関係性）が想定される場合には，上手く変数をまとめて重要な軸周りの振る舞いを抜き出すことができますが，変数の間により複雑な関係性（このような線形でない関係のことを「非線形な関係」といいます）が存在する場合には，他の次元削減の手法を用いたほうが良いこともあります。

22) 同シリーズで恐縮ですが，説明が詳しい順に杉山聡著『本質をとらえたデータ分析のための分析モデル入門』，阿部真人著『データ分析に必須の知識・考え方 統計学入門』，江崎貴裕著『データ分析のための数理モデル入門』があります。

23) 正確には，「データ全体の分散を，その軸方向の分散でどれくらいの割合説明できるか」を表します。

24) このようなデータは，例えば`sklearn.datasets.make_classification()`関数を使えば簡単に作成することができます。

25)「説明力がどれくらいあれば，このようなことをしても良いのか」という基準はありません（ただし，どれくらいの説明力があるのかについては示したほうが良いでしょう）。第二主成分までの説明力が小さかったとしても，「その座標系でデータを見たらそうなった」という主張には問題がないからです。とはいえ，そのような場合には何の特徴も見えないことが多いです。

例えば，数字を手書きで書いた画像のデータセット[26]を例にとりましょう。このデータでは，0から9までの数字のどれかが手書きされた一枚一枚の画像が，8×8ピクセルのそれぞれの色の濃さを示す数値の集まりとして表わされています。64個の変数の数値を決めると画像が一つ決まるので，「各画像が64次元空間のうちの1点として表現される」と考えることもできます。ここでやりたいのは，そのような高次元の空間を上手く二次元で表現する変換を行ない，データのまとまりを見やすくすることです。

図4.3.6　画像データの次元削減

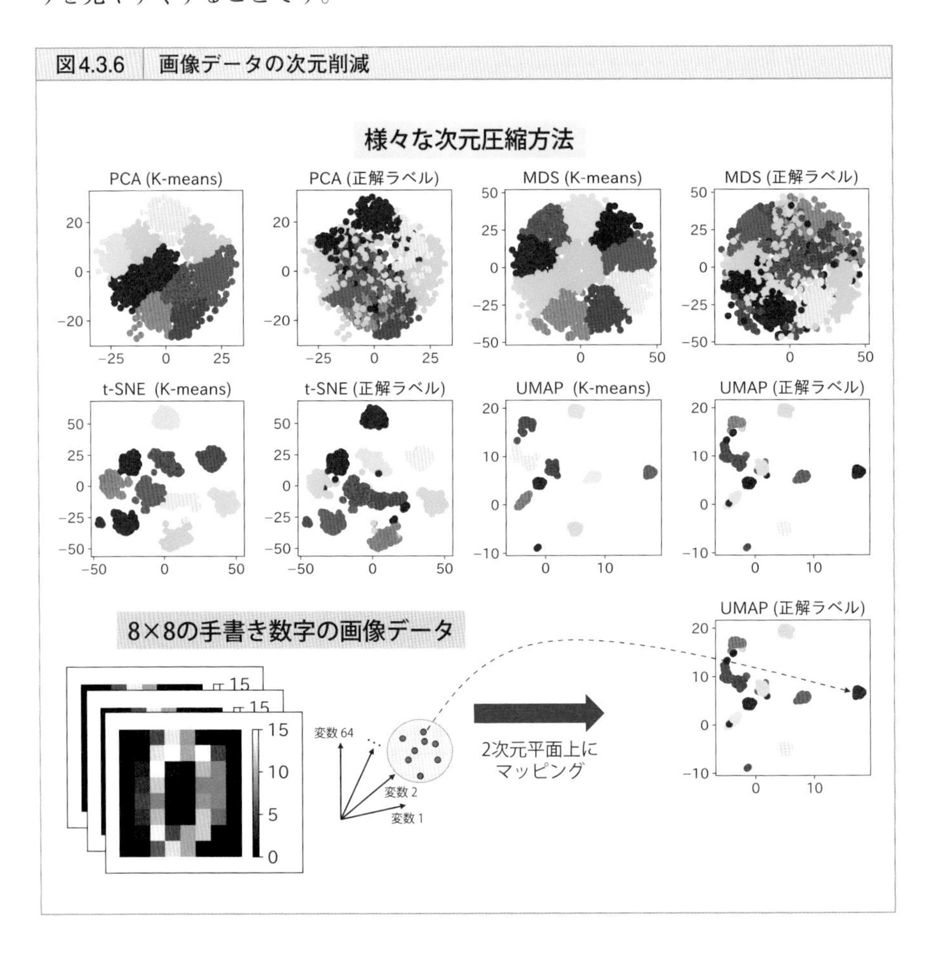

26) MNISTデータセット(modified National Institute of Standards and Technology dataset)を用いています。このデータセットでは様々なバリエーションのデータが提供されていますが，今回は`sklearn.datasets.load_digits()`で読み込めるものを利用しました。

図4.3.6に，様々な手法で次元削減を施した後にクラスタリングを行なって，各点にラベルを付けた結果を示します。クラスタリングには，スタンダードなK-means法を用いています。加えて，「実際に画像が表す数字」ごとに色を付けた正解ラベルによる可視化も横に表示しています。正解ラベルで色ごとにちゃんとデータが分離していれば，「その次元削減手法は数字の内容を分離するのに適した方法だった」ということになります。

主成分分析（PCA）では，異なる数字の領域がオーバーラップすることが多く，上手く分離できていないことがわかります（図4.3.6上段左）。クラスタリング結果のほうでは，データがもっともらしそうに10個の領域にわかれていますが，正解データと比較すると乖離しており，実際には違う数字が混ざったものが個々のクラスターとして検出されてしまっています。

とはいえ，一部の数字は上手く分離できており，線形の単純な手法の割には健闘しているともいえます。**MDS（multi-dimensional scaling：多次元尺度法）**は，データの点同士の距離の性質をできるだけ保持するように線形の変換を行なう手法です。こちらもほどほどの性能を発揮しています（図4.3.6上段右）。

次に，非線形な手法を見ていきましょう。

t-SNE（t-distributed stochastic neighbor embedding）は，確率分布を用いてデータの点同士の近さを保持するような非線形な変換を行なう手法です。この手法ではかなりきれいに数字同士が分離しています（図4.3.6中段左）。また，別の非線形手法である**UMAP（Uniform manifold approximation and projection）**でも，同様の性能が見られます（図4.3.6中段右）。UMAPは高次元のデータでも比較的高速に処理ができるほか，教師あり学習との併用や追加データのマッピングなどが可能で，非線形手法の中でも非常に使い勝手が良い手法です。

このような次元削減によるクラスタリングは，特に「データは多次元だが，それらが表現している内容は低次元（数えられる程度のクラスに分かれるなど）」である場合に役に立ちます。逆に，表現している内容が本質的に高次元の場合には，次元削減しても何も見えないことが多いです。

時系列でクラスタリングを使う

最後に，クラスタリングの応用として，時系列を隠れ状態のダイナミクスとして解析する話を紹介しましょう。

複数変数の時系列データが同時に得られている場合，それらをまとめて分析したいケースはよくあります。例えば，各時刻で五つ変数の数値が与えられる時系列を考えてみましょう（図4.3.7上段）。通常，この時系列の振る舞いをそのまま理解するのは非常に困難ですが，各時刻でのデータ点をクラスタリングでまとめることによって「今どのクラスターにいるのか」という情報としてとらえると，データが非常に見やすくなります。

図4.3.7　HMMによる時系列解析

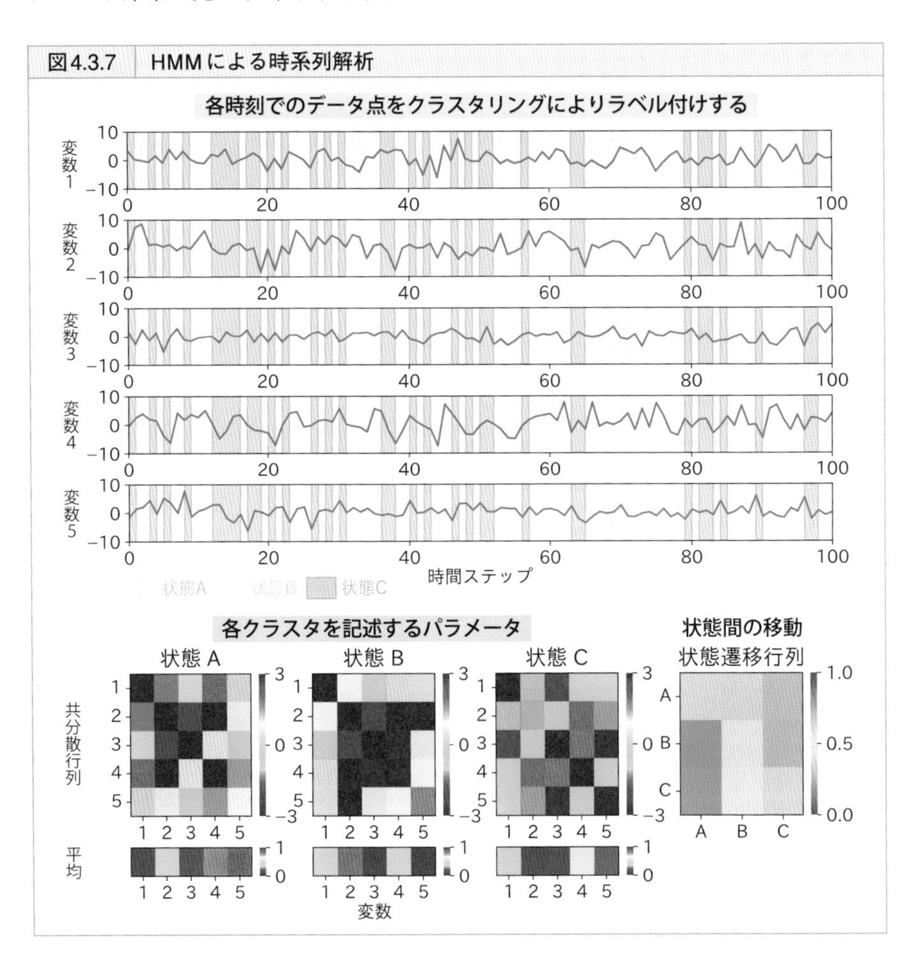

これを可能にする方法の一つが，**隠れマルコフモデル**[27]（**hidden Markov model**）です。図4.3.7では，各時刻のデータを三つのクラスター（状態A，B，C）に分類しています[28]。詳しく知りたい方向けの少し細かい説明ですが，それぞれのクラスターではデータが正規分布（を多変数に拡張したもの[29]；各変数の平均値と変数間の共分散の値を決めることで指定されます）から生成されたものと仮定して，全体を三つの正規分布で表現します。どの正規分布が利用されているかを決める状態（この例では状態A，B，Cと名付けています）を，「**隠れ状態（hidden state）**」といいます。単にすべての時点のデータをひとまとめにしてクラスタリングにかけても良いのですが，HMMでは，さらにデータにおけるクラスター間の遷移のしやすさも踏まえたクラスタリングを行なうことができます[30]。

例えば，状態Aと状態Bのどちらとも取れそうなデータ点があったとして，「過去の流れから考えると，今，状態Aにはなりにくいはず」といったことが考慮されたうえでクラスタリングが行なわれます。また，同時に状態間の遷移確率も推定されるので，「状態AからBには行きやすいが，逆の遷移は起きにくい」といった情報も活用することができます。

HMMでは，変数の数が増えても，数十次元くらいであれば（それに合わせて必要なデータの量は増えますが）問題なく計算を行なうことができます。クラスタリングした後の状態を使って元のデータを特徴付けることによって，時系列のダイナミクスを調べたり，解釈するのが容易になることがあります（図4.3.8）。このような状態時系列の解析方法については，第7章で詳しく解説します。

このように，対象をいくつかのカテゴリに分類してざっくりとらえたい場合には，しばしばクラスタリングが大きな力を発揮します。

ただし，注意点もあります。先ほど示した通り，クラスタリングは手法によって結果が変わります。また，同じ手法でも「いくつのクラスターに分けるのか」を分析者が事前に指定しなければならないことが多く，この指定方法にも一般に

27）ここでは，多変量正規分布を隠れ状態に持つHMMを紹介していますが，一般に隠れ状態のあるマルコフ過程全般のことを，隠れマルコフモデルといいます。

28）いくつのクラスターを用いるべきかは，前提となる仮説やデータへの当てはまりなどを考慮して決めます。

29）多変量正規分布（multivariate normal distribution）といいます。

30）そのような時間構造を無視して，単に混合正規分布だけでクラスタリングを行なうという方針も考えられます。ただし，データが少ない場合や，余程特殊な時系列でない限りは，実践的にはHMMのほうが性能が良いです。例えば，脳のfMRIデータに対しては以下のような研究があります。Ezaki, T., Himeno, Y., Watanabe, T., & Masuda, N. (2021). Modelling state-transition dynamics in resting-state brain signals by the hidden Markov and Gaussian mixture models. European Journal of Neuroscience, 54(4), 5404-5416.

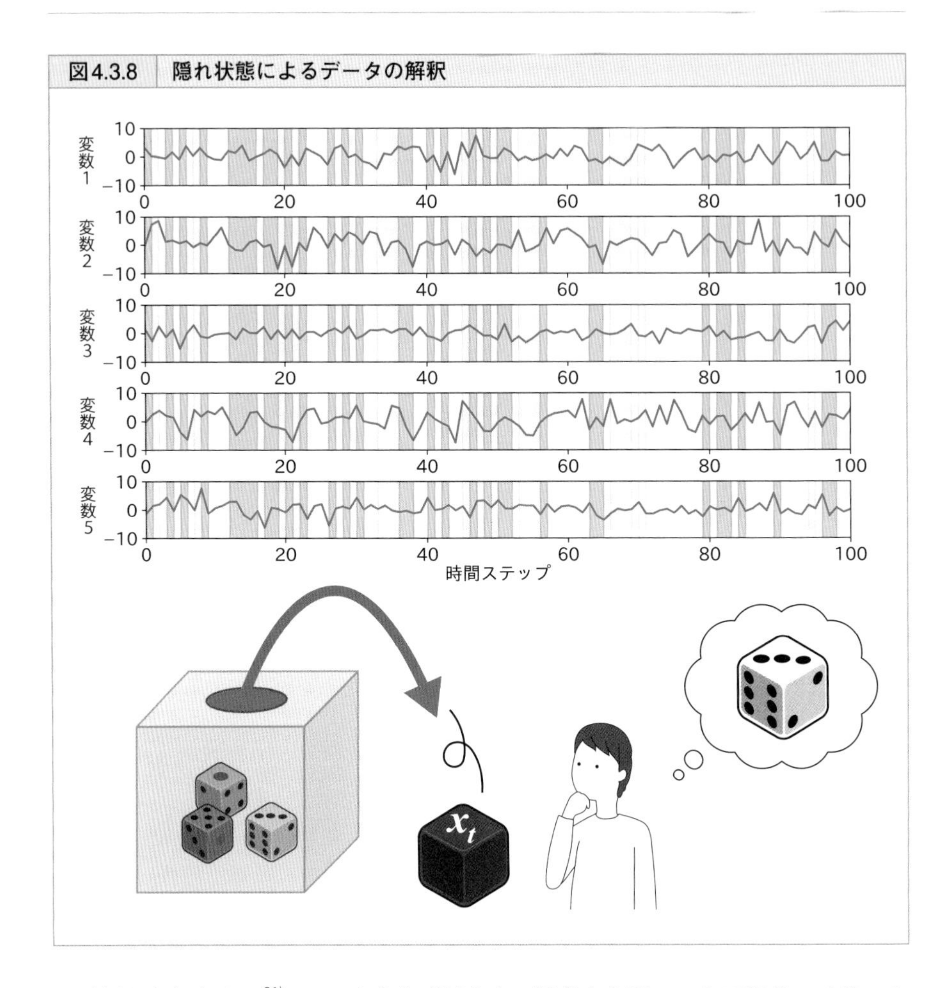

図4.3.8　隠れ状態によるデータの解釈

は正解がありません[31]。このような事情から，探索志向型データ可視化では使いやすいものの，説明志向型データ可視化では，分析の前提や手法の制約といったことをしっかり押さえたうえで適切な主張を行なう必要があり，注意を要します。

31）最適なクラスター数を推定する方法はいくつか存在していますが，いつも使える万能な方法は無いのが実情です。

第4章まとめ

・複数の変数を描画する方法にはいくつかの方法があり，個々のデータ点の情報を示す場合にはパラレルプロットやヒートマップが便利。
・多変数データの一つである関係データは，ネットワークの可視化を上手く活用することで全体の様子を効果的にとらえることができる。
・情報量を適度に落とす方法としてクラスタリングを用いることで，データ全体の様子を上手く把握できる場合がある。
・本質的な情報だけを残しながら変数の数を減らす次元削減を用いることで，多変数データを見通し良く把握することができることもある。

データの分布をとらえる指標化

この章では，まず基本統計量からデータの指標化を学んでいきます。データを指標でとらえるということが何を意味するのか，データのサンプリングから指標化のプロセスで発生する問題やその対処法などにも焦点を当てながら，分布の特徴を記述する指標化について解説します。指標化によってとらえられる特徴・失われる特徴についても意識しながら，それぞれの手法の強みや弱み，利用されるシーンについても幅広く紹介します。

5.1 分布と統計量

統計量について考える

可視化に用いる指標として最もよく用いられているのが，平均値などの分布の**統計量（statistic）**です。例えば，マウスを使った実験で複数の個体の行動量の平均をとったり，顧客の分析で店舗ごとに購買金額の平均を見たり，あるいは野球選手の成績を打率や奪三振率（1試合当たりの奪三振数）で見るのもこれにあたります。この章では，統計量を計算してデータを視るという作業が何をしていることになるのか，という基礎的なところから始め，種々の統計量により対象のどういった性質がとらえられるのかについて考えていきましょう。

対象となる集団から複数のデータ点をサンプリングする状況を想像してみて下さい。例えば，自社の顧客のうちランダムに何人かを選んで調査を行なったり，同じ条件で実験を何度も繰り返してデータを集めると，ひとまとまりのデータが得られます。このデータ点のそれぞれは，ある程度の「ばらつき」を持っていることでしょう。また，調査ごとにどのデータ点が取れるかはランダムであると考えると，サンプリングの時点でもばらつきが生じます。

これに関して，簡単な実験をしてみましょう。

図5.1.1に，対象から20点のデータを観測した例を示します。ここでは，正規分布と対数正規分布からランダムにデータを生成しました（理論分布になじみの薄い読者の方は，「無限に沢山データが取れたとすると，そのヒストグラムが右の滑らかな山のようになる対象」を調査した結果，左のスウォームプロットに示されたデータが得られたと考えて下さい）。正規分布は人間の身長などが従う，いわば常識的な分布であり，対数正規分布は年収のように青天井で大きな値が出うるような分布でした。

この散らばったデータを用いて，観測値に対する説明や比較をしなければならないとします。「大体どれくらいの大きさなのか」「どれくらい値の変動があるのか」といったことを数値として示しましょう。

図5.1.1　サンプリング実験の概要

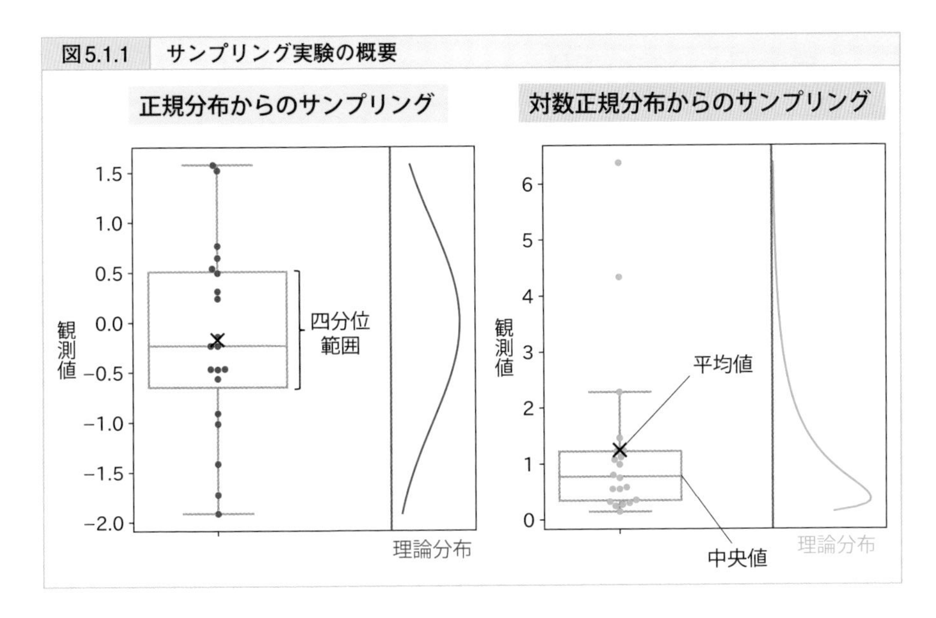

一つ目の「大体どれくらいの大きさなのか」を記述するのによく使われるのが，おなじみの**平均値（mean）**と**中央値（median）**です[1)]。図の中ではそれぞれ，「×印」と「箱ひげ図の真ん中の箱の中央の横線」の位置として示されています。また「どれくらいの変動があるのか」については，**標準偏差（standard deviation）**や**四分位範囲（interquartile range; IQR）**などで定量化することができます。四分位範囲は図に示した通り，データの下位25%〜75%が含まれる領域（箱ひげ図の真ん中の箱の上端と下端の幅に対応します）の幅のことです。

さて，今回のサンプリングでは，正規分布のほうを見ると平均値も中央値も共に−0.1 〜 −0.2ほどの値となっています。実は，このデータは「標準正規分布（平均0，標準偏差1の正規分布）」を元に生成されたものです。したがって，そこから出てきたデータの平均値は本当は0になってほしいのですが，「たまたま」値の小さいデータ点が多く出てしまったので，手元に得られたデータから平均値を計算すると0より小さい値になっています。

1)　最頻値（mode）もこの文脈でよく言及されますが，十分にデータがある場合，値が離散値である場合にしか使えないといった制約があり，今回の例では使用しませんでした。

統計量と分布の相性

このように，一般にサンプルから計算した統計量は，背後にある分布の統計量とは多少ズレてしまいます。このズレがどれくらいになるのか，いくつかの統計量について調べてみましょう。

先ほどのサンプリングでは，正規分布の方では平均値や中央値が真の値と比べて下振れしてしまいました。今度は同じプロセスを100回繰り返して，それぞれの指標がどうなるかを見てみましょう。また，サンプルの大きさを20点だけでなく，100点，500点と増やしたらどうなるかも調べてみます。

図5.1.2　サンプリングごとの統計量の振る舞い

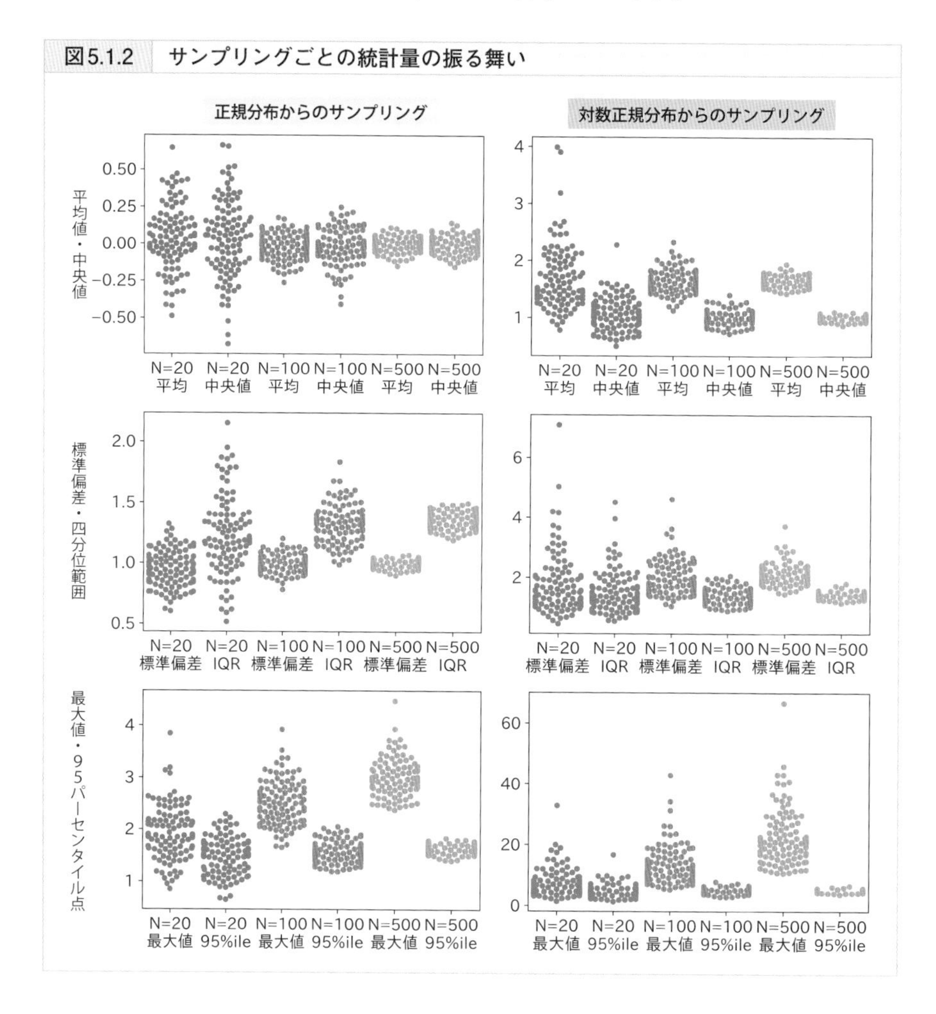

図5.1.2に結果を示しました。まずは，平均値と中央値について見ていきましょう（図の上段）。これらはともに，ある種の「真ん中の値」を記述する統計量ですが，その振る舞いはどうでしょうか？

まず前提として，どの条件でもサンプルごとに計算された平均値・中央値には結構なばらつきがあることが見て取れます。そして，そのばらつきはサンプルサイズが大きくなるほど抑えられています。正規分布の場合，平均値のほうが中央値よりもばらつきが抑えられている，つまり信頼性の高い（真の値から乖離するリスクが少ない）指標となっていることがわかります。しかし一方で，対数正規分布の場合には，逆に中央値のほうがばらつきを抑えられています（なお，対数正規分布の場合，中央値と平均値は異なる値になることに注意して下さい）。特に20点しかデータがない場合には，平均値が4を超えることもあり，真の値である$e^{1/2} \approx 1.65$から大きく乖離してしまっています。

同様に，標準偏差と四分位範囲についても見ていきましょう（図5.1.2中段）。先ほどと同じように，標準偏差は正規分布の場合にばらつきが小さく，対数正規分布の場合に比較的ばらつきが大きくなります。逆に，四分位範囲のほうは対数正規分布のほうで安定した振る舞いを見せています（なお，標準偏差と四分位範囲は一般に異なる値をとることに注意して下さい）。

最後に番外編として，「サンプルの中でトップレベルに大きい値がどれくらいか」を定量化する指標として，最大値（単にサンプルの中で一番大きいデータ点の値）と95パーセンタイル点（上位5%にあたるデータ点の値）の振る舞いも見てみましょう（図5.1.2下段）。95パーセンタイルは「たまたま」出てしまった極端な値を無視する効果があるので，単に最大値を見るよりもサンプリングごとのばらつきは小さい指標になっています。

以上をまとめると，すべてのデータ点の値を考慮して計算される平均値や標準偏差は，背後にある分布が正規分布などの極端な値が出ない分布だと，信頼性の高い値になりやすい一方で，単純に「何番目の大きさの値か」を見に行く中央値，四分位範囲は，極端な値が出うる分布で比較的安定した振る舞いを示します。これらの指標ではどんなに極端な値が出ても，大体の場合，せいぜいデータ点の順位を一つずらすだけの効果しかないため，影響が小さく抑えられます。逆に，データ点が一つ増えたときに，その値の「大きさの情報」を十分に反映させることができないため，正規分布的な振る舞いが期待される状況では不利になります。実践的には多くの場合，平均値や標準偏差を利用すれば良いのですが，分布の性質が極端な場合には中央値，四分位範囲といった指標の活用を検討するのが良いでしょう[2)]。

なお，このあたりの指標の頑強性について興味のある読者の方は，**ロバスト統計（robust statistics）**についてより詳しく学んでみることをお勧めします[3)]。

統計量に残る情報・残らない情報

分布の「真ん中」の情報を記述する平均値と中央値でも，状況に応じて異なる振る舞いをすることを見てきました。どちらも似たような指標ですが，振る舞いが異なるということは反映している情報が微妙に異なっているということです。それぞれの指標がどういう文脈の何をとらえていて何を無視しているのかを押さえておかないと，間違ったデータ解釈につながります。特に，一度指標の形にしてしまうと失われた情報にアクセスする機会がなくなるため，せっかくの特徴を見逃してしまうことになります。例えば，多くの統計指標（の入門書的な解釈）は，単峰性の（山が一つしかない）分布を仮定しています。

図5.1.3に，二つのサンプルに対してヒストグラムを描画して，それぞれ平均と標準偏差を計算したものを示します。

さて，「この二つのサンプルは平均も標準偏差もほぼ同じ値をとっているので，ばらつきも真ん中の値も大体同じくらい」でしょうか？

二峰性の分布のほうは，個々の山のばらつきは小さいですが，「全体の標準偏差」としてばらつきの度合いを計算してしまうと大きな値になります。また，平均値のところにはデータ点が全く存在せず，この分布を記述するなら一つの値で表現するのではなく「二つの値1，−1のところにデータ点が集まっている」と表現したいところです。

平均値や標準偏差といった指標では，こうした情報が失われた状態でデータを視ることになっているわけです。これはデータを一つの値で表現するということ

2) 中央値や四分位範囲は平均値や標準偏差と異なり，単純な式で表現できないので理論的には扱いにくいという側面もあります。

3) 参考文献として，藤澤洋徳著『ロバスト統計：外れ値への対処の仕方』（近代科学社），蓑谷千凰彦著『頑健回帰推定』（朝倉書店）を挙げておきます。

図5.1.3 統計指標と分布の形状

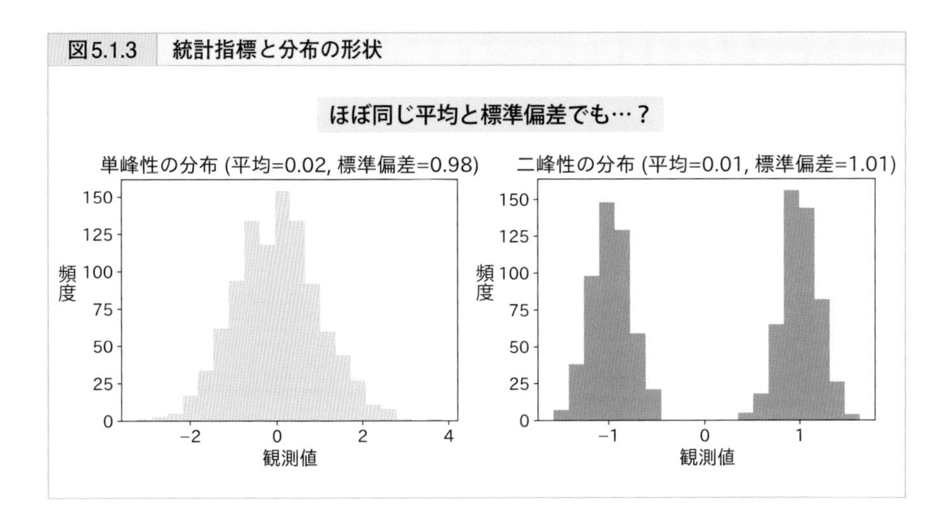

の限界によるもので，どんな指標を用いても発生する問題です。以後の章では様々な指標を紹介しますが，データのどういった側面をハイライトし，どういった側面を無視しているのかについて是非意識してみて下さい。

5.2 ばらつきをとらえる

単位当たりの指標と規格化

平均値（mean）には，分布全体を代表するという意味合いの他に「一つ当たりの数量」という意味合いもあります[4)]。例えば，コンビニチェーン各社の間で店舗の売上高にどれだけの差があるかを分析したい場合，全体の売上高を店舗数で割り算して平均値で比較することが考えられるでしょう[5)]。このように，比較をフェアに行なえるようにするために基準となる数値で割り算を実施することを，**規格化・正規化（normalization）**または**標準化（standardization）**といいます。

上記では，全体の売上高をサンプルサイズで割り算するという規格化を行ないましたが，割る数のほうはサンプルサイズでなくても構いません。例えば，肥満度を測る指標であるBMIは，体重（kg）を身長（m）の二乗で割り算して計算しますが，これも一種の規格化です。ここではAさん（50kg, 160cm）とBさん（70kg, 190cm）の肥満度を比較する際に，「単に体重だけで比べてしまうと身長の差がある分，フェアな比較にならない」という問題を解決するための規格化が行なわれています。

ところで，なぜ単に「身長」で割るのではなく，「身長の二乗」で割るのだろうか？ということが気になった読者の方もいらっしゃるでしょう。ここに，規格化を行なう際のポイントがあります。それは，「分析対象となる数に対して，比例の関係性を持つ」指標で割り算するということです。

人間の体重は，肥満度が同じなら概ね身長の二乗に比例することが知られているのです[6)]。例えば，ここで単に「身長」で「体重」を割ってしまうと，身長が高

4)　ちなみに，同じ「平均」でも統計学の用語でaverageというと多くの場合，平均値（mean）だけでなく，中央値（median）や最頻値（mode）も含む広い概念（「代表値」）を指します。

5)　実際にこのような分析を行なう場合には，出店地域や店舗形態などの違いに加え，集計期間中の新規出店や撤退，改装期間などの補正など，これ以外にも色々と考えなくてはならないことがあります。ちなみに，コンビニエンスストアは2023年1月時点で日本国内に約57,000店舗存在し，シェア上位3社でそれぞれ約21,000店舗，16,000店舗，14,000店舗といった違いがあります。

6)　一般に，物の一辺の長さが2倍になると，面積は4倍，体積は8倍になりますが，人体（やその他多くの動物の身体）は縦に伸びる比率では横に太くならない性質があります。これは，皮膚の面積や骨の断面積が二乗でしか大きくならないことが制約になっていると考えられています。

い人では体形の割に高い指標が算出されることになり，身長の異なる人同士の比較指標としては使えないのです。

もう一つ，身近な規格化指標を挙げましょう。それは偏差値です。

偏差値は，テストを受けた集団の中での位置を表す指標です。テストの難易度はテストの種類や教科ごとにも異なっているので，点数そのものを見ても受験者同士を上手く比較することができません。また「平均点と比較して何点プラス（マイナス）だったか」という指標を考えても，テストによって点の取りやすさが違うのでフェアな比較指標にはできなさそうです。

そこで，偏差値では「平均点との差を標準偏差で割ったもの」を考えます。標準偏差がテストの点のばらつきの程度を表し，それを基準にして何倍平均から離れたかで指標化するわけです。この数値を用いて，得点が平均点と同じだった場合に偏差値50，そこから1標準偏差増えるごとに偏差値が＋10されるように指標が算出されます。

さて，ここで行なったのは，ばらつきの規格化です。各データ点での平均との

図5.2.1　標準偏差の規格化

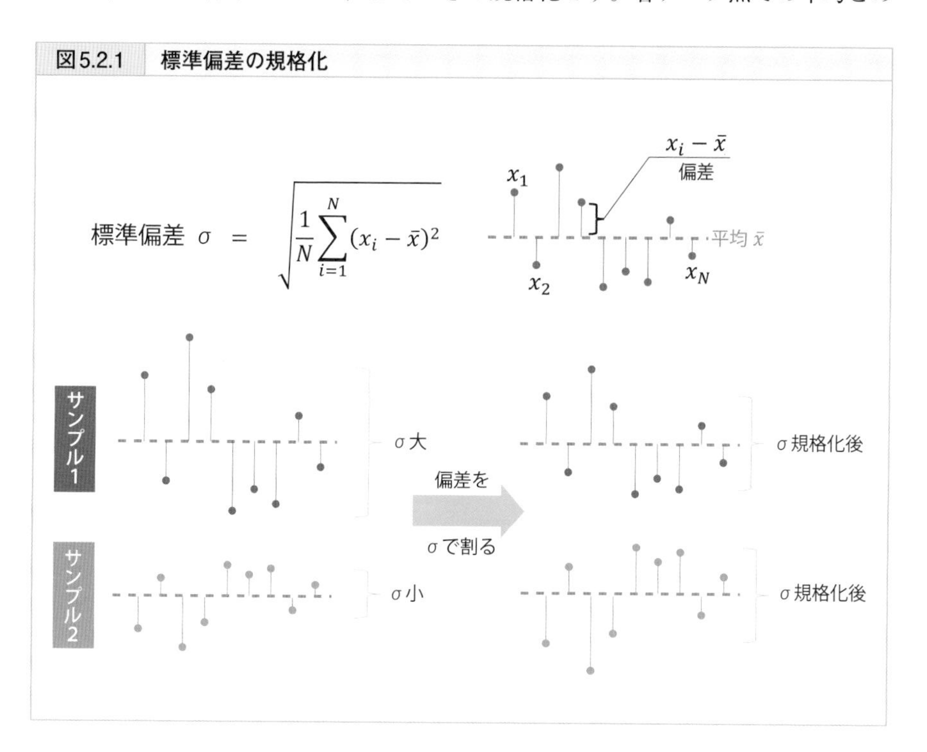

差（**偏差：deviation**といいます）をサンプルの標準偏差で割り算すると，できあがった変換後のサンプルの標準偏差が1になります[7)]。また，同時に「平均の情報を捨てる」ということも行なわれています。異なるテストの間で各受験者の成績を比較する際には，「平均からどのくらい離れているか」が大切であり，平均そのものの値は必要ないというわけです。

偏差値では平均が50で，元の点数が「1標準偏差」増減するごとに偏差値が10増減するように計算されていましたが，データ分析の文脈ではよく「標準偏差の何倍平均から離れていたか」という数値を利用します。これを**Zスコア（z-score）**といいます。

実は，Zスコアは本書ですでに登場しています。第4章のワインのデータです。「アルコール度数」や「色相」といった単位の異なる変数が含まれているので，それぞれの値をそのまま同時にプロットしようとすると，値の大きい変数につられて別の変数の表示がつぶれてしまいます（図5.2.2上段）。そこで，各変数の標準偏差が1になるようなスコア化を行なったのでした（図5.2.2下段）。

このようなデータをそのまま処理しようとすると，可視化はもちろん，クラスタリングやモデリングの際にも悪影響が生じることがあります[8)]。そこで，下記の手順でZスコア化を行ないます。

(1)　各変数ごとに平均と標準偏差を計算する
(2)　各データ点から平均値を引き算する
(3)　その値を標準偏差で割り算する

このようにすると[9)]，対象となるサンプルの平均が0，標準偏差が1になるように規格化を行なうことができます（図5.2.2下段）。なお，図5.2.2では複数カテゴリ（ブドウの銘柄）のデータ点をまとめて，スウォームプロットに表示して色分けするということをしていますが，探索志向型データ可視化においてはこのような表示も便利です。

---

7)　これは標準偏差が，各偏差をa倍する変換に対して，そのままa倍になる指標となっているからです。

8)　例えば，値の大きい変数だけが過剰に重視されてしまうなど。

9)　式で書くと，i番目のデータ点x_iは平均μ，標準偏差σを用いて$Z_i = (x_i - \mu)/\sigma$と変換されます。また，Pythonの`scipy`パッケージの`scipy.stats.zscore()`関数を用いれば簡単に計算することができます。なお，細かいことを言えば，サンプルから直接計算された平均と標準偏差は一般に母集団のそれらとは異なっていますが，推定値として代用されます。

図5.2.2　ワインデータのZスコア化

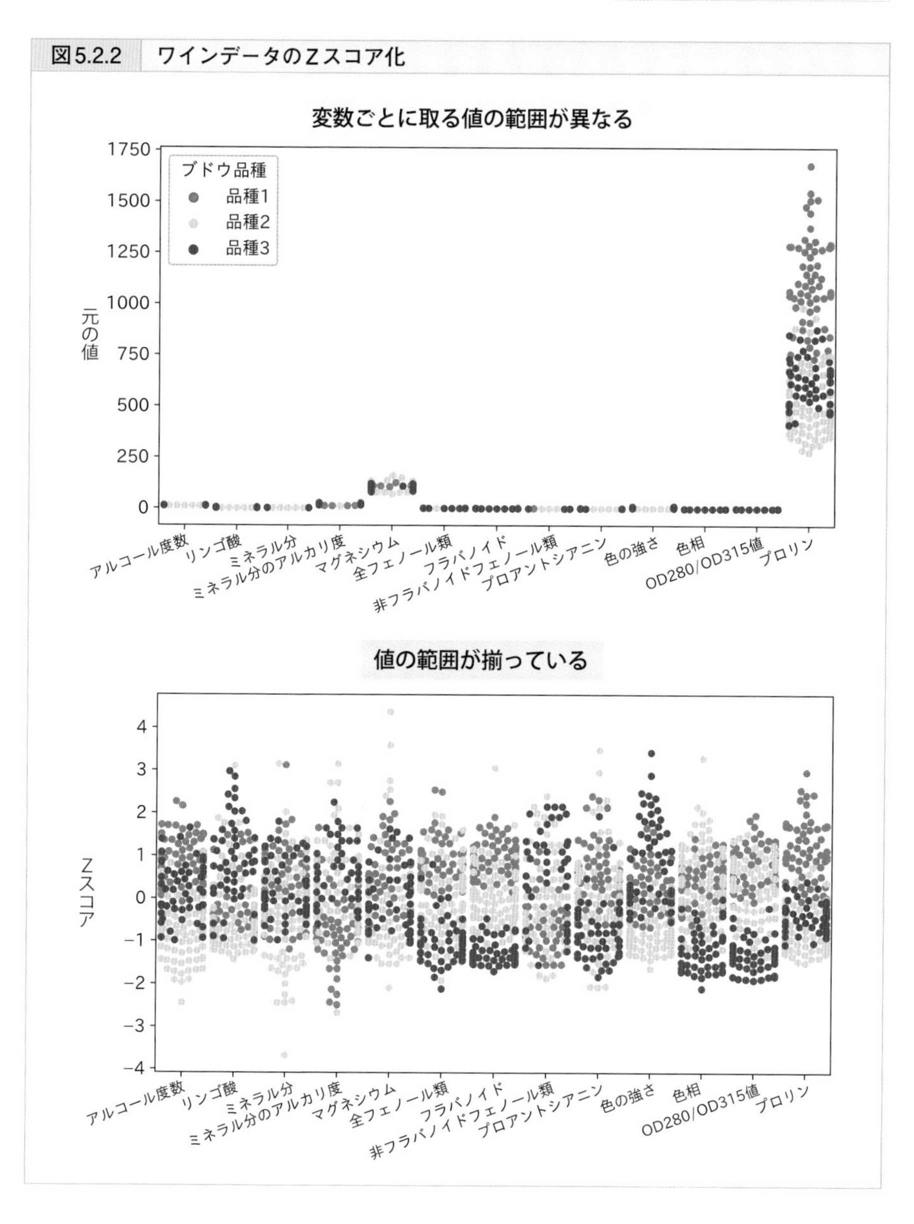

似たような規格化として，取りうる値の範囲を0~1までに制限する**Min-Max標準化（min-max normalization）**という方法もあります。

(1) 各変数ごとに最大値から最小値を引いた幅（**レンジ**という）を計算する
(2) 各データ点から最小値を引き算する
(3) その値をレンジで割り算する

このようにすると，最小値が0に，最大値が1になるように変換されます（また，手順を少し修正することで，好きな範囲をとるようにすることもできます）。Min-Max標準化では，値の範囲を確実に0から1の範囲にピッタリ収めることができるという利点がありますが，最大値や最小値というあまり信頼のおけない値によって全体が影響されるという弱点があります。対して，Zスコアにはそのような心配がなく，変換後のサンプルの平均が0，標準偏差が1になっているため，その後の分析がしやすいというメリットもあります。一方で，値の範囲が限定できないため，どうしても0から1の間に収めたい場合には使えないという弱点があります。

データのばらつきをとらえる指標

前節では，ばらつきの指標として標準偏差と四分位範囲を紹介しました。標準偏差はデータの中に極端な値が含まれていると，大きく影響を受けやすい性質を持っていますが，その理由はすべてのデータ点の偏差を二乗して平均するという計算プロセスにあります（図5.2.3）。この弱点を部分的に補う方法として，二乗ではなく単に絶対値をとって計算を行なう，絶対偏差指標というものについて紹介しましょう。

サンプルの平均値からの偏差の絶対値をとって単純に平均したものを，**平均絶対偏差（mean absolute deviation）**といいます[10)]。また，どこからの偏差をとるかという基準を，平均値ではなく中央値に変えた**中央絶対偏差（median absolute deviation）**というものもあります（図5.2.3）。

これらの指標についても，正規分布と対数正規分布から100回サンプリングして計算した結果を見てみましょう（図5.2.4）。

10) しばしば頭文字をとってMADと略されます。この表記は便利なのですが，次に紹介する中央絶対偏差も略すとMADになってしまうという難点があります。

図5.2.3 標準偏差と絶対偏差指標

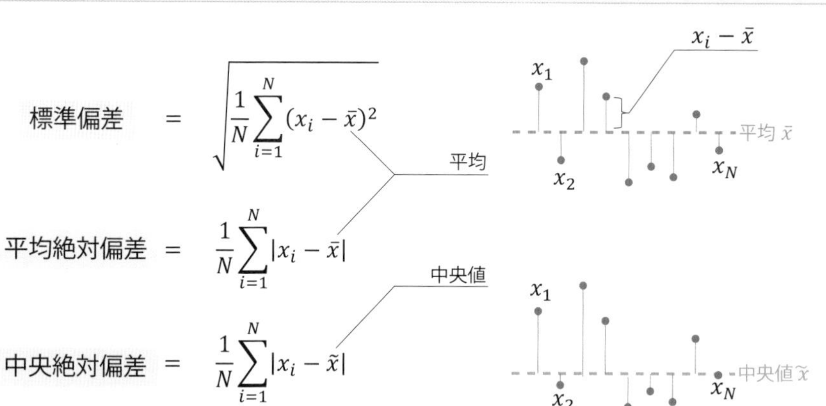

図5.2.4 絶対偏差指標の振る舞い

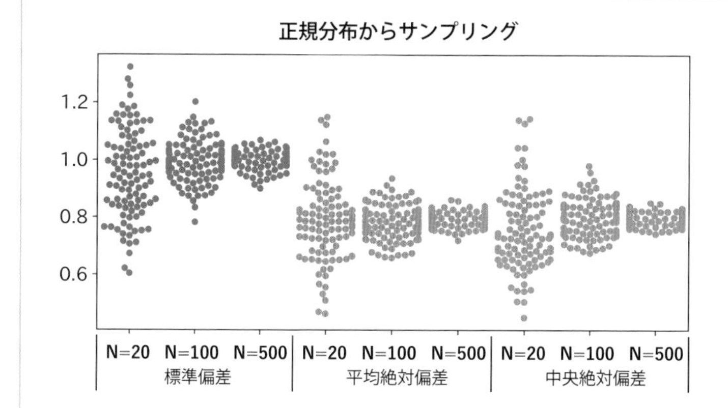

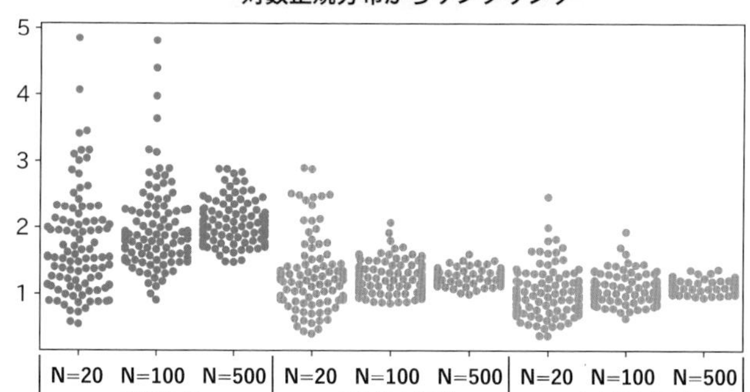

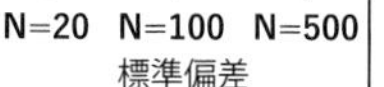

正規分布のほう（図5.2.4上段）では，標準偏差と二つの絶対偏差指標は大体同じようなばらつきを持っていることがわかります[11)]。一方，対数正規分布のほう（図5.2.4下段）では，標準偏差が値の大きなデータ点にしばしば引っ張られて大きくばらついている一方で，二つの絶対偏差指標のほうはばらつきを抑えられています。特に，中央絶対偏差は基準となる中央値も極端な値に対して安定した振る舞いを持っているので，平均絶対偏差と比較してもばらつきが小さくなっています。

これらの指標は，背後にある分布の形によっては，サンプルのばらつきを定量化するときに強みを発揮することがあるので，選択肢の一つとして頭の中に入れておくと良いでしょう。また同じような考え方は，この後の第6章で紹介する「距離を測る」指標でも活躍するので覚えておいて下さい。

ばらつきの度合いを比べる

さて，ここまで何度か「指標のばらつきを比べる」ということを行なってきましたが，「基準の大きさが異なるのに，そのまま比べていいのだろうか」ということが気になった読者の方もいらっしゃるかもしません[12)]。

例えば，皆さんが「同じ種の中で，生物の体重がどれくらいばらついているのか」ということに興味があったとします。「大きい個体もいれば，小さい個体もいる」ような種もあれば，「大体みんな同じ大きさになる」という種もあるでしょう。そこで，象と蟻のグループで，その度合いを比較したいとします。

このような場合，単にここまでに紹介したばらつきの指標（偏差指標）を計算すると（重量の単位はmgに合わせたとして），象のほうは10^9mg (=1t)，蟻のほうは1mgといった値になるでしょう。この値をそのまま比べても，意味のある比較にはならなさそうです。このように偏差指標は，サンプルの値がどれくらいの大きさの値をとっているかに大きく依存します。

11）なお，正規分布の平均絶対偏差は標準偏差の約0.8倍（正確には$\sqrt{2/\pi}=0.797\cdots$倍）の値になることが知られています。
12）本来は，この後に述べるような方法で補正したばらつきの値で比較するのが丁寧ですが，そのようなことをするまでもなく，明らかな差なので説明の都合上省略しました。

そこで「ばらつきそのもの」ではなく，「平均的な体重の何パーセントくらいのばらつきがあるか」に注目するのはどうでしょうか？

これを実現するのが，**変動係数（coefficient of variation）**です（図5.2.5）。

変動係数は標準偏差を平均値で割ったもので，ばらつきが平均の何倍かを表します。このような指標を用いると，平均値の異なるサンプル同士で変動の相対的な大きさを比較することができるのです。象と蟻の例では，象の平均体重が4×10^9 mg（=4 t），蟻の平均体重が5 mgだったとすると，変動係数はそれぞれ0.25，0.2となり，象のほうが体重当たりのばらつきの度合いが大きいと結論付けることができます。

図5.2.5　変動係数でばらつきを比較

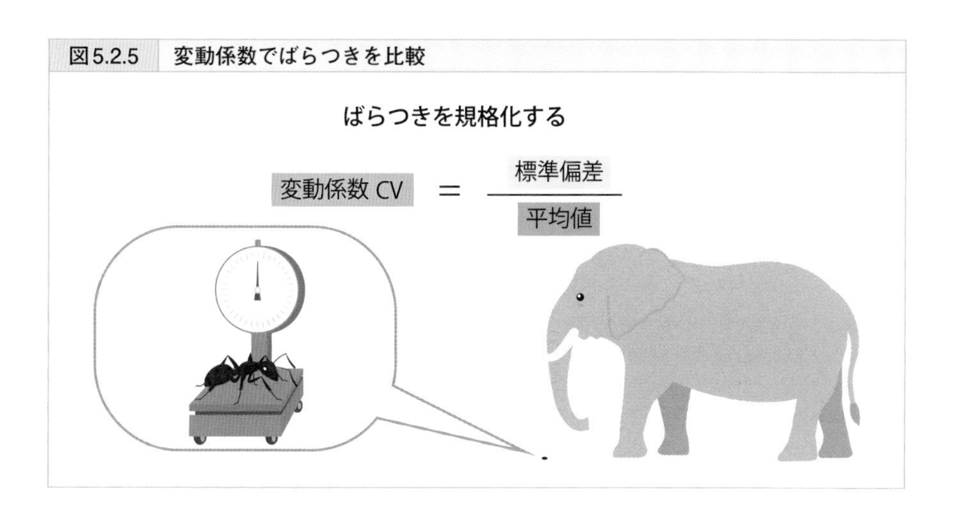

尺度と利用可能な指標

このように便利な指標である変動係数ですが，大きな制約があります。それは，**比例尺度（ratio scale）**と呼ばれる方法で表現されたデータにしか適用できないということです。「尺度」とは，データがどういう種類の値を取るかを表す区分のことです（図5.2.6）。比例尺度とは，重量や個数，金額，距離，時間の長さなど，物の数量のようにして測定された数値として与えられたものを指します[13)]。比

13）もう少し厳密にいうと，値が0のときに測られている特性が「全く存在しない」状況を表すこと（絶対零点の存在），マイナスの値をとることがない，どの2点をとっても値の差が同じなら測定対象の差も同じ状況である，といった性質を持つ尺度のことです。

例尺度のデータでは，（その名の通り）比が定義されます。例えば，「100 kg は50 kgの2倍大きい」といえます。

これは当たり前のようですが，比例尺度でない例として，摂氏温度を考えてみましょう。気温が15℃の日と30℃の日を比較して，「今日は気温が昨日の2倍だね」という主張は意味を成しませんよね。これは，摂氏温度の0が水の凝固点として人間が勝手に決めた相対的な点であるため，「何かの数量」になっていないからです（なお，物理学で利用される「絶対温度」は比例尺度となります）。

「測定結果にマイナスが出てくるような測り方」をしたものは，比例尺度になっていないと考えて問題ありません。比例尺度でないと「平均に比例してばらつきが大きくなる」という前提が崩れてしまうため，変動係数を計算しても意味のない数字になってしまうのです（例えば，マイナスを含むデータで平均が非常に小さい状況を考えれば，平均で割るという操作が無意味になっていることがわかりやすいかと思います）。

図5.2.6　四つの尺度

さまざまな値の種類

名称	定義	例
比例尺度	絶対的なゼロ点を持ち、比率が意味を持つ尺度。	体重、長さ、時間など。
間隔尺度	ゼロ点は任意で、間隔が等しいが比率は意味を持たない尺度。	温度（摂氏、華氏）、年代など。
順序尺度	項目間の順序が意味を持つが、間隔が等しくない尺度。	ランキング順位、満足度調査など。
名義尺度	カテゴリーを識別するための尺度で、順序や間隔、比率が定義されない。	性別、血液型、国籍など。

この機会に，尺度の種類ごとに計算できる指標についてまとめておきましょう（図5.2.6）。まず，先ほど紹介した比例尺度ですが，これは最も性質の良い尺度で，ここまでに紹介したすべての指標を利用することができます。

次に，**間隔尺度（interval scale）**について説明します。

先ほど，摂氏温度は比例尺度ではないということを説明しました。摂氏温度で測られた値の間で比を考えることはできませんが，差についてはどうでしょうか？「気温30℃と気温15℃の差」と「気温15℃と気温0℃の差」（＝15℃）はともに物理学的に同じものを指します[14)]から，差を計算した値には意味がありそうです。このように「どの2点の差も，値が同じであれば同じ意味を表す」ような「値の間隔が一貫した」表現方法を間隔尺度といいます。間隔尺度では，平均値での割り算を伴わない指標である，平均値，中央値，標準偏差，四分位範囲，平均・中央絶対偏差などを利用することができます。

では，「値の間隔が一貫していない尺度」とはどのようなものでしょうか？

例えば，都道府県の面積ランキングのデータを考えましょう。北海道が1位，岩手県が2位，…，という具合に，各都道府県に数値が一つ割り当てられています。「1位と2位の差」と「2位と3位の差」は一般に違うものを指しますから，この場合「間隔が一貫していない」ということになります。間隔の一貫していないデータでは，平均値にも意味がありません。

北海道（1位）と新潟県（5位）の順位の平均を計算すると3位となりますが，実際の面積で見ると，本当の3位に位置する福井県が13782.75 km^2，北海道と新潟県の面積の平均が48019.83 km^{2}となり，全く違う状況を表します。また，平均値や差の計算が必要な標準偏差も当然利用できません。一方で，中央値や四分位範囲といった指標については問題なく計算することができます。与えられたサンプルのうち，「上から数えて何番目のデータ点か」は問題なく定まるからです。関東地方の1都6県（茨城県（24位），栃木県（20位），群馬県（21位），埼玉県（39位），千葉県（28位），東京都（45位），神奈川県（43位））からなるサンプルの中央値は，真ん中のデータ点として千葉県の28位と求まります。

このような指標が計算できる前提として，データ点同士で大小が決まる，つまり「順序が定義されている」ことが必要になります。順序が定義されている尺度のことを，**順序尺度（ordinal scale）**といいます。アンケートなどでよく利用される「1. 非常に不満，2. 不満，3. 普通，4. 満足，5. 非常に満足」のどれかの値を取るデータなども，順序尺度の一つです。

14) ある物体の温度を15℃上昇させるのに必要な熱は，その物体の元の温度には（極端な状況を考えない限り）よりません。天気予報で「昨日との温度差+3℃」のような表示が可能なのも，気温が間隔尺度であるからです。

最後に，順序も定義されない値をとるデータについて考えてみましょう。このような尺度を，**名義尺度**（nominal scale）といいます。カテゴリ名のようなものを想像していただけばわかりやすいと思いますが，ここまでに登場した例では，ペンギンのデータにおける種（「アデリーペンギン」，「ヒゲペンギン」，「ジェンツーペンギン」の三つの値のどれかをとる）やワインのデータにおけるブドウ品種などがこれにあたります。他にも，人間の性別や国籍，血液型なども名義尺度です。このような尺度を持つデータに対しては，値の大小の情報を利用する指標を計算することができません。

このように，尺度ごとに指標化のアプローチは大きく変わります。

本書で紹介する指標や手元のデータについて考える際の参考にしてみて下さい。

5.3 分布の形をとらえる

歪みの度合いを測る

前の節では，データがどういう範囲にどれくらい散らばっているかを定量化する方法について紹介しました。ここからは，さらに細かい分布の特徴をとらえる指標について紹介していきましょう。

まずは，分布の形を定量化する指標です。図5.3.1（上段）に形の違う三つの分布からサンプリングしたデータを示します。一つ目はおなじみの正規分布，二つ目は**歪正規分布（skew normal distribution）**，三つ目は**ラプラス分布（Laplace distribution）**という分布から生成しています。

図5.3.1　歪度と尖度

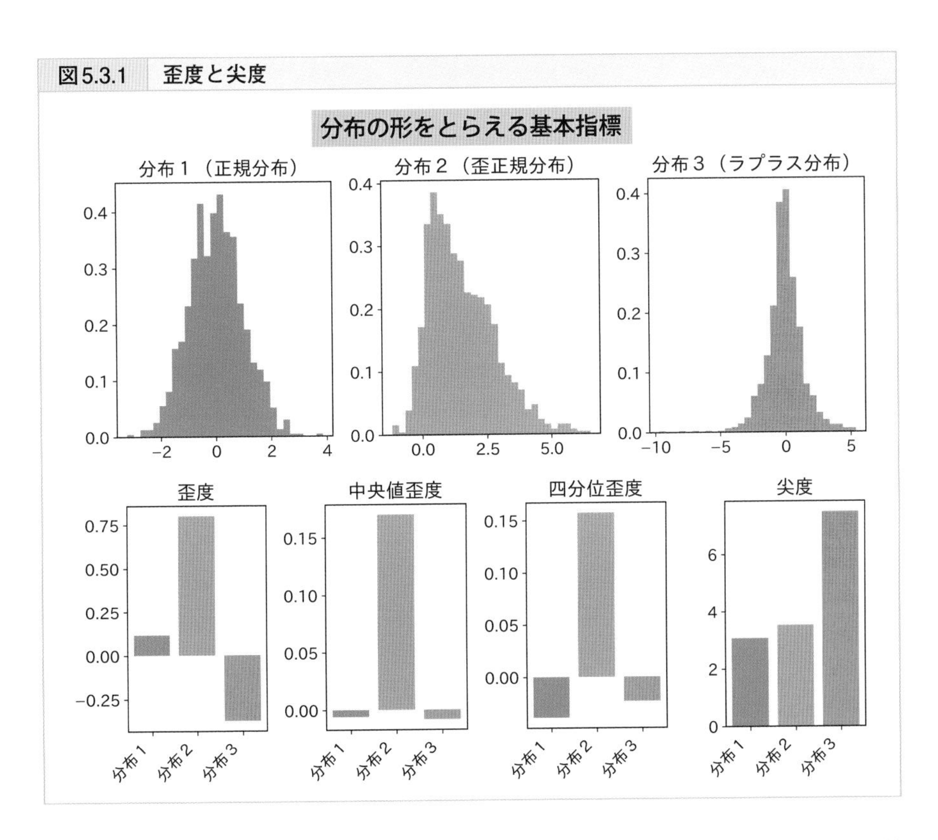

分布2の見た目上の大きな特徴は，分布1と比べて左右非対称な形をしていることです。この度合いを定量化しましょう。

最も基本的な指標が，**歪度（わいど；skewness）**です。各データ点の偏差を三乗して平均をとることで，計算することができます。ばらつきを定量化するときに偏差の二乗や絶対値をとったものを利用しましたが，これはマイナスの偏差とプラスの偏差が打ち消さないようにするための処理です。歪度では，偏差の三乗を考えるのでプラスの分とマイナスの分が打ち消し合い，左右対称な分布では値が0になります。逆に，平均よりも右側（左側）に大きい（小さい）データ点が沢山あると，打ち消しきれずに正（負）の値をとることになり，分布の歪みを定量化できるというわけです。歪度を計算すると，分布2で大きな値をとることがわかります（図5.3.1下段左）。

歪度は，標準偏差と同じように，極端な値に弱いという欠点があります。実際，ほぼ形としては左右対称の分布3でマイナスの値が算出されています。これは，たまたま小さい値が観測されたのを重く扱いすぎていることによります。

分布の歪みを測る別の表として，**中央値歪度**[15]**（median skewness）**と**四分位歪度**[16]**（quartile skewness）**があります。これらはそれぞれ，「平均と中央値の差を標準偏差で割ったもの」「四分位範囲の中心と中央値の差を，四分位範囲の半分で割ったもの」で定義されます。要は，「中央値が分布の中心からどれくらい離れているか」を直接数量化して分布の歪みを測るというアイディアです。これらの指標は，極端な値に引きずられづらい特徴があります（図5.3.1下段中央）。

関連して，分布の「とがり具合」を測る**尖度（kurtosis）**という指標も紹介しておきましょう。これは偏差の四乗（を標準偏差の四乗で規格化したもの）を平均することで計算することができ[17]，分布の中心と比べて値が大きい領域にどれだけデータが広がっているか（つまり，分布の山がとがっている度合い）を表します。図5.3.1下段右では，ラプラス分布で大きな値をとっていることがわかります。例によって，この指標も極端に対して弱いという特徴があります。ただし，尖度のような細かい特徴を，限られたデータからなんとか推定して分析するというシーンはあまりありません。

---

15) ノンパラメトリック歪度（nonparametric skew）とも呼ばれます。

16) 別のパーセンタイル点を用いた定義も，様々な提案がされています。

17) 正規分布に対して普通にこの量を計算すると3になるのですが，これを基準にして，計算結果から3を引き算したものを尖度として（つまり，正規分布で0になる指標として）定義する場合もよくあります。

情報エントロピー指標

これまでに紹介した指標は，主に分布の山が一つであることを前提にしたものがほとんどでした。少し視点を変えて，分布の形によらずに「どれだけ値が一部の領域に偏っているか」，あるいは「どれだけ値に多様性があるか」を定量化する方法に，**情報エントロピー（entropy）**というものがあります（図5.3.2）。

例えば，「一様分布」，「正規分布」，「二つの正規分布」から生成されたヒストグラムが与えられたとしましょう。一様分布では色々な値が発生している一方で，正規分布では0の周りに，二つの正規分布では±2の周りに値が集まっています。これらの「値のまとまり具合」を定量化することができるのが，情報エントロピーです。計算としては，各ビンの発生確率の対数をとったものの期待値を求めることで得られます[18)]が，要するに「多くのデータ点が同じような値をとっている（一部のビンに集まっている）ときには値が小さく，色々な値をとっている（多くのビンに分散している）ときには値が大きくなる」指標になっていると考えて下さい。

図5.3.2　ヒストグラムに対して情報エントロピー指標を計算する

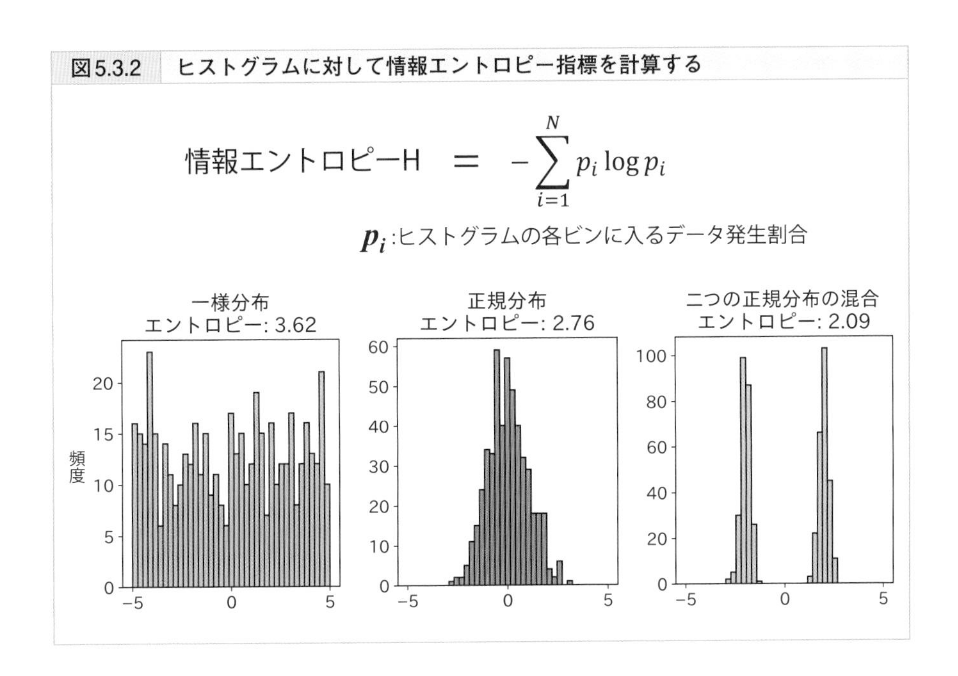

18）ここでは，0log0=0と計算することにします。

この指標は，各ビンに入るデータの発生確率の値が決まれば計算できますが，そのビンがどこにあるかは考慮に入れません。したがって，分布がどんな形をしていても使えます。また，今回はヒストグラムに対して計算する例を示しましたが，この指標は「それぞれの値がどれくらいの割合表れているか」さえ決まれば定義できるので，名義尺度のデータでも使えます[19)]。

情報エントロピー指標の応用先としては，画像データに対してピクセルごとに値のバラエティがどれだけあるかを定量化したり，自然言語処理で単語の出現頻度を分析する例などがあります。

このように便利な情報エントロピーですが，連続の数値データに対して計算する際には必ずビンに区切らなければならないという点に注意が必要です。図5.3.3

図5.3.3　ビンの幅とエントロピー

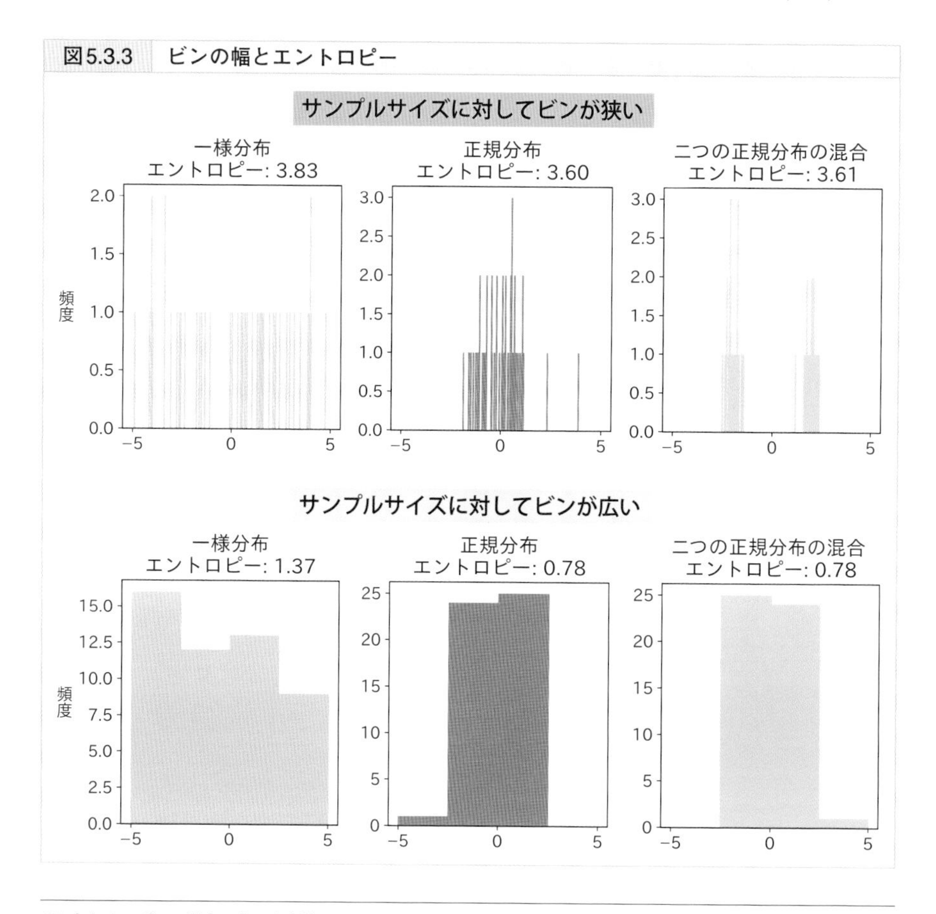

19) むしろ，ビンの設定による恣意性が入らない分，他の尺度に比べても情報エントロピーが使いやすいです。

に，先ほどと同じ分布からサンプルサイズを減らしてサンプリングしたうえで，ビンの幅を極端に狭くしたもの（図5.3.3上段）と広くしたもの（図5.3.3下段）を示しています。

いずれの例でも，一つの正規分布（図5.3.3中央列）と，二つの正規分布の混合（図5.3.3右列）で同じような値が計算されてしまっています。したがって，このようなデータを情報エントロピーで定量化するには，適切なビン幅の設定がポイントになります。また，そもそもサンプルサイズが絶対的に不足している場合には，ビンの幅をどう調整しても意味のある値を得ることができません。

不平等の指標

関連して，数量が一部のデータ点にどれだけ偏って分配されているかを定量化する指標について，いくつか紹介しましょう。特に，経済学や社会科学で所得格差や富の格差を分析する際に，このような定量化がよく行なわれます。

一つ目は，有名な**ジニ係数（Gini coefficient）**です。ジニ係数では，まずランキングの下位（値が小さいデータ点）から順に値の総和を計算していきます。もし，すべてのデータ点が同じような値を持っていた場合，加算したデータ点の数に比例して総和も増えるはずです。一方，値の小さいデータ点と大きいデータ点が混ざっている場合，最初のほうはいくつ足しても総和が全体に占める割合は増えず，値の大きいデータ点が加算されるようになって初めて急激に増加し始めます。

横軸に総和をとった人数の割合，縦軸に値の総和をとって上記の推移を表現したものを，**ローレンツ曲線（Lorenz curve）**といいます。分配に格差があるデータセットでは，ローレンツ曲線が下にたわみます（図5.3.4下段右）。このたわんだ量を面積として定量化します。一人がすべてを独占しているケースでは，このたわんだ領域は直角三角形になりますが，このときの面積を1としたときの大きさをジニ係数とします（独占時の実際の面積は1/2なので，計算としては元の面積を2倍したものになります）。完全に平等に分配されているとき，ジニ係数は0になります。

このように，二つの曲線の間の面積を何かの指標にするというアイディアは，この後も何度か登場するのでぜひ覚えておいて下さい。なお，ジニ係数は「分配の」不平等さを定量化するものなので，基本的に比例尺度のデータに対してしか

図5.3.4 ジニ係数の計算

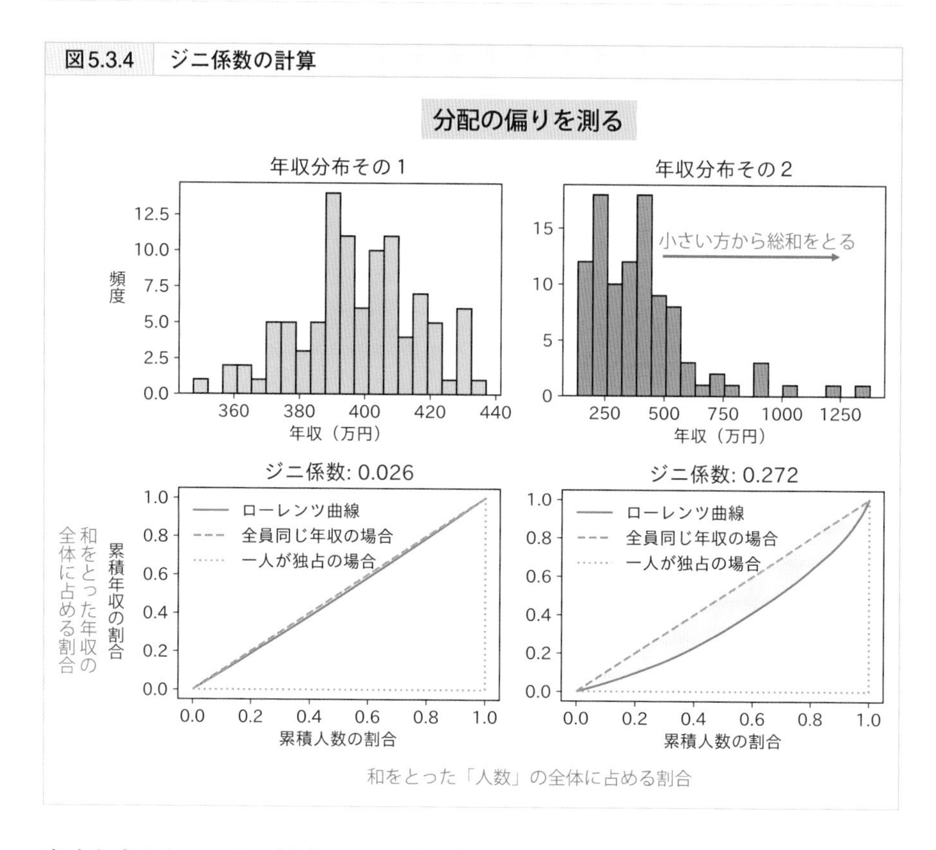

意味を成さないことに注意しましょう（「総和」に対する比が意味を持つ必要があるためです）。

ジニ係数はローレンツ曲線のたわみ具合を面積で定量化しましたが，このたわみの最大値（完全平等を表す直線と，ローレンツ曲線の差の最大値）を指標にする方法もあります。これを，**フーバー指数（Hoover index）**[20]といいます。差が最大になる点は，平均よりも少ない人と多い人の分岐点になっており[21]，「分配の少ない人たちがトータルで平等ラインにどれくらい未達になっているか」，つまり「完全に平等な分配を達成するためには，全体のどれくらいの割合を再分配しないといけないか」を表しています。

20) ロビンフッド指数（Robin Hood index），シュッツ指数（Schutz index），ピエトラ比率（Pietra ratio）とも呼ばれます。

21) 完全平等ラインとローレンツ曲線の差が最大値になる点では，その左の領域では差が増大，右の領域では減少しています。差が増大しているということは，ローレンツ曲線の完全平等のラインよりも小さい傾きを持っている（＝一人当たりの割り当てが完全平等のケースより小さい）ことになります。

先ほど紹介したエントロピーの考え方を用いた指標もあります。それが，**タイル指数（Theil index）**です（図5.3.5）。

なお，細かい計算法に興味のない読者の方は，この段落の最後まで読み飛ばしていただいて構いません。まず，各要素に割り当てられた数量（$=x_i$）が，全体（$=N\mu$：μは平均値）のうちでどれくらいの割合になるかを計算します（$=p_i$）[22]。

これを使って情報エントロピーを計算すると，「着目している要素たち（p_i）がどれだけ同じような値をとっているか」が表現されますが，不平等の指標としては増減を逆にして，偏っていると値が大きくなるようにしたいです。そこで，完全平等なときに達成されるエントロピーの最大値（$=\log N$）から，エントロピー

図5.3.5　タイル指数を計算する

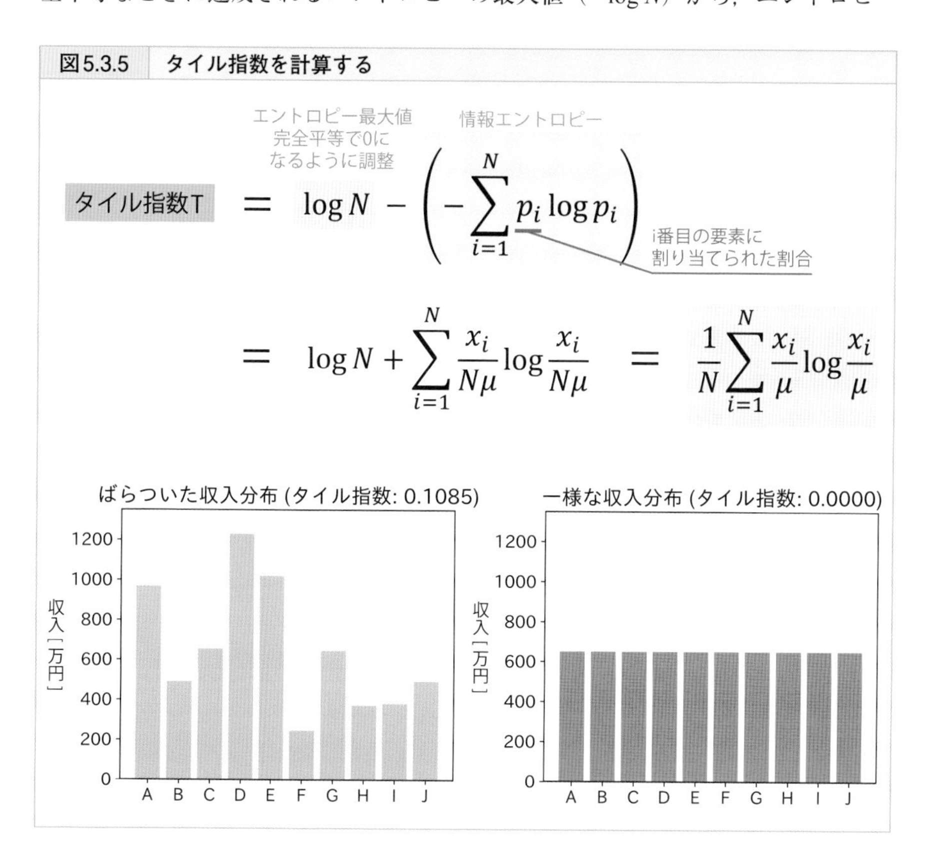

22) 前の項で紹介した情報エントロピーの例では「各データ点にどれだけの数量が割り当てられているか」ではなく，「各ビンの範囲にどれだけデータ点の個数が含まれるか」を元に計算が行なわれていたという違いがあることに注意して下さい。

の値を引くことで不平等度を測る指標とします。初等的な計算により，図5.3.5中の式最右辺のような形で表現することができます。

タイル指数は，完全な平等が達成されるときには値が0になり，格差が大きくなるほど値が大きくなります。ちなみに，タイル指数（＝エントロピーの最大値からエントロピーを引き算したもの）は，情報理論では**冗長性（redundancy）**と呼ばれています。

色々な格差指標

他にも，格差を測るのに用いられる指標をいくつか紹介します。それぞれ，分布のどこに着目してどういうロジックで偏りを定量化しているのかに注意してみて下さい。

20/20比率（20/20 ratio）

対象の上位20%に位置するデータ点が，下位20%に位置するデータ点の値の何倍になっているかを定量化します。例えば，所得格差の国際比較では，日本では所得が上位20%に位置する人は下位20%に位置する人の約4倍ほど稼いでいますが，アメリカで同じ指標を計算すると約8倍ほどの開きがあります。この指標は，中間層の分布や上位の外れ値に影響を受けにくいという性質があります。

パルマ比率（Palma ratio）

上位10%のデータ点の総和と，下位40%のデータ点の総和の比を計算したものです。経済格差の文脈では，国民の所得の一定の割合が中間層に占められており，残りが上位10%と下位40%の間で分配されているという理論があり，それに基づいた定義の指標になっています

対数変換後の基本統計量

所得などの分布は裾の厚い分布になっているので，分散や変動係数といった極端な値に引っ張られやすい指標は使いにくいのですが，一度元のデータの対数をとってやると，正規分布のような振る舞いになる場合があります。

このような変換を施した後で，標準偏差や変動係数を用いて値のばらつきの度合いを評価するというのも，シンプルですが有力な方針の一つです。

本章では，指標化にまつわる基本的な事項を解説しながら，分布の形を定量化する指標について紹介してきました。これらの基礎事項は，この後の章で紹介するより具体的なシーンで利用される指標化でも大切になります。

第5章まとめ

- 統計量を用いることで，データの分布を一つの数字で特徴付けることができる。
- サンプリングが行なわれる以上，計算された統計量は真の値とは一般に一致しないが，指標によってその信頼性の度合いは異なる。
- データの尺度によって，利用可能な指標が異なる。
- 分布の歪みや値の局在を測るには，基本統計量だけではなく，それに特化した指標も活用すると便利。

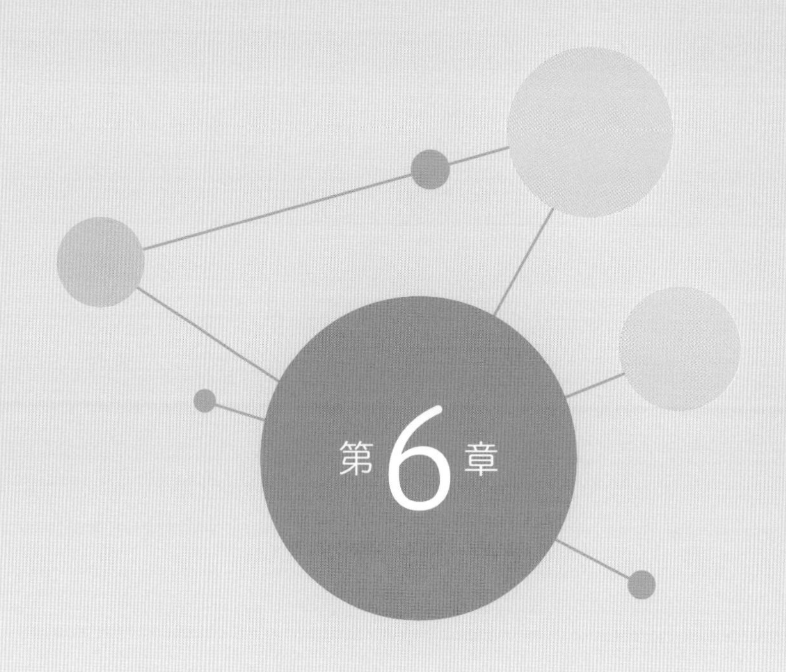

関係性をとらえる指標化

この章では，データ点同士や分布同士，また変数同士といったペアに対して，それらの関係性の強さや向きを定量化する指標について説明します。「距離」を測る指標から始め，類似度や，変数間の影響の度合いを測る情報量指標など，幅広く紹介していきます。これらの指標は，データを視る切り口として非常に重要な一角を占めており，こうした様々な角度からのアプローチを学ぶことで，より本質に迫る可視化が可能になります。

6.1 「近いか遠いか」をとらえる

距離を測る指標

突然ですが，「渋谷と上野はどれくらい遠いか」と訊かれたら皆さんは何と答えるでしょうか？ 回答はもちろん「どういう意味で遠いか」によって変わってきます。単に渋谷駅と上野駅を直線で結んだときの距離（「約9.2 km」）も一つの答えですが，車で移動することを念頭に置くと，道路の経路上の距離である「12.4 km」のほうが役に立つ情報になるでしょう。また，「山手線で15駅30分くらい」といった答え方もあり得ます。少しひねくれたとらえ方をすれば，空間的な距離だけではなく，街のイメージの違いを「遠い」と表現することもできるかもしれません[1)]。

このように，「近いか遠いか」を表現する方法は無数にあり，それぞれに適した指標があります。この章では，近さ・遠さを測る指標を「距離」と呼ぶことにします[2)]。

まず，二つのデータ点の間の距離を測る指標について紹介していきましょう。

普段，日常的に最もよく用いられているのが，**ユークリッド距離（Euclidean distance）**です。それぞれ二つの値で指定される二つのデータ点，$(x_1, y_1) = (1, 3)$，$(x_2, y_2) = (4, 2)$ を考えましょう。

高校数学までの範囲では，この2点間の距離は $\sqrt{(1-4)^2+(3-2)^2}=\sqrt{10}$ と計算されました。このような計算で求められる距離をユークリッド距離といい，2点の間に定規を当てて測った長さになります。

ユークリッド距離は2変数以上でも定義され，同じように各変数の差をそれぞれ二乗して足し算し，最後に平方根をとることで計算することができます。

---

1) 「どんな街に住みたい？」「にぎやかな街がいいかな」「上野とか？」「うーんちょっと雰囲気違うかな」「じゃあ吉祥寺とか？」「まだイメージと遠いかも」。

2) 数学的な定義としては，非退化性（同じ点の間の距離は0で，かつ2点間の距離が0なら，その2点は必ず同一の点を表す），対称性（AとBの距離はBとAの距離に等しい），三角不等式（AとBの距離とBとCの距離を足したものは，必ずAとCの距離以上になる）のすべてを満たすものを「距離」といいます。本章ではこのすべてを満たさない指標も登場しますので，日常語に近い意味で「距離」という言葉を使うことにします。

図6.1.1　ユークリッド距離とマンハッタン距離

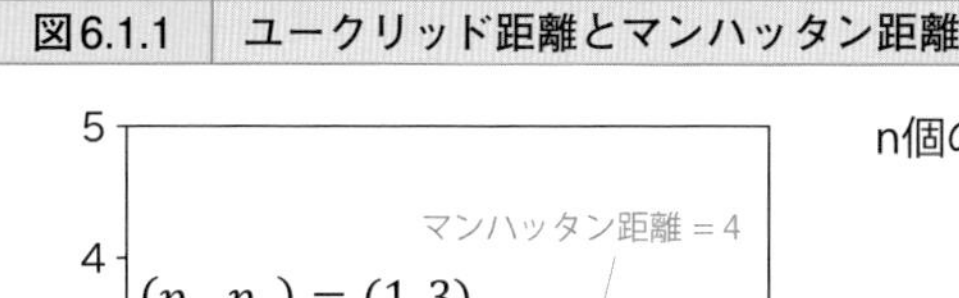

もう一つの基本的な距離の測り方として，単に各変数の差の大きさを足し算するという方針もあります。これを，**マンハッタン距離（Manhattan distance）**といいます。例えば，碁盤の目のように道が張り巡らされた町では，2点間の移動距離を計算する際に「縦に何km，横に何km」と足し算したほうが，単にユークリッド距離を計算するよりも正確な移動距離になりますが，これもマンハッタン距離であるといえます（図6.1.1）。

以上のように，2点間の距離といっても用途に応じて様々な測り方があり得ます。ユークリッド距離とマンハッタン距離は，それぞれL2距離，L1距離とも呼ばれ，この後に紹介するいくつかの指標でも基本的な考え方として利用されます。

マハラノビス距離で集団からの逸脱度を測る

ある集団の中で，各点が中心からどれくらい離れているか，ということを調べたいとしましょう。図6.1.2に示すのは，アメリカのメジャーリーグ選手1035人分の身長と体重を集めたデータ[3]です。身長と体重には正の相関がありますから，全体として右肩上がりでデータ点が分布しています。この中で，「集団からどれく

3) Statistics Online Computational Resource (SOCR) が提供している，近年のMLB選手情報をまとめたデータセットで，選手名，チーム，ポジション，身長，体重，年齢の情報が利用可能です（http://wiki.stat.ucla.edu/socr/index.php/SOCR_Data_MLB_HeightsWeights）。

らい個々の点が逸脱しているか」を計算してみます。単に身長と体重の値が大きくなれば集団の中心からは離れますが，それはいわば「よくある」タイプの離れ方です。一方，「身長は小さくて体重は重い」という離れ方をしている選手がいたとしたら，この分布の中ではかなり異色な存在となるでしょう。

図6.1.2　集団の中での逸脱度を測る

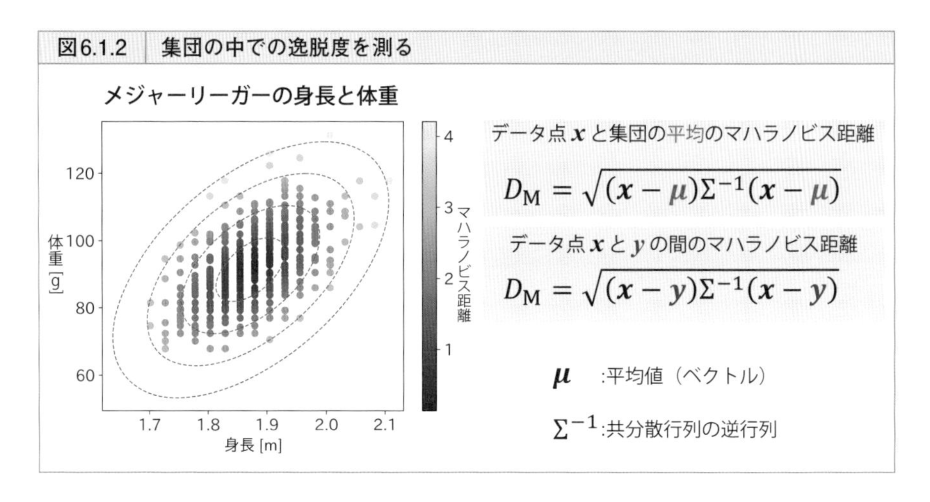

このように，集団のばらつきや相関のパターンを踏まえて，その点が「どれくらい逸脱しているか」を測る指標として，**マハラノビス距離（Mahalanobis distance）**というものがあります。マハラノビス距離で測ると，同じ距離を表す線が図6.1.2左の楕円のようになり，集団の「よくある変化の方向」に対しては相対的に距離が短く計算されます。

具体的な計算の仕方も図中に示しますが，興味のある読者の方以外は気にしないで進んでいただいて構いません[4]。ここでは変数が二つのデータに対して適用しましたが，より多次元のデータに対しても同じように計算を行なうことができます。また，中心からの距離だけでなく，任意の2点間の間の距離も同様の方法で計算できます。「方向ごとに距離の重みが違う」距離指標が必要になった際には，使ってみると良いでしょう。

マハラノビス距離は，集団からの逸脱度を上手く表現することができますが，それを利用して**異常検知（anomaly detection）**などの文脈でもよく用いられます。「正常」な状態のときのデータをとっておいて，そこからの逸脱度が一定値

4) Pythonでは例えば`scipy.spatial.distance.mahalanobis()`などで簡単に計算できます。

を超えたところで異常と判定するわけです。

配列の間の距離を測る

ここまでは，数値で表されるデータの距離に関して簡単に紹介してきましたが，それ以外の尺度のデータにも距離は定義できます。

例えば，二つの文字列“DATA”と“DATE”の間の「距離」と，“DATA”と“GATE”の間の「距離」を考えたいとしましょう。DATAとDATEはかなり似ていますが，DATAとGATEはそこそこの類似度です。ここで最もシンプルな距離の測定方法として，「何文字異なっているか」を見る方法があります。最初の文字列のペアでは，4文字中1文字だけが異なっているので，距離1。二つ目のペアでは，4文字中2文字で異なっているので距離2と計算します（図6.1.3左）。

このようにして定義した距離のことを，**ハミング距離（Hamming distance）**といいます。文字列だけでなく，遺伝子やたんぱく質など，一定の要素が様々なパターンで連なったものを対象として，配列の間の距離を定義する際によく用いられます。ハミング距離は，「同じ長さのもの同士の間にしか定義できない」という弱点があるのですが，それを補った**レーベンシュタイン距離（Levenshtein distance）**，または，**編集距離（edit distance）**と呼ばれる指標もあります。これは「二つの配列を一致させるために1文字の挿入，置換，削除の操作を最低

図6.1.3　配列の間の距離

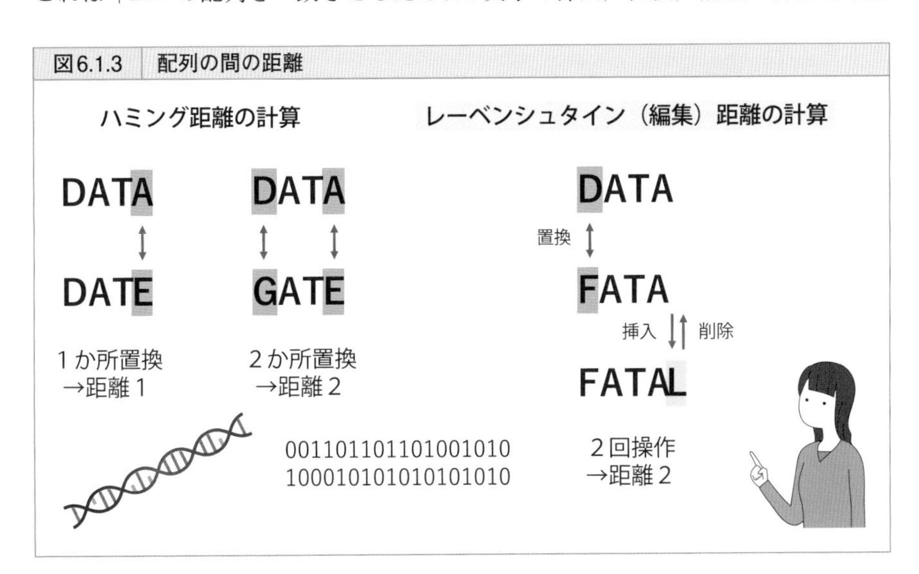

何回やらなければならないか」をカウントしたものとして定義されます。例えば，“DATA”と“FATAL”は最初のDとFを置換して，最後のLを挿入すれば一致させることができるので[5]，レーベンシュタイン距離は2となります（図6.1.3右）。

ネットワーク上における距離

「最短何ステップで到達できるか」を計算して距離とする考え方を紹介しましたが，これを一般化したネットワーク上の最短距離という概念についても触れておきましょう。

例えば，成田からギリシャのアテネ国際空港に空路で移動したいとします。直行便は飛んでいないので，どこかで乗り継ぎをしなくてはなりませんが，「最低何回のフライトで行けるのか」がまさにネットワークの上での最短距離に対応します。この最短距離を与える経路のことを**最短経路（shortest path）**，最短経路に含まれるリンクの数を**最短経路長（shortest path length）**といいます（図6.1.4）。また，リンクに重みが設定された重み付きネットワークの場合は，使用したリンクの重みの和を最短経路長とします。

図6.1.4　ネットワーク上の最短経路長

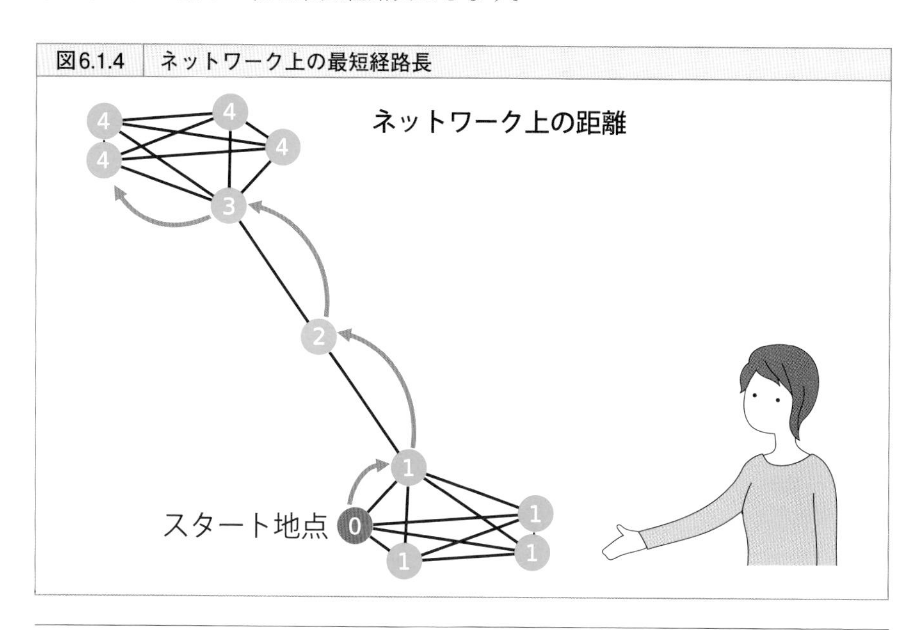

5）片方の文字列からもう片方の文字列に一致させる操作は，置換の内容と挿入・削除を入れ替えればそのまま逆向きの操作になるので，どちら向きの操作を考えてもレーベンシュタイン距離は同じになります。

ネットワーク上で設定されたスタート地点とゴール地点に対して，その間を結ぶ経路が一つに定まる場合は良いのですが，通常，複数の経路が存在します（飛行機も，無駄に沢山乗り継いで目的地にたどり着くこともできますよね）。それらの候補の中で一番距離の短いものを求めるには，簡単な数式による計算ではなく，アルゴリズムによる計算が必要となります。**ダイクストラ法（Dijkstra method）**や**ベルマン・フォード法（Bellman–Ford algorithm）**といった方法が知られていますが，いずれもPythonの**networkx**などの，ネットワークを扱える一般のライブラリには標準実装されているので，簡単に利用することができます。

6.2 分布同士の距離を測る

コルモゴロフ・スミルノフ統計量

次に，データ点同士ではなく，集団の「分布同士」を比較して距離を計算する指標について紹介しましょう。分布は多くの情報を持っていますから，そのどこに着目するのかによって様々な距離の測り方が考えられます。

まずは，累積分布を利用して分布の差を測る，**コルモゴロフ・スミルノフ統計量（Kolmogorov–Smirnov statistic）**について紹介します。図6.2.1上段のような二つの分布が得られたとしましょう。かなり似ている分布ですが，この二つ

図6.2.1　コルモゴロフ・スミルノフ統計量

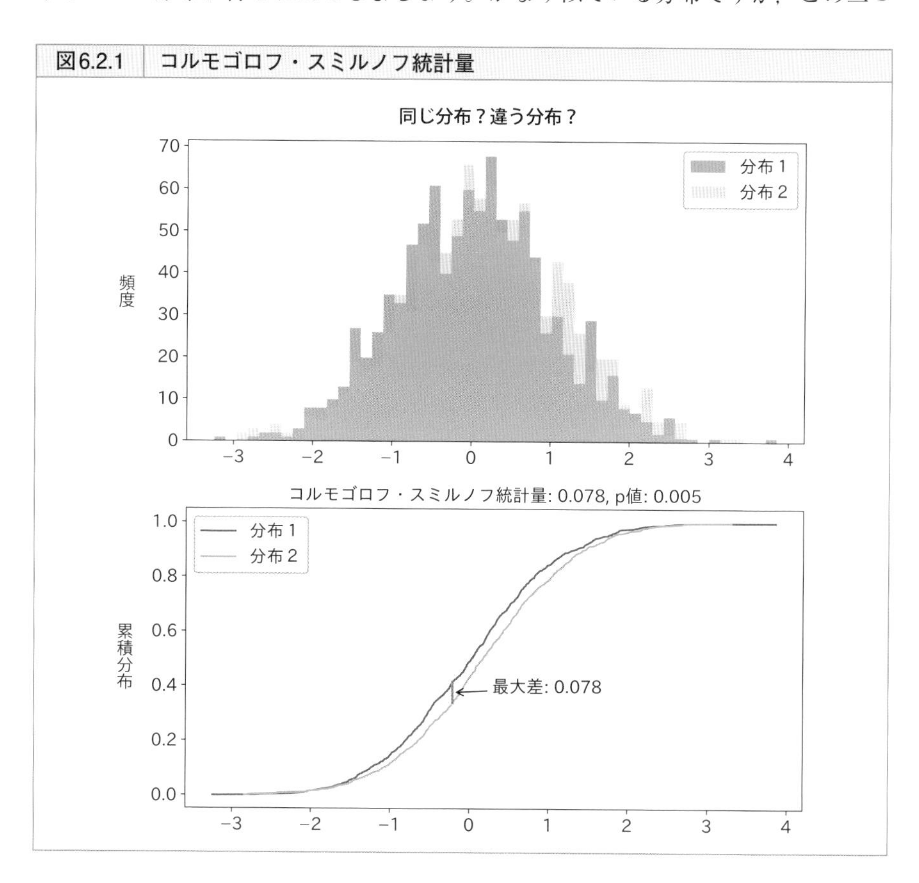

の「距離」を測ってみます。それぞれの累積分布をプロットすると，図6.2.1下段のようになります。

累積分布は，「その値より小さいデータ点が，どれくらいの割合存在するか」という情報としてデータを読み替えたものでした（第3章）。この二つの累積分布の差の最大値を，コルモゴロフ・スミルノフ統計量といいます。

この量は，特にデータの分布同士が似ていて，それらが同じ分布から生成されているかを調べるのによく用いられます。もし，二つのデータセットが同じ分布から生成されているとすると，サンプリングによるばらつきはあるものの，大体の形は同じになるはずです。特に，累積分布で見てやると，大体同じくらいの割合で増えていくカーブが得られますから，その差がたまたま生じうるレベルで小さいのか，あるいは，偶然では説明できないほどの大きさなのかを評価することで，分布の「似ている度合い」を定量化することができます。

この考え方に基づいたコルモゴロフ・スミルノフ検定という手法を用いると，二つの分布が有意に異なっている，といった議論が可能になります。

全変動距離とワッサースタイン距離

先ほどは累積分布の差に着目しましたが，「分布そのものの差をとる」という考え方もあります。二つの（相対頻度）分布を描画したときの，ずれている部分の面積を半分にしたものを，**全変動距離（total variation distance）**といいます。この量は，「二つの分布を一致させようとしたら，どれくらいの割合のサンプルを移動させなければならないか」を意味します（図6.2.2）。分布の形が大きく異なっていても利用可能で，単純に分布のずれそのものを測るので直感的にわかりやすいという利点があります。限られたサンプルサイズではヒストグラム化した際のビンの幅によって影響をうけやすくなるので，その点には注意が必要です。

全変動距離では，二つの分布を一致させるのに移動が必要なサンプルの総量に着目しましたが，さらに「移動の距離[6)]」も考慮した**ワッサースタイン計量（Wasserstein metric）**という指標もあります（図6.2.3）。この指標は相対頻

6)「分布の距離」を計算するために「データ点同士の距離」を定める必要があります。通常はユークリッド距離を用いますが，問題に応じて他の距離を用いることもできます。

図6.2.2　全変動距離を求める

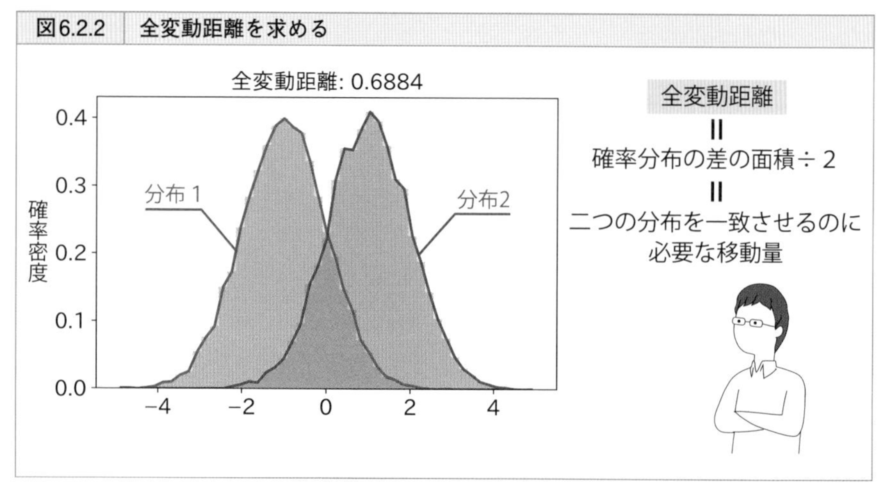

図6.2.3　ワッサースタイン計量の計算のイメージ

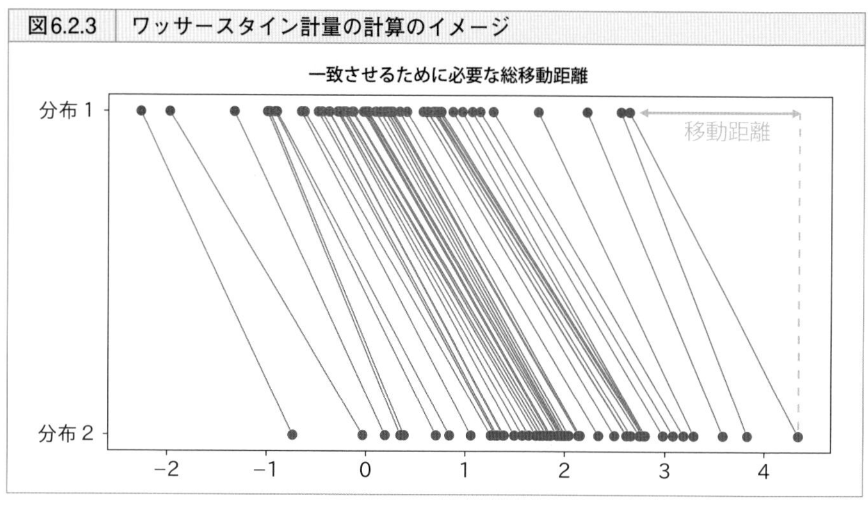

度のヒストグラムに対しても計算できますし，データ点の集合同士に対して直接計算することもできます[7]。ワッサースタイン計量は**EMD（Earth mover's distance）**とも呼ばれ，計算機科学の分野では画像のピクセルの分布を比較するのによく用いられます。実際に計算を行なう際には，例えばPythonでは`scipy.stats.wasserstein_distance()`関数などを用いることができます。

7）なお，サンプルサイズが異なる場合でも，1データ点を分割して移動することで計算を行なうことができます。

情報量で分布の距離を見る（KL/JS情報量）

情報量の考え方から分布の距離を測る考え方もあります。

最も有名なのが，**カルバック・ライブラー（KL）情報量／ダイバージェンス（Kullback-Leibler divergence）**です。この量は，情報理論や機械学習の文脈で自然に登場する概念です。なお，細かい数式の定義は興味のある読者の方だけ確認していただければ問題ありません[8)]（図6.2.4上段左）。

KL情報量は，理論的には性質の良い非常に重要な量なので，知識としては是非押さえておきたいのですが，実際のサンプル間の距離を測るのにはそこまで便利ではありません。理由は二つあり，一つ目は，「分布1と分布2」に対して計算し

図6.2.4　カルバック・ライブラー情報量とイェンセン・シャノン情報量

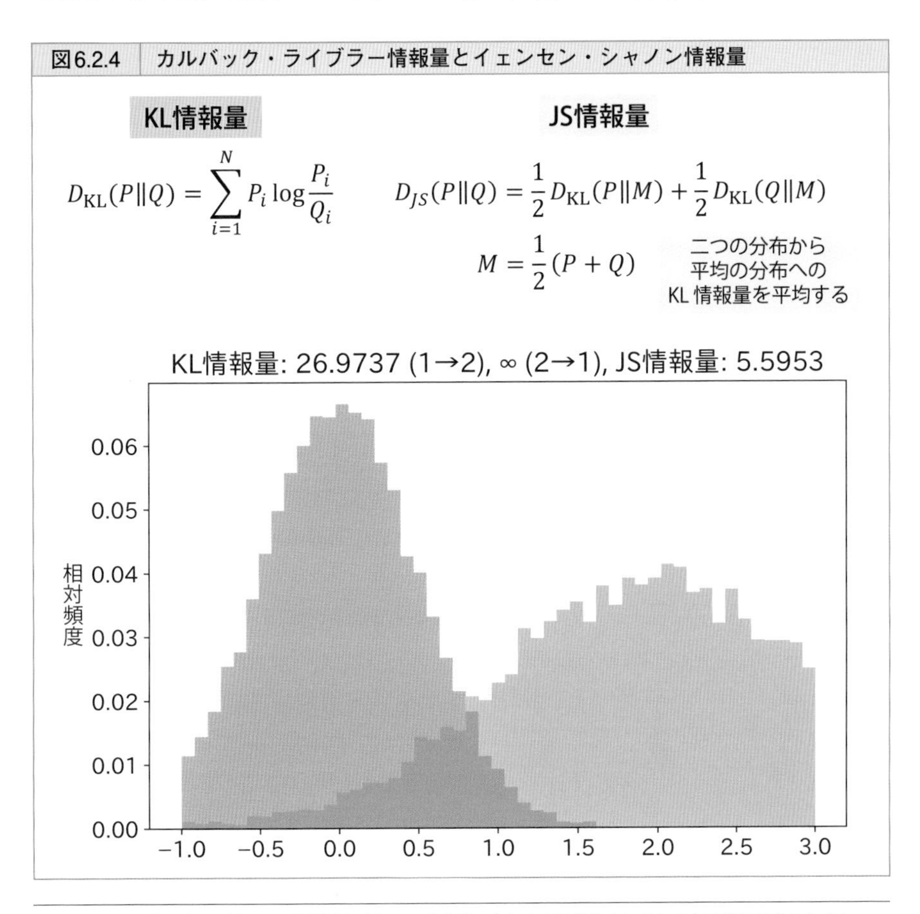

8)　ここでは離散分布に対するKL情報量を示していますが，もちろん連続分布に対しても同様に定義できます。

た値と「分布2と分布1」に対して計算した値が一般に一致しないということです。このため，数学的な意味での「距離」とは呼べない量になっています。そして二つ目は，比べられる分布に値が0になる点があると，計算が破綻するということです。実際に図6.2.4の分布に対して計算を行なうと，分布1から分布2に対しては26.9737という値が計算されますが，分布を逆にすると，計算の過程で分母にゼロが入ってしまい計算できません。

これらの問題を解決した指標として，**イェンセン・シャノン情報量（Jensen-Shannon divergence）**というものがあります。二つの分布の中間的な分布を考え，それとの間でそれぞれの分布のKL情報量を計算して和をとることで，二つの分布間の距離を定義するというアイディアであり，非対称性や片方の分布がゼロになった場合の問題を解決することができます。

分布間距離の指標を比較する

ここまでに紹介した，分布間の距離を測る指標について比較したものを見てみましょう（図6.2.5）。ばらつきが同じで平均が異なる分布ペア，ばらつきも平均も異なる分布ペア，平均は同じだがピークの数が異なる分布ペアの三つに対して，四つの指標（コルモゴロフ・スミルノフ統計量，全変動距離，ワッサースタイン距離，JS情報量）を計算しました。なお，KL情報量は値が定義できないケースが多いので，今回は除外しています。

基本的にどの指標を利用しても，分布ペア2で一番距離が大きいことがわかります。分布ペア1と分布ペア3を比較すると，同じくらいの値になっている指標（＝全変動距離，JS情報量）と分布ペア3のほうが小さくなっている指標（＝コルモゴロフ・スミルノフ統計量，ワッサースタイン距離）があります。

前者の二つ指標は，ヒストグラムのそれぞれのビンの値の大きさのみに依存する量になっています。つまり，ビンの場所を（二つの分布ペアで同じように）シャッフルしても，値が影響を受けません。一方で，後者の指標は，ビンの場所にも依存する量になっています。この違いが，分布ペア1と3での値の違いにつながっているわけです。

図6.2.5　様々な分布間距離指標

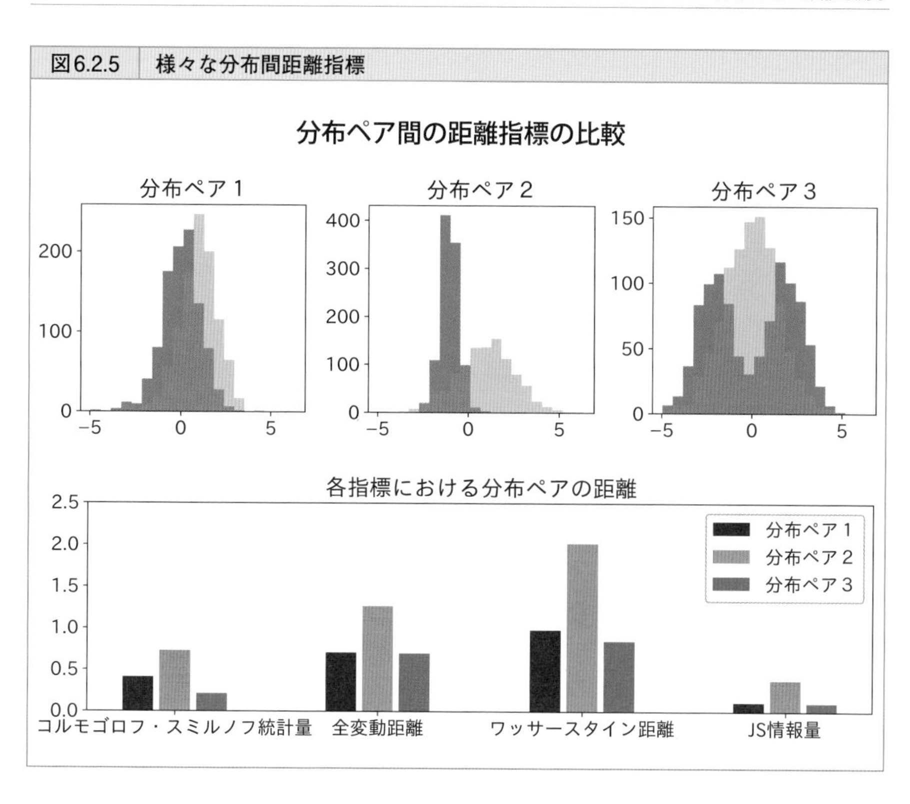

6.3 ペアになった分布間の距離指標

相関係数で類似度を測る

既にお気付きの方も多いかもしれませんが,「二つのものの距離が近い」ということと,「二つのものが似ている」ということは近接する概念です。分布の間の距離を測る例では,似ている分布ほど距離が小さく計算されました。距離指標はその定義から,同一のものの間では値が0になるようになっていますから,どれだけ0に近いかを見てやることで,対象のペアの間の類似度としてとらえることもできるわけです。実際に,第4章で見たクラスタリングでは,データ点の間の距離を手掛かりに似ているデータ点をまとめるという計算が行なわれています。

類似度の指標としてよく利用されるのが,すでに何度も登場している相関係数です。類似度としての相関係数の使い方について少し紹介しましょう。

例えば,Aさん,Bさん,Cさんの三人が,100冊の書籍に対して100点満点で好きか嫌いかを評価したとします。

対象書籍	Aさんの評価	Bさんの評価	Cさんの評価
書籍1	67	53	40
書籍2	57	53	54
⋮	⋮	⋮	⋮
書籍100	56	45	56

このデータから,三人の好みが似ているかどうかを定量化します。

各ペアに対して散布図を描いたものが,図6.3.1です。ここでは,各点がそれぞれの書籍に対する評価に対応します。左の図では,Aさんが高く評価した書籍はおおむねBさんも高く評価し,逆にAさんが低く評価した書籍はBさんも低く評価しています。つまり,二人は似たような評価を行なっているといえるでしょう。一方,右の図では,CさんがAさんとはやや逆の評価していることがわかります。つまり二人の評価の仕方は似ていないということになります。

このように「二つの変数が同じように変動しているか」は，ある種の類似度と見なせますから，そのロジックを利用すれば相関係数をそのまま類似度の指標として利用することができるわけです。

図6.3.1　相関として類似度をとらえる

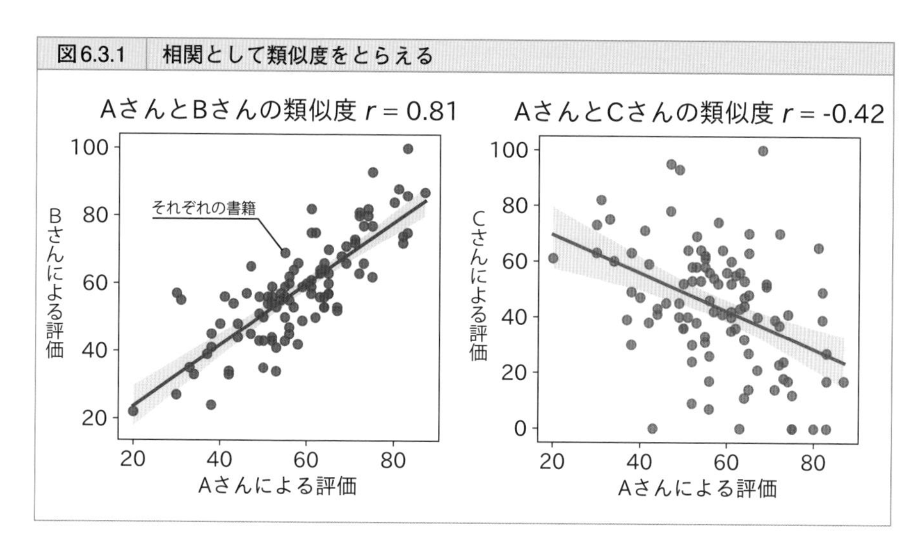

相関係数による類似度の定量化は，時系列データの比較にもよく用いられます。例えば，脳の活動をfMRI（機能的磁気共鳴画像法）という方法で取得したデータの分析においては，個々の脳領域がどのように連携して働いているかを測る方法として相関係数がよく用いられます[9]。

図6.3.2上段に二つの脳領域の活動データ[10]を示しました。この二つの時系列は，どれくらい似ているでしょうか？

ところどころ，同じように変動しているように見えますが，全く関係のない領域同士でもたまたま部分的に変動が一致することもあるでしょうから，ぱっと見の印象だけでは結論付けることができません。そこで，先ほどと同じように二つの領域を横軸と縦軸にとって相関を見てやることで，客観的な定量化を行ないます（図6.3.2下段）。ここでは，$r = 0.3$程度と弱いながらも若干の類似性が認められました。

9)　やや専門的な話になりますが，これを機能的結合（functional connectivity）と呼びます。また画像データなどで，分析対象とする個々の部分領域のことを**関心領域**，または，**ROI (region of interest)** といいます。ここでは，二つのROIの機能的結合を見ています。

10)　BOLDシグナルと呼ばれる値をZスコア化したものです。

図6.3.2　時系列同士の相関で類似度を測る

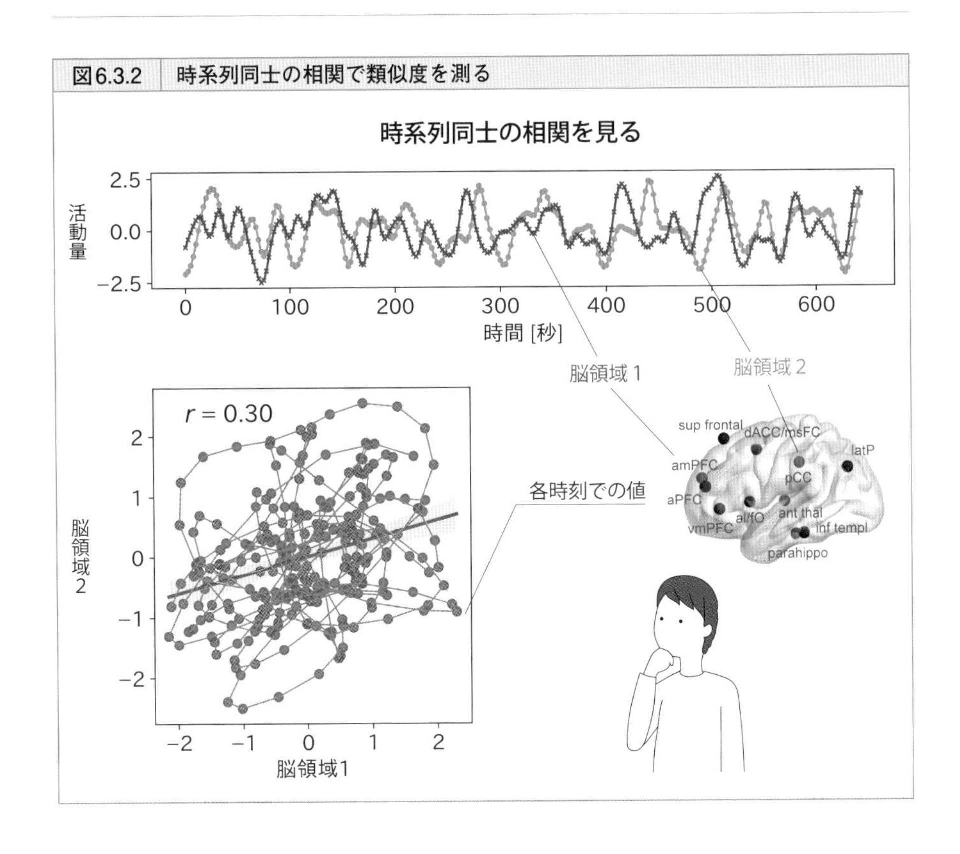

フィッシャー変換による相関係数の正規化

相関係数は類似度のスコアとしてよく利用されますが，値が−1から1までに制限されていることによるデメリットもあります（むしろ，それがメリットになる場面も多いのですが）。その一つが，複数の相関係数を計算したときに得られる分布の性質です。

こんな実験をしてみましょう。「真の相関係数が0.8である二つの変数から100個のデータ点を観測し，相関係数を計算する」ということを100,000回繰り返します。これらによって得られた値をヒストグラムにしたのが，図6.3.3左です。サンプルによって，たまたま相関係数が0.7になったり，0.9になることもありますが，このばらつき方が歪んでしまっています（正規分布を当てはめたものも重ねて示しています）。特に相関係数が±1に近い場合，サンプルとして得られた相関係数の分布は大きく歪んでしまいます。

このように分布が歪んでしまうと，後段の分析で統計学的仮説検定を実施したり，サンプル間の比較を行なう際などに悪影響が及ぶことがあります。そこで便利なのが，**フィッシャーのz変換（Fisher's z transformation）**と呼ばれる方法です。相関係数をもとに計算されるスコアで（図6.3.3右），このスコアで見るとデータが近似的に正規分布に従うようになります。相関係数を類似度スコアとして利用したい場合には，フィッシャーのzスコアに変換することが有効な場合が多いので，覚えておくと良いでしょう。

図6.3.3　サンプリングされた相関係数とフィッシャー変換

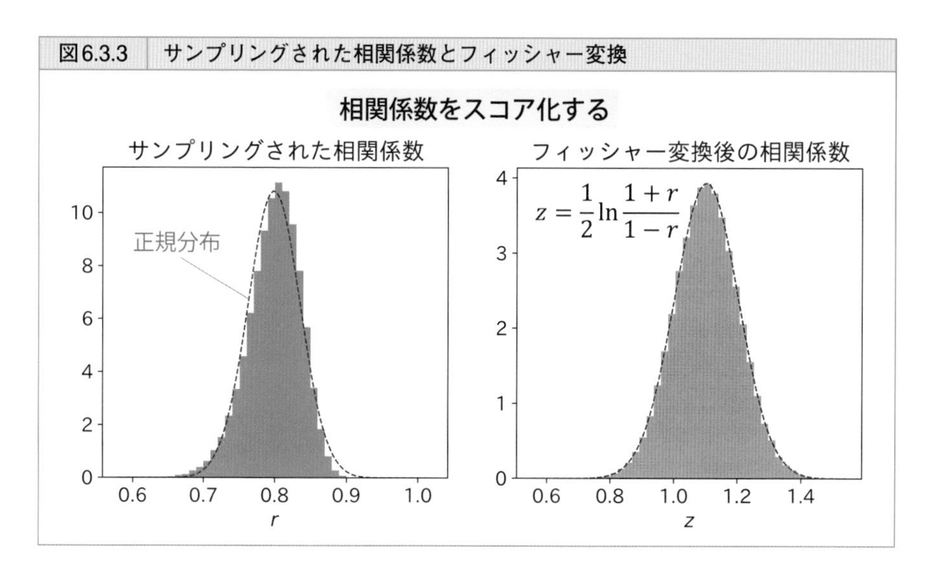

偏相関係数で実効的な相関を測る

複数の対象同士の相関係数を測る際に，別の変数の影響を取り除きたい場合があります。例えば，あるアメリカのレストランにおける，各テーブルのチップの支払額や，会計額，グループの人数などをまとめたデータセット[11]を分析してみましょう。

それぞれの変数ペアに対して散布図を描画すると，図6.3.4上段のようになります。いずれの変数の間にも正の相関が認められます。一つ目の変数ペアのグルー

11）公開されているデータセットで，Pythonの`seaborn`ライブラリを利用すれば，`load_dataset('tips')`で利用できます。このデータセットには他にも，性別や喫煙の有無，曜日，ディナーかランチかといった情報も含まれています。

プの人数とチップの額について考えてみると,「グループの人数が多くなるほど,全体の会計額が上昇し,その結果としてチップの額が大きくなっている」という関係性が推察されます。ただ,もしかすると「大人数で来店すると,チップが増える別のメカニズムが存在している」かもしれません(し,存在していないかもしれません)。これを調べるために,**偏相関係数(partial correlation coefficient)**を使ってみましょう(図6.3.4下段)。

図6.3.4 他の変数の影響を考慮して相関をとらえる

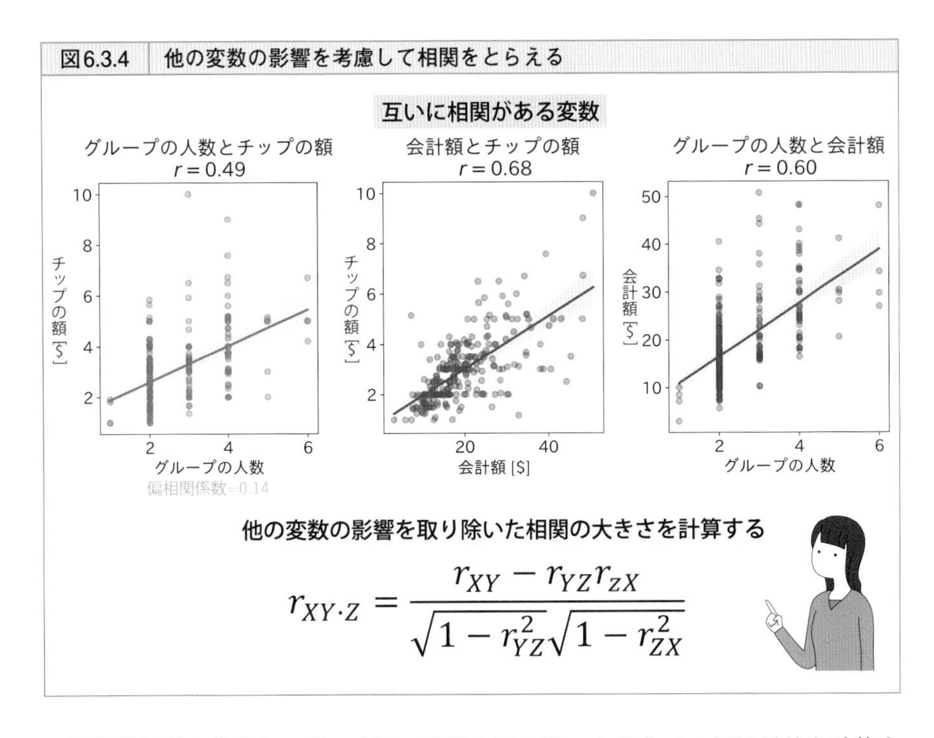

偏相関係数を使うと,別の変数の影響を取り除いたうえでの相関係数を計算することができます。今回の例では,着目している変数である「グループの人数」と「チップの額」以外に,「全体の会計額」という,その間をつないでいると思われる変数が存在しています。

偏相関係数を使うと,この第三の変数(図中ではZ)と着目している二つの変数(X, Y)の間の相関係数(r_{YZ}およびr_{ZX})をもとに,取り除きたい変数(Z)の影響を差し引いた相関の度合いを測ることができます。実際にこの偏相関係数を計算すると0.14になり,この2変数の間には直接の関係はほぼ無さそうであるという結論を得ることができます。

今回は三つの変数の間の関係性を取り上げましたが，より多くの変数が存在して「着目しているペア以外のすべての変数の影響を取り除きたい」という場合でも，偏相関係数を計算することができます[12]。

 コサイン類似度

「対応するサンプル間の類似度」を測るための，別の方法もあります。本節の冒頭で紹介した，Aさん，Bさん，Cさんの書籍の評価データをもう一度評価してみましょう。

このデータでは，それぞれが100冊の書籍の評価をした値が与えられています。別の言い方をすれば，「Aさん，Bさん，Cさんが100個の変数の組（＝ベクトル）で特徴付けられている」ということになりますから，それぞれが「似ているかどうか」は，この「ベクトルが似ているかどうか」と言い換えることができます。「ベクトルが似ている」とは方向が同じことであるととらえると，間の角度を計算したくなります。高校数学で習ったことを思い出すと，ベクトルの間の角度は内積と呼ばれる計算で求めることができるのでした。

ベクトルの対応する各要素を掛け算して足し合わせる[13]と，その値は，各ベクトルの長さ[14]とその間の角度のコサインを掛け算したものになります。ここから，二つのベクトルのなす角度のコサインを算出することができます（図6.3.5）。

コサインは，角度が0度のとき（つまり，二つのベクトルが似ているとき）は1に，角度が180度のときは−1になるという性質を持っていますから，これをこのまま類似度スコアにしてしまうのが便利です。これを，**コサイン類似度（cosine similarity）**といいます。

コサイン類似度は，各ベクトルの長さによらず方向だけ抜き出したいときに，特に利用されます。例えば，書籍の好みは全く同じで，50点から70点の間で評価を付けている人と，70点から100点の間で付けている人の間では，評価の値その

12）例えば，Pythonの**pingouin**ライブラリの**partial_corr()**関数を用いれば簡単に計算することができます。また，共分散行列の逆行列 $\Sigma^{-1} = \{p_{ij}\}$ から $r_{ij}^{\mathrm{partial}} = p_{ij} / \sqrt{p_{ii}p_{jj}}$ のようにして算出できるので，直接実装するのも難しくはありません。

13）例えば，AさんとBさんの類似度を計算するのであれば，二人の各書籍の評価を掛け算したものを全部足すことに相当します。

14）Aさんのベクトルの長さは，Aさんの各書籍の評価を二乗して足し合わせ，最後に平方根をとったもの（＝原点からのユークリッド距離）になります。

図6.3.5　ベクトルのなす角として類似度をとらえる

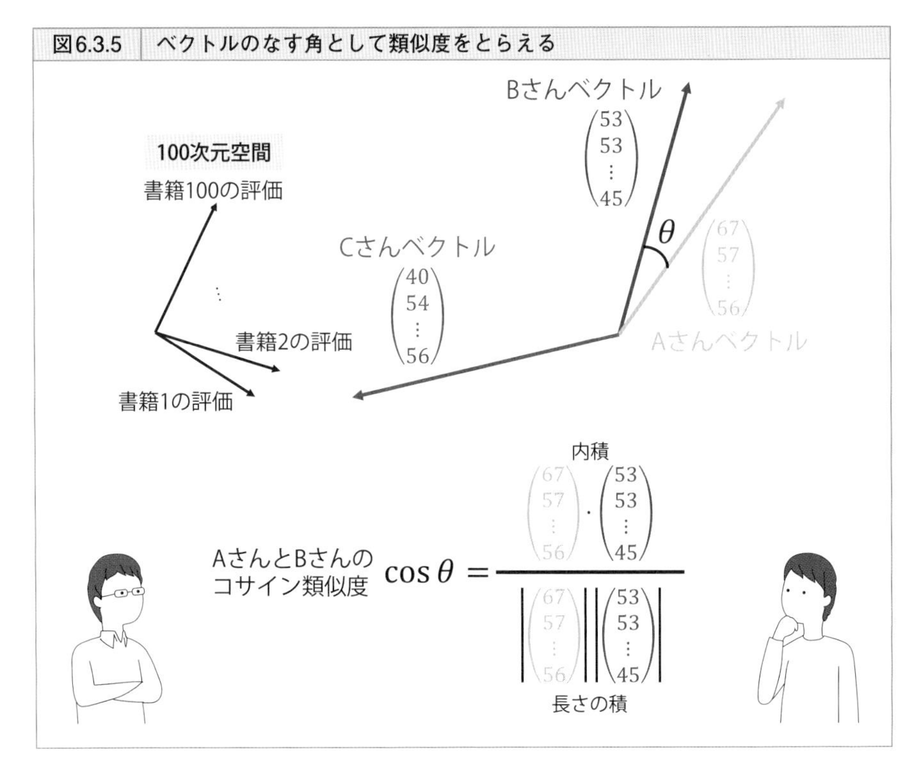

ものは異なっているものの「評価の方向」は同じなので，高い類似度が検出されます。

コサイン類似度を利用する際の注意点としては，「どこをベクトルの基準に取るかによって結果が変わる」ということがあります。図6.3.5では単に0点を基準として計算していますが，実際にこれを行なうと，どの二つの間にもある程度高い類似度が検出されます。それは，ベクトルの取りうる空間のうち，すべての値が（それなりに）正である領域にしかベクトルがないからです。より差を際立たせたい場合には，例えば各人の平均評価をそれぞれのベクトルから引き算して，相対的に高く評価したか低く評価したかを表すベクトルに変換してから，コサイン類似度を計算するなどの方法が考えられます。

ちなみに，実はこの手続きを行なったコサイン類似度はなんと，相関係数と一致します（式の形を考えれば，ほぼ明らかですが）。

誤差を測る指標

予測モデルの精度を測る際に，予測したい値（正解の値）と予測された値がどれくらい離れているかを定量化することがよくあります。第3章の図3.3.3では，ペンギンのくちばしの長さ・厚さ，および足ひれの長さから体重を予測するモデルの性能を可視化する例を示しました。

同じデータを図6.3.6のように示すと，各データ点に対して直接誤差の大きさを可視化することができます。これもある種，正解データの分布と予測値の分布という二つの分布間の距離を測っていることになりますが，今までと異なるのは値がペアになっている点です。値がペアになっていれば，その間の距離を平均する形で全体がどれくらいずれているかを評価することができます。

図6.3.6 予測モデルの誤差

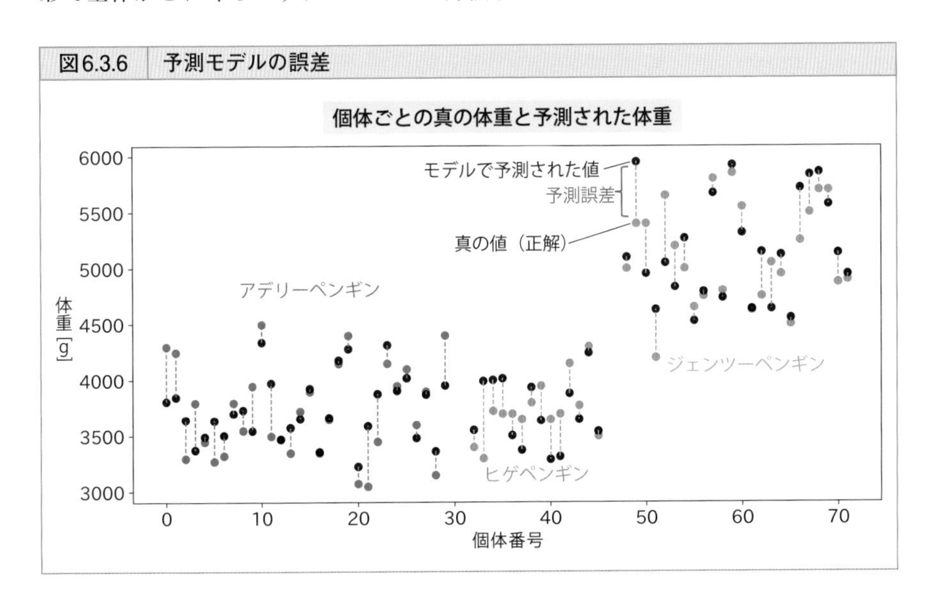

このような指標をいくつか紹介していきましょう（図6.3.7）。

まず一番簡単に思いつくのは，各データ点の距離（誤差）の大きさを平均してしまうことです。これを，**平均絶対誤差（MAE：mean absolute error）**といいます。また標準偏差のように，各誤差を二乗してから平均し，最後に平方根をとる**平均平方二乗誤差（RMSE：root-mean-square error）**という指標もよく用いられます。第5章で紹介したばらつきの指標にも，似たようなものがありました。「すべてのデータ点が平均値であるサンプル」と「元のサンプル」との

MAEやRMSEは，平均絶対偏差や標準偏差と同じものになります。したがって，外れ値に対する指標の性質もこれらと全く同じで，平均絶対偏差のほうが外れ値に引きずられにくくなっています。

図6.3.7　様々な距離指標で誤差をとらえる

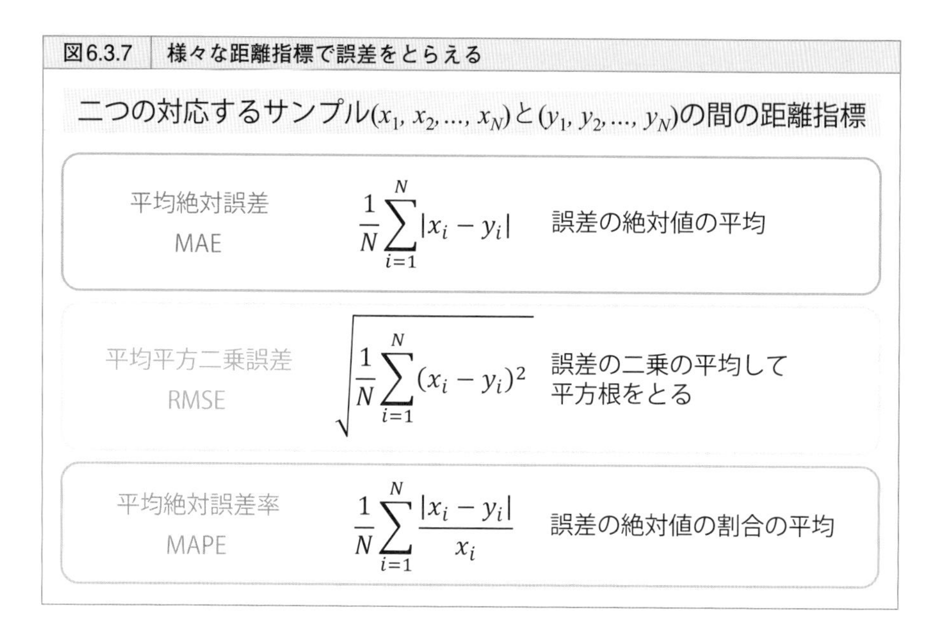

ペンギンのデータ（図6.3.6）では，もともと体重の重いジェンツーペンギンの誤差が他のペンギンの誤差よりも大きくなりがちです。すると，ジェンツーペンギンだけ重視して予測モデルを作ることで，全体の誤差を小さくすることができてしまいます。こうなると，他の種のペンギンたちの予測精度が悪くなってしまうので，そういった偏りが起きないように補正したくなります。

標準的な方法としては，誤差の絶対値を真の値で割り算した「誤差率」を平均するものがあります。この指標を，**平均絶対誤差率（MAPE：mean absolute percentage error）**といいます。MAPEでは，データ点ごとに大きさが異なっていても，バランスよく取り入れて全体の誤差を定量化することができます。

MAPEは非常に便利な指標なのですが，注意点もあります。

まず，割り算を行なって誤差率を計算するので，対象となる量が比例尺度か，またはそれに類する性質をもっていなければなりません（これは，第5章で変動係数を紹介したところでも同じ議論がありました）。加えて，値が0であるデータ点が存在すると値が定義できません。また，厳密に0でなくても非常に小さい値が含まれていると，その点での誤差率が非常に大きな値となってしまうリスクがあります。

ここまでにいくつか，誤差を定量化する指標について紹介してきましたが，いずれの指標も得意不得意があり，誤差のパターンに応じて使い分けることが大切です。まずは，値の分布を可視化したうえで，上手く機能する指標を選択するのが良いでしょう。また，本項では誤差を定量化する文脈でこれらの指標を紹介しましたが，誤差以外の文脈でも，ペアになった分布の差を定量化する指標が必要な際には利用してみると良いでしょう。

6.4 「つながり」をとらえる

 相互情報量で見る変数間のつながり

二つのサイコロA，Bを振って，ゾロ目が出たら景品がもらえるゲームアプリがあったとします。あなたはこのゲームを何度もプレイしていますが，どうも「ゾロ目が出にくいような制御」がなされているような気がしています。

二つのサイコロを普通に振ると，ゾロ目が得られる確率は1/6です。二つ目のサイコロに着目して，一つ目に出た目と同じ目が出る確率を考えれば良いからです。この計算で仮定されているのが，「一つ目のサイコロの出目が二つ目のサイコロに影響を与えない」ということです。このような状況を，**確率変数が独立（independent）である**といいます。

さて，ゾロ目が出にくいということは，二つのサイコロの出目の間に何らかの関係性があるということになります。サイコロAの出目が1なら，サイコロBでは1以外の目が出やすくなる，といった具合です。この関係性の強さを定量化してみましょう。

まず素朴な分析として，サイコロAが1になっているときに限定して，サイコロBの出目の確率を見るという方針が考えられます。これを，**条件付き確率（conditional probability）**といいます。もしこのときに1が出にくくなっていれば，サイコロBの出目はサイコロAの出目に影響を受けていると考えることができますよね。今回の例では，サイコロAの出目について6通りのヒストグラムを書けば（あるいは，すべての出目の場合について結果をまとめたヒートマップを見れば），このゲームアプリの不正（？）を暴くことができます（図6.4.1）。

ただ，出目の関係性がもっと複雑だったりパターンの数が多くなると，この方法では全体として変数間の関係の強さを定量化することができません。そこで紹介するのが，**相互情報量（mutual information）**です。第4章で紹介したエントロピーとも関連する量で，「ある変数の情報を知ることで，もう一方の変数のことをどれだけ知ることができるか」を表します。

図6.4.1 サイコロの同時確率と条件付き確率

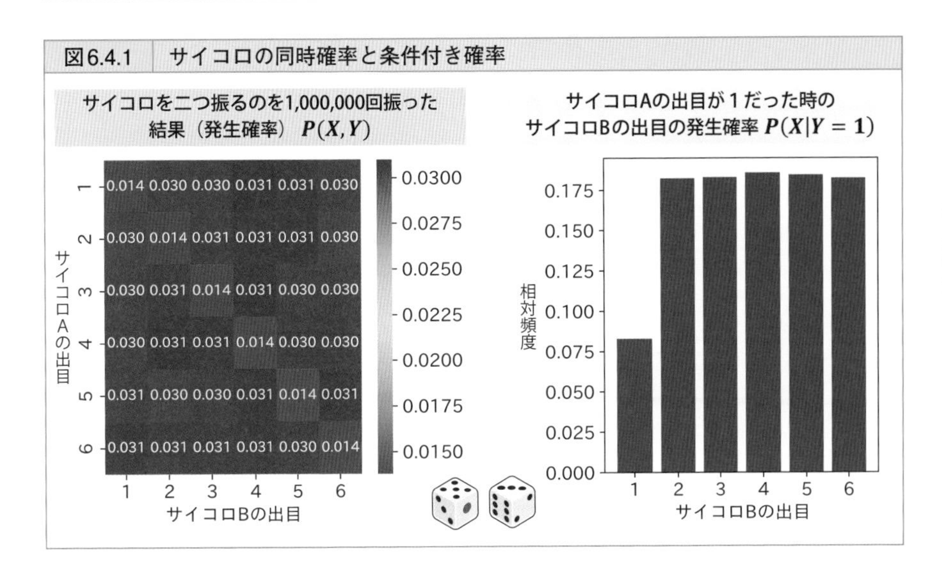

例えば先ほどの例では，サイコロAの出目が1であることがわかれば，サイコロBについては「1が出づらくなっていて，他の目が出やすくなっている」状態にあることがわかります。つまり，片方のサイコロの情報で，もう一方のサイコロの出目に関する予測がしやすくなっているわけです。この度合いを測るのが相互情報量です。もし二つのサイコロが互いに全く影響を及ぼしあっていない場合（世の中に存在する大半のサイコロはそうだと思いますが），相互情報量はゼロになります。式の形に興味のある方は図6.4.2をご参照いただければと思いますが，

図6.4.2 相互情報量の定義

相互情報量

独立なら0になる

$$I(X,Y)=\sum_{i}\sum_{j}P(X_i,Y_j)\log\frac{P(X_i,Y_j)}{P(X_i)P(Y_j)}$$

片方の変数の値を知ることで、もう一方について得られる情報を測る

相互情報量とエントロピーとの関係

$$I(X,Y)=H(X)+H(Y)-H(X,Y)$$

エントロピーを用いて図6.4.2下段のように書き直すこともでき，「2変数を合わせて見ることで，別々に見たときと比べてエントロピーがどれだけ減るか」を表す量にもなっています。

移動エントロピー

先ほどのサイコロを振るゲームのイカサマは無事に暴くことができましたが，今回アプリのアップデートで次のようなルールが追加されたとしましょう。「サイコロAで1が出たら，ゾロ目かどうかにかかわらずボーナスタイムに突入し，次の試行でどちらかのサイコロに1が出ただけで景品がもらえる」というものです。この新しいバージョンのゲームの振る舞いについても分析してみましょう。

まず，先ほどと同じように各試行の結果を集計したものを見てみます。

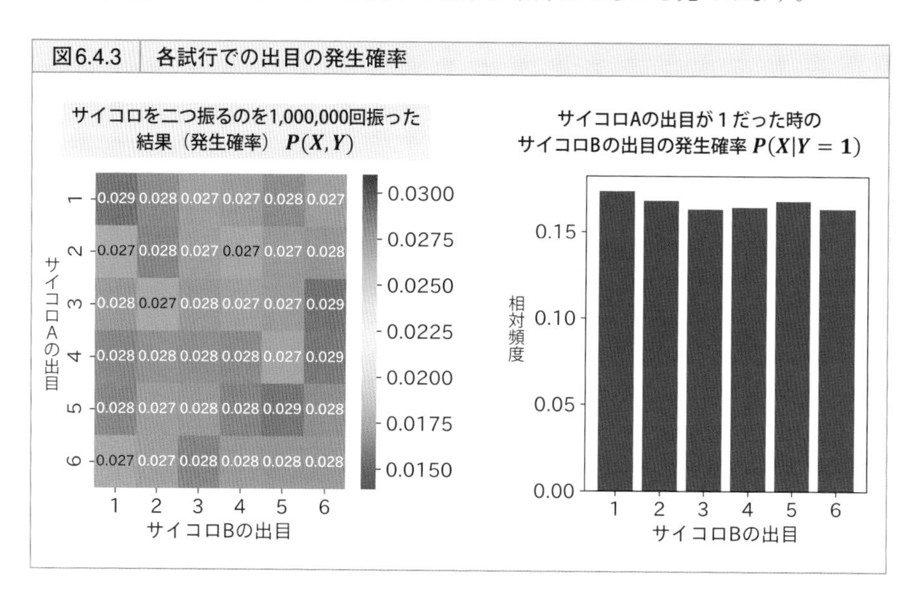

図6.4.3　各試行での出目の発生確率

どの出目のペアもほとんど同じ確率で発生していて，サイコロAの結果がサイコロBの結果に影響を与えていないように見えます（図6.4.3）。ただし，この分析では，ある試行におけるサイコロAの結果と，同じ試行のサイコロBの結果の関係を見ていることに注意して下さい。新たに追加されたボーナスタイムルールは，前回の試行の結果に応じて今回の試行のゲームのルールが変更されるので，時間を超えた影響がどうなっているかが気になります。

実際に出目の推移を可視化したものが，図6.4.4上段です。サイコロAで1が出た後のボーナスタイムの部分を黄色で示します。どちらのサイコロでも1が出にくくなっているように見えますが，たまたまそう見えるだけかもしれません。

図6.4.4　サイコロ出目の時間的な関係

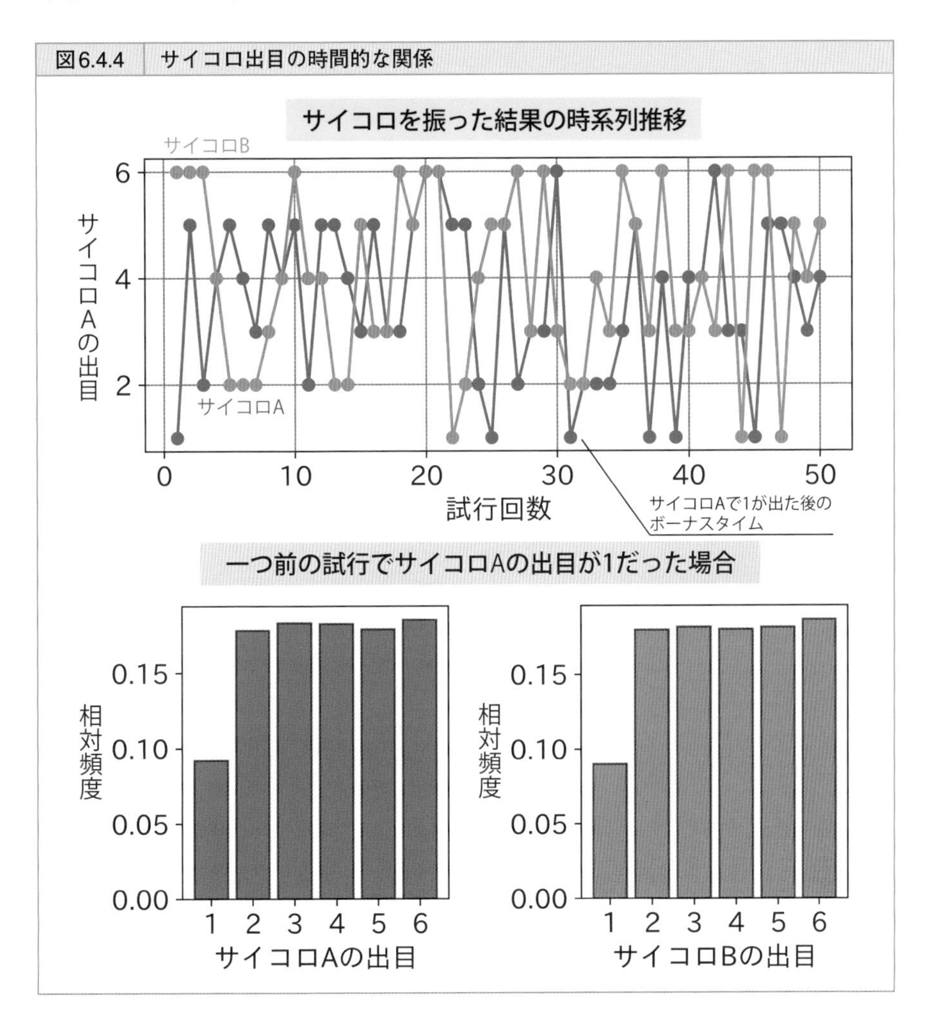

そこで，より詳しい分析として，一つ前の試行でサイコロAの出目が1だった試行（＝ボーナスタイム中のみ）だけを抜き出して集計したのが，図6.4.4下段です。この図を見ると明らかに，どちらのサイコロでも1が出にくくなっていることがわかります。新しいルールでも，見かけよりプレイヤーが不利になるような制御が秘密裏に行なわれているのでした。

さて，この状況を整理すると，同じタイミングでの二つの変数の間（サイコロAとサイコロBの出目の出方）には依存関係がないにもかかわらず，一方の変数の過去の値（前回のサイコロAの結果）が，その変数自身やもう一方の変数の値（今回の試行の結果）に影響を与えている，ということになります。このような時間を超えた関係性の強さを定量化する指標に，**移動エントロピー（transfer entropy）**というものがあります（図6.4.5）。具体的な式の形に興味のない読者の方は，細かい計算方法まで押さえる必要はありませんが，移動エントロピーは以下のようなアイディアに基づいています。

ある変数Xについて過去のデータから将来を予測しようとしたときに，もし変数Xの情報だけでなく，変数Yの情報も合わせて利用したほうがより正確に予測できるとすると，それはすなわちYが将来のXの値に影響を与えていると考えることができます。この度合いを定量化するのが，移動エントロピーです。図6.4.5では最も単純な（一つ前の時点だけから次を予測する）ケースにおける定義式を示しましたが，予測に利用する過去のデータの範囲をより広く取った指標を用いることもよく行なわれます[15]。

図6.4.5　移動エントロピーで時間を超えた影響を定量化する

移動エントロピー（最も単純なケース）

$$TE_{Y\to X} = \sum_i \sum_j P\left(X_i^{t+1}, X_i^t, Y_j^t\right) \log \frac{P\left(X_i^{t+1} \middle| X_i^t, Y_j^t\right)}{P\left(X_i^{t+1} \middle| X_i^t\right)}$$

YがXの将来に
影響を与えていないなら
0になる

片方の変数の時刻tの値を知ることで、もう一方の変数の
次の時刻の値について得られる情報を測る

移動エントロピーは定義が少し複雑ですが，どの変数がどの変数に影響を与えているかを調べることのできる便利な指標です。例えば，単に2変数の相関係数を見るだけでは，どちらがどちらに影響を与えているのかは明らかではありませんが，この方法を用いれば，方向性も含めて影響の強さを抜き出すことができます。

15）幅を長くとるほど複雑な関係性を踏まえた正確な定量化が可能になりますが，その分，必要になるデータが増大するというデメリットもあります。

つながりからネットワークへ

ここまで距離の近さや類似度，また確率的な変数同士の関連度合いを測る指標について紹介してきました。こうした関連度合いが高い要素の間には，重要な関係性が期待されることがよくあります。例えば，脳の異なる領域同士の活動が高い相関を示していれば，それらは連携して動いているということが示唆されます。そのような領域たちをネットワークと見なして分析してみると，様々なことがわかったりします。

このように，関連が強いものをつないだネットワークの全体の構造を調べるというアプローチは様々な分野で利用されていますが，ここではそのような「関連」として注目される対象についていくつか紹介して，本章を締めくくることにしましょう（ネットワーク構造そのものを定量化する指標については，次の第7章で紹介します）。

まずは簡単な例ですが，単に「何かがつながっている状態」の関係性をネットワークとしてとらえてみましょう。道路でつながった都市のネットワークやシナプスでつながった神経回路ネットワーク，また空路でつながった空港の間のネットワークを考えることなどができます。また，個人間の友人関係や企業間の資本関係の有無といった関係性も，同じようにネットワークになります。

次に紹介するのが，先ほども紹介したような「時系列の相関が高いものの間に関連を仮定する」方法です。脳の活動パターンや，株価，生態系における個体数変動など，多数の要素の時系列データが得られるケースでよく用いられます。多数の要素間の相関を調べるときの注意点として，例えばAとB，BとCの間に高い相関がある場合に，特につながりのないはずのBとCの間にも相関が見えてしまうという現象が起きます。これを排除してBとCの間の実質の相関を測りたい際には，前節で紹介した偏相関を用いると便利です。

距離や類似度の指標以外にも，イベントに対して関連性を割り当てるアイディアもあります。例えば，同じ論文で共著者になったとか，ある時点で同じ場所にいたとか，あるいは，メッセージや電話など二つの要素間の間で起こるイベントが存在したペア同士を結びます。文書の中の単語の関連性を調べるために，同じ文の中で，または一定の範囲内の近さ（前後n単語）で一緒に登場した単語同士や，文法的なつながり（主語と述語など）の中で利用された単語同士の間にリンクを張る分析もよく用いられます。

本章では，様々な形で関係性をとらえる手法について紹介してきました。関係性を見ることは，どんなデータ分析でも非常に重要なプロセスになることが多いです。したがって，この部分の引き出しを多く持っておくと，データに対するアプローチを豊かにすることができるのです。

第6章まとめ

- 「距離」を測る指標には様々なものがあり，特徴ごとに使い分けるのが便利。
- サンプル間の距離や類似度も定量化することができる。
- 情報量の考え方を用いた指標で，変数の間のつながりや影響の度合いを定量化できる。
- 様々な意味での「つながり」をリンクととらえることで，ネットワークレベルでの解析につなげることができる。

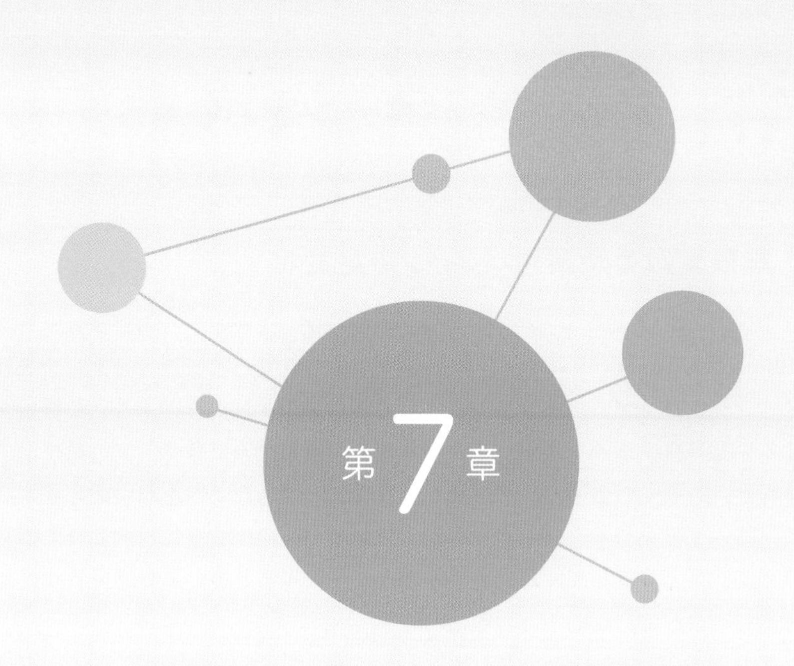

パターンをとらえる指標化

指標化に関する最後の章となる本章では，データの中に存在する「特定のパターン」を定量化する指標について紹介していきます。時系列のデータでは時間的なパターン，空間的なデータであれば空間的なパターン, 関係データであればネットワーク構造のパターンの中に重要な特徴が隠れているわけですが，それらを上手く抜き出す様々なテクニックが存在しています。パターンはデータを理解するロジックと直結しますから，それらを理解しておくことで，データを視る力を格段に向上させることができます。

7.1 時間的なパターンをとらえる

離散変数の時系列パターンの定量化

筆者が子供のころは，「ジャンケンマン」というアーケードゲームがショッピングセンターの児童向けゲームコーナーによく設置されていました。メダルを入れてタイミング良く「グー・チョキ・パー」のボタンのどれかを押すことで機械が表示する手と勝負するのですが，このゲームのじゃんけんは強く，本当にフェアなじゃんけんをしているのか，子供ながらに怪しんでいたことを思い出します。

さて，このようなじゃんけんゲームが，プレイヤーの出す手には関係なく出し手を決めていると仮定して，毎回の手をどのように選択しているかを分析する問題を考えてみましょう。

ここでは2台の異なるじゃんけんマシンAとBについて，それぞれ1000回の出し手をサンプリングしたデータ（図7.1.1上段）を分析して，2台の戦略にどのような差があるのか（無いのか）を調べてみます。得られるデータは，「グー，パー，パー，チョキ，パー，グー，…」といった離散の値をとる時系列になります。似たような形のデータは，行動データや脳の活動データの分析といった様々なシーンで用いられます[1)]。

まず単純な指標として考えられるのが，各手の**出現頻度（frequency）**です。これは単に，出現回数をサンプルサイズで割り算すれば計算することができます。次に見てみたいのが，「それぞれの手を平均で何回連続して出しているのか」という指標です。これは「状態の**持続時間（duration）**」を定量化したもので，よく利用されます。時系列を先頭から見ていって連続回数をカウントする簡単なプログラムを書くことで計算できます。

そして，このようなデータで最も重要なのが，状態間の**遷移確率（transition probability）**です。例えば「グーを出した後には，どれくらいの確率でパーを出しているのか」を，グーからパーへの遷移確率といいます。これをすべての出

1)　これらのデータは，しばしば連続値の時系列として得られますが，それをいくつかの離散の状態にカテゴライズして分析することがよくあります。

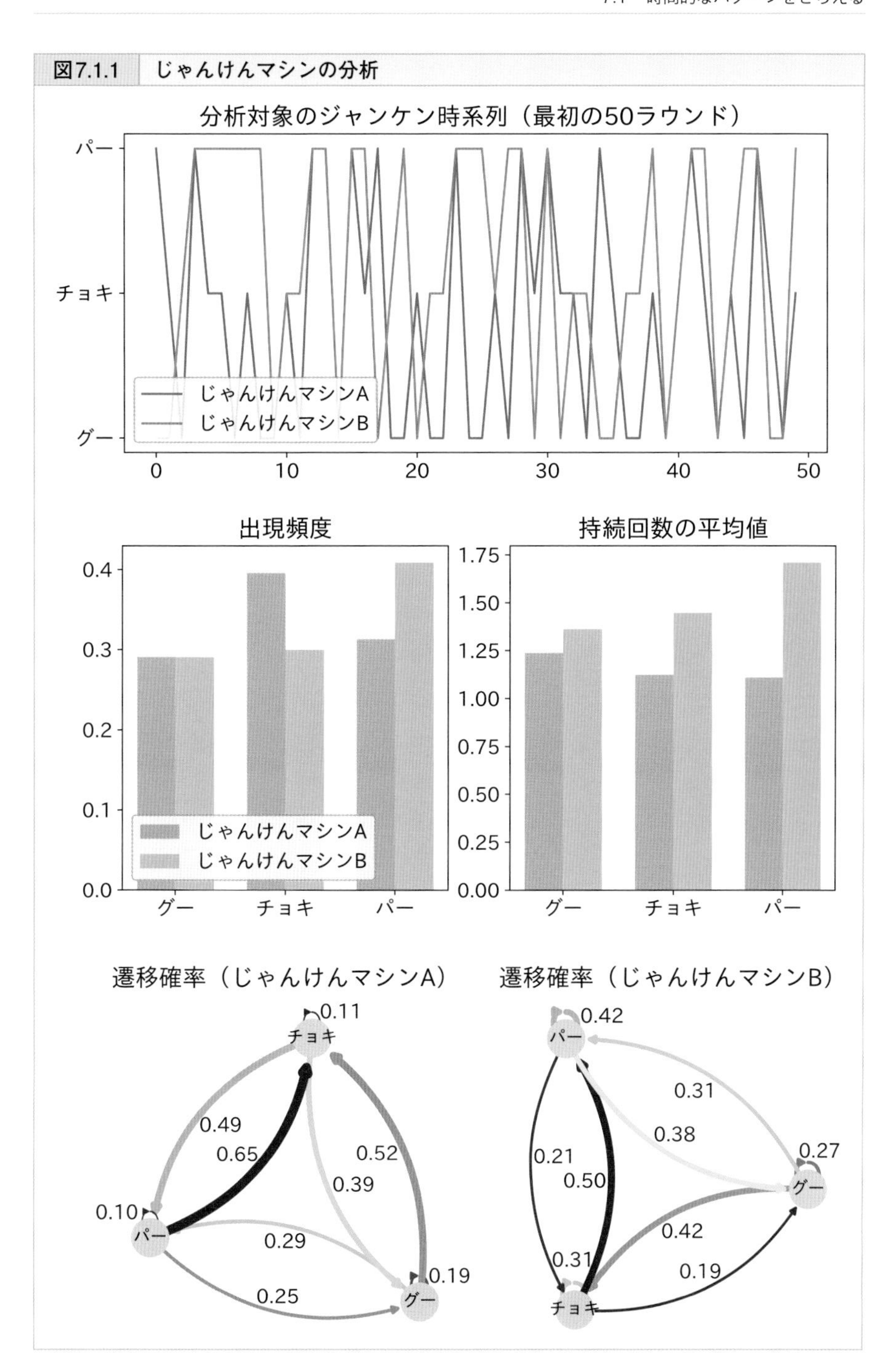
図7.1.1　じゃんけんマシンの分析
分析対象のジャンケン時系列（最初の50ラウンド）
パー
チョキ
グー
じゃんけんマシンA
じゃんけんマシンB
0
10
20
30
40
50
出現頻度
0.4
0.3
0.2
0.1
0.0
グー
チョキ
パー
持続回数の平均値
1.75
1.50
1.25
1.00
0.75
0.50
0.25
0.00
遷移確率（じゃんけんマシンA）
0.11
0.49
0.65
0.52
0.39
0.10
0.29
0.19
0.25
遷移確率（じゃんけんマシンB）
0.42
0.31
0.38
0.21
0.50
0.27
0.42
0.31
0.19

し手の間で計算すると，全体のルールの外観をとらえることができます。

以上の指標を使ってデータを可視化したのが，図7.1.1中段・下段です。出現頻度を見ると，Aはチョキを出しやすく，Bはパーを出しやすいといった傾向がわかりますし，持続時間のデータを見ると，BはAよりも同じ手を繰り返し出しやすいといった特徴をとらえることができます。

また，遷移確率はより詳しい情報を教えてくれます。Aではほとんど同じ手を出さず，パー⇔チョキ⇔グーの間の行き来が多い一方で，パー⇔グーの遷移はしにくいことがわかります。そして，Bは繰り返し同じ手を出す傾向が強く，チョキ⇒パー⇔グー⇒チョキという遷移が高い確率で生じていることもわかります。このような特徴付けを行なうことで，データの背後に潜むメカニズムに迫ることができるのです。

少し細かい補足情報になりますが，この遷移確率は「今の状態から次のそれぞれの状態に，どれくらいの確率で遷移するか」という「1次の情報」だけを定量化したものであることに注意して下さい。例えば，「2回連続でグーを出した後には必ずチョキを出す」というルールが存在していたとしても，この方法で検出することはできません。そのような2次の関係性をとらえたい場合は，2ステップ前まで考えて「グー，グー」の次には何を出したか，「グー，チョキ」の次には何を出したか，…，と9通りの場合について遷移確率を計算する必要があります。

このように，確率遷移によるダイナミクスの定量化は，時系列の特徴の一部を切り取ったものにすぎないことを覚えておきましょう。

自己相関

ここからは，連続変数の時系列データを特徴付ける方法について紹介していきましょう。図7.1.2上段左のデータを見て下さい。ここから，なんらかの特徴的なパターンを見つけることができるでしょうか？

実は，このデータはsin関数にノイズを加えて作成したものなので，明確な周期のパターンが存在しています。一定の周期を見つける簡単な方法が，**自己相関係数（autocorrelation coefficient）**を見ることです。自己相関係数とは，「一定の時間幅ずらした自分自身との相関係数」のことです。例えば，時刻を10だけずらした（「ラグが10である」と表現します）2点をとってきて，二次元の上にプロットします（図7.1.2下段右）。これをすべてのデータ点に対して行ない，相関係数を計算すると「ラグ10の自己相関係数」が得られます。これを，**ラグプロット（lag plot）**といいます[2)]。

ちなみに，散布図の軸上に各データ点を並べて表示する**ラグプロット（rug plot）**というものも別に存在するので，注意して下さい。

図7.1.2　自己相関で周期的なパターンを検出する

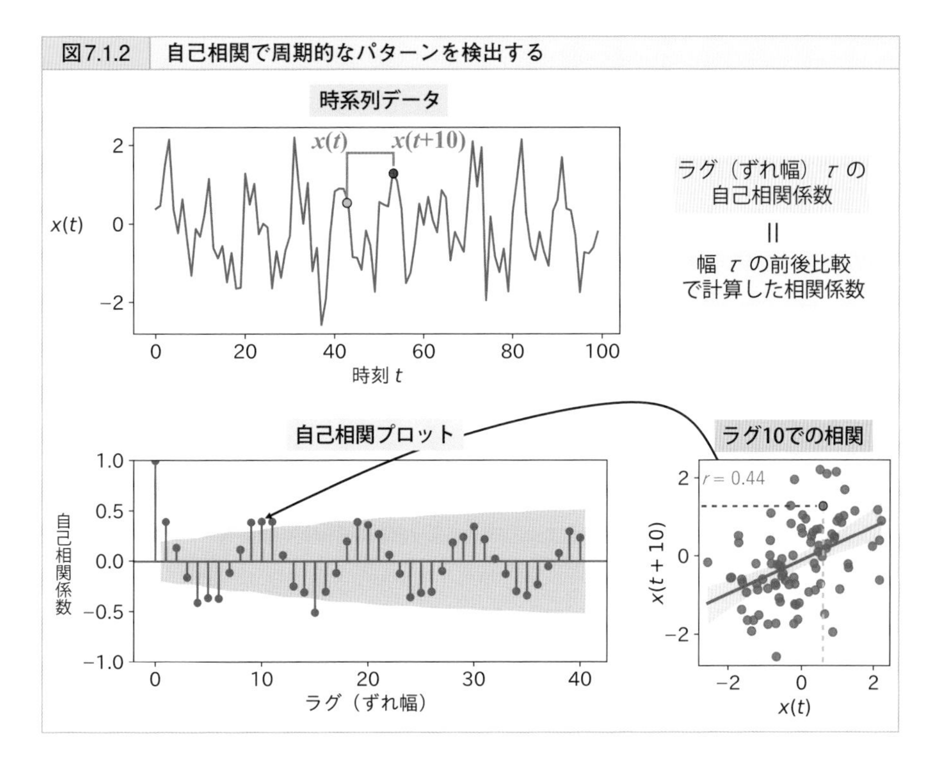

事前に特定のラグを設定して計算することもできますが（例えば，1週間の周期性が存在していると想定される場合には，ラグ＝7として計算するシーンなどが考えられます），網羅的に様々なラグのパターンについて自己相関係数を計算し，プロットする方法もあります。これを自己相関プロットといいます。図7.1.2下段左では，ラグ10で一定の相関が存在することが見て取れます。なお，図7.1.2で網掛けになっている領域は信頼区間を表し，自己相関の有無を判断する目安として利用します[3)]。

2)　なお，第1章に登場した図1.1.5右もラグプロットです。

3)　ラグが大きくなると相関を計算するために利用できるデータ点が少なくなるので，信頼区間も大きくなります。利用できるデータが十分に長ければ，信頼区間は気にしなくても問題ありません。

周波数特性を測る

皆さんが普段聴いている音は，周囲の様々なものから発生した音の振動が混ぜ合わさって耳に届いたものです。この音のデータを取得して時系列データとして見ると，一見ぐちゃぐちゃな波のパターンに見えますが，我々はそこから非常に高い解像度で何の音が混ざっているかを判別し，個別に聴覚処理を行なうことができます。ここでは，「重ね合わされた波から，特定のパターンを分離する」という手続きが行なわれているわけですが，これはデータ分析においても有力な方針です。本項では，特定の周波数の波を抜き出して分析する方法について紹介しましょう。

数学的な事実として，波の形をしているデータはほとんどの場合[4)]，複数の正弦波（サイン・コサインの波）の重ね合わせで表現することができるのですが，そのように分解したときに「どのような周波数（＝波の変動の細かさ）の波が，どれくらい含まれているか」を，**フーリエ変換（Fourier transform）**という方法で抜き出すことができます。

例えば，図7.1.3右列のように，各周波数を横軸に，影響の強さを縦軸に取った図を描くことで「与えられたデータにおいて特徴的な周波数」を発見することができます。三つの正弦波を合成して作成した時系列（図7.1.3上段左）をフーリエ変換すると，当然それぞれの周波数に分解できますし（図7.1.3上段右），一見すると正弦波の組み合わせでは表現できない矩形波（図7.1.3中段左）も（無限に）多くの正弦波を利用することで重ね合わせとして表現することができます（利用する正弦波の数を1，2，3個と増やしていくと，このような形も徐々に近似されていく様子を示しました）。図7.1.3下段に示したのは，人間の音声のデータです。このように，複雑な波形からは非常に多くの周波数成分が検出されます。

なお，フーリエ変換の詳しい原理や定義について紹介することは本書のレベルを超えるため，実際にこのような指標を分析に使用する際には，図7.1.3の描画コードや参考文献[5)]をご参照いただければと思います。

4)　極端なものを選ばない限り。
5)　神永正博著『Pythonで学ぶフーリエ解析と信号処理』（コロナ社）。

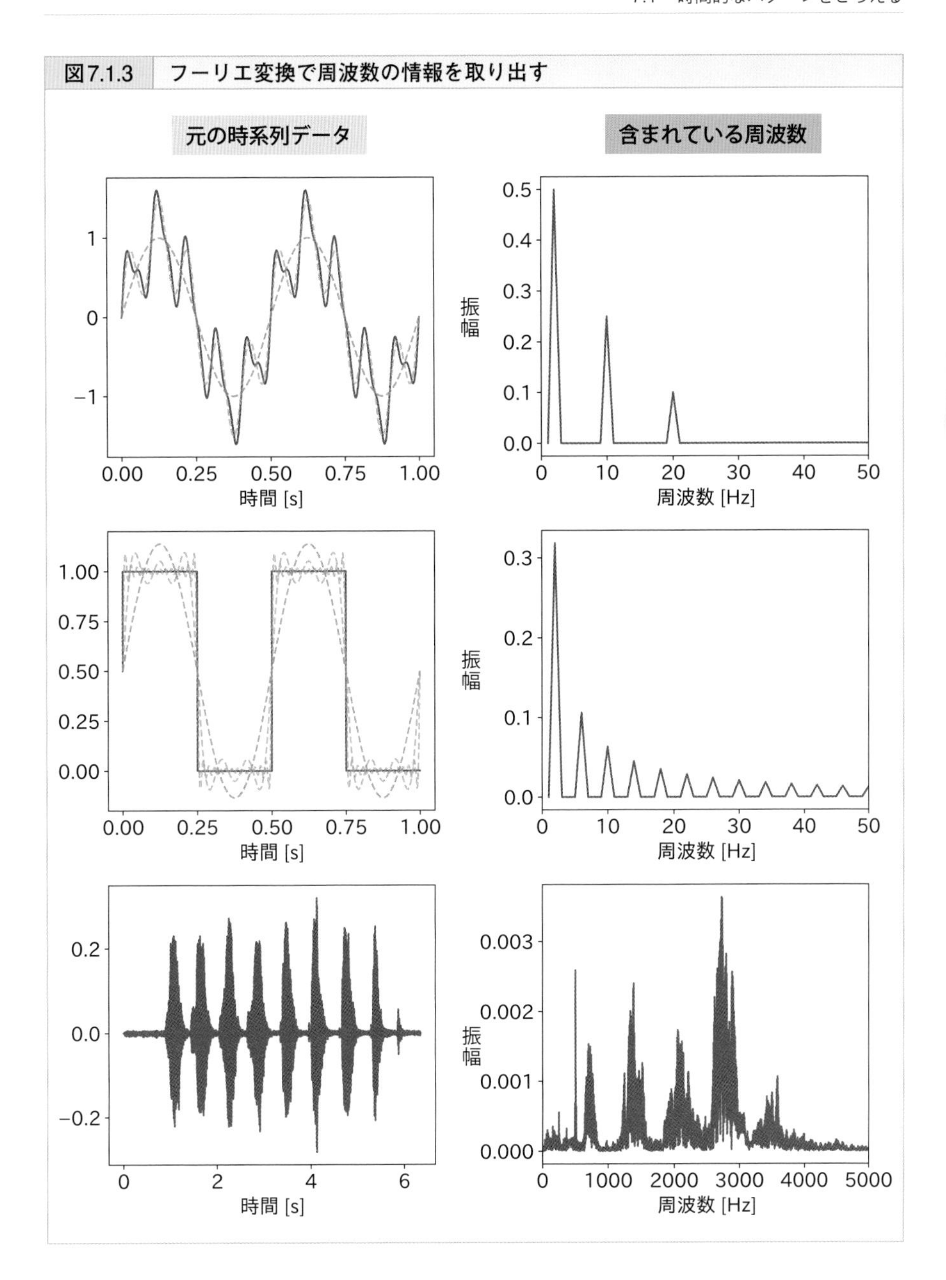
図7.1.3　フーリエ変換で周波数の情報を取り出す
元の時系列データ
含まれている周波数
振幅
時間 [s]
周波数 [Hz]
0.00
0.25
0.50
0.75
1.00
0.5
0.4
0.3
0.2
0.1
0.0
0
10
20
30
40
50
0.003
0.002
0.001
0.000
1000
2000
3000
4000
5000
0.2
−0.2
1
−1

フーリエ変換は，与えられた時系列のデータ全体から周波数の成分を抜き出す方法でした。そしてこれとは別に，時々刻々と波の形が変化していることを上手く可視化したい場合があります。例えば，先ほどの図で可視化した音声のデータでは大きく八つのまとまりが見えますが，これは英語で「no, no, no, no, yes, yes, yes, yes」と発話したものがデータとして反映されています。では，周波数の成分を見ることで，「no」と「yes」を見分けたり，何らかのパターンの差を見つけることは可能でしょうか？

よく利用される方法として，**短時間フーリエ変換（short-time Fourier transform）**と**ウェーブレット変換（wavelet transform）**があります。これらの原理を簡単に説明すると，短時間フーリエ変換では，各時刻の前後一定区間のデータをもとにフーリエ変換を実施して，各周波数の成分を求めます。一方で，ウェーブレット変換では，各時刻で「ウェーブレット」と呼ばれる局所的な波の成分がどれだけ含まれているかを（フーリエ変換と似た方法で）調べます。これらの手法を用いると，**スペクトログラム（spectrogram）**と呼ばれる，各時刻での周波数特性の変化を可視する図を描くことができます。

図7.1.4　周波数の時間変化を見る

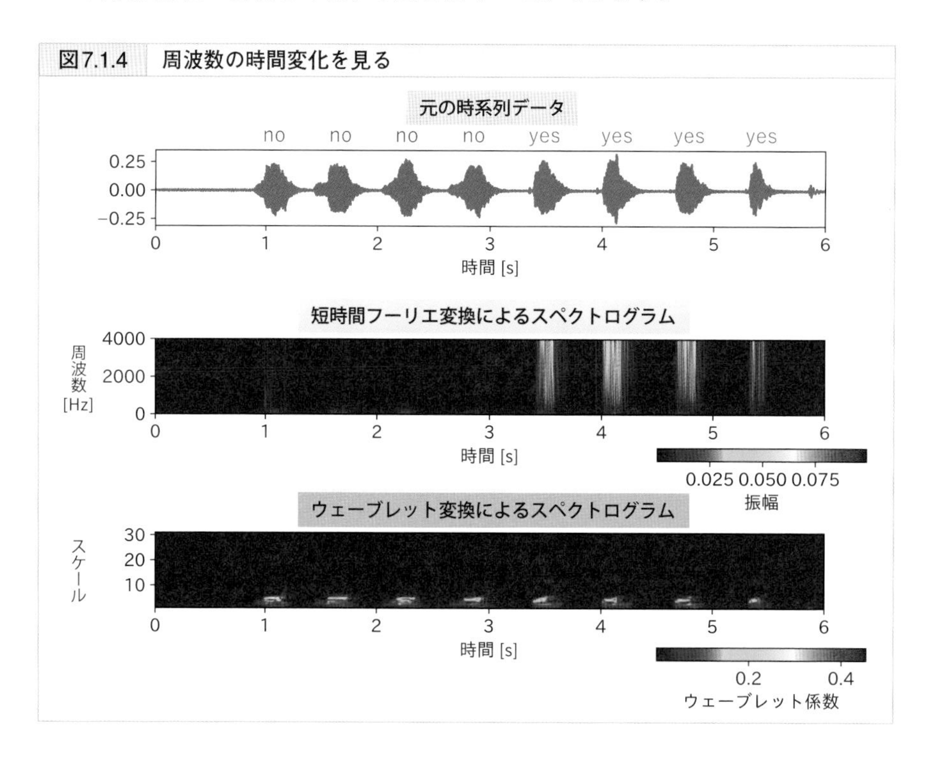

図7.1.4では,「no」と「yes」の間で,元の時系列の波形をざっと見ただけではわからない明らかな差が存在することがわかります(短時間フーリエ変換のほうでは,yesに対応する後半の4回で2000Hz前後の高い周波数成分が顕著になっています)。

なお,これらの手法では利用可能なオプションや設定が様々存在するのですが,ここではこのような特徴を可視化する手法も存在するということを紹介するに留めたいと思います。

指標としての応用:心拍データ分析

最後に,周波数成分を指標として利用する例として,心電や脈波といった心拍データを分析する話題について紹介しましょう[6)]。このようなデータには,人間を含む動物の状態を知るための重要な情報が含まれています。例えば,緊張すれば心拍数が早くなったりしますよね。心拍のデータは繰り返される波の形をしています(図7.1.5上段)。では,この波の形の,どのような特徴を指標にすることが考えられるでしょうか?

まず最も一般的なのが,心拍数を見ることです。心拍数を計算するためには,波のピークを検出し,その間の長さを測る必要があります。ピークの検出には,Pythonであれば`scipy.signal.find_peaks()`関数などが利用できます[7)]。1分間に何回拍動が起こるかを心拍数といいますが,単にピークの間の時間である心拍間隔(RRI:R-to-R interval)[8)]から計算した平均RRIもよく用いられます。

次に,このRRIの安定性に着目して,**心拍変動性(HRV:heart rate variability)**を定量化すると色々なことがわかるとされています。RRIの標準偏差をとったもの**(SDNN)**や,RRIの時間変化をフーリエ変換したうえで高周波

6) 一つ参考記事を挙げておきます。藤原幸一「ヘルスモニタリングのための心拍変動解析」システム/制御/情報 61 (9), 381-386, 2017.

7) 人の目でピークを検出するのは簡単ですが,ノイズが含まれていたり,途中で形が乱れる波の数値データから機械的に安定してピークを検出するのはやや難しい課題です(扱う対象によっては多少のノウハウが必要です)。適切な前処理などを行ないつつ,一般的に用いられているピーク検出のアルゴリズムを用いて人の目で確認しながらパラメータを調整して実施するのが良いでしょう。

8) 心電図の場合は,心拍の1周期の中でピークを迎えるR波という部分に着目して,このような名前が付いています。正常心拍間の間隔として,NNI(normal-to-normal interval)という用語も一般的に利用されます。似た用語で,心電図ではなく脈波のデータから計算したものはPPI(pulse-to-pulse interval)と呼びます。

（HF：high frequency）の成分と低周波（LF：low frequency）の寄与度[9]の比をとった**LF/HF比（LF/HF ratio）**というものもあります。

これらの指標は，交感神経／副交感神経の働きと関係があったり，血管の状態を測る指標としても有用であることが知られています。なお，実際にこういった指標を計算する際には，ライブラリを利用するのが便利です。例えば，**pyHRV**というライブラリを利用すると，RRIの周波数成分を簡単に定量化することができます（図7.1.5下段）。

図7.1.5　心電図データの分析

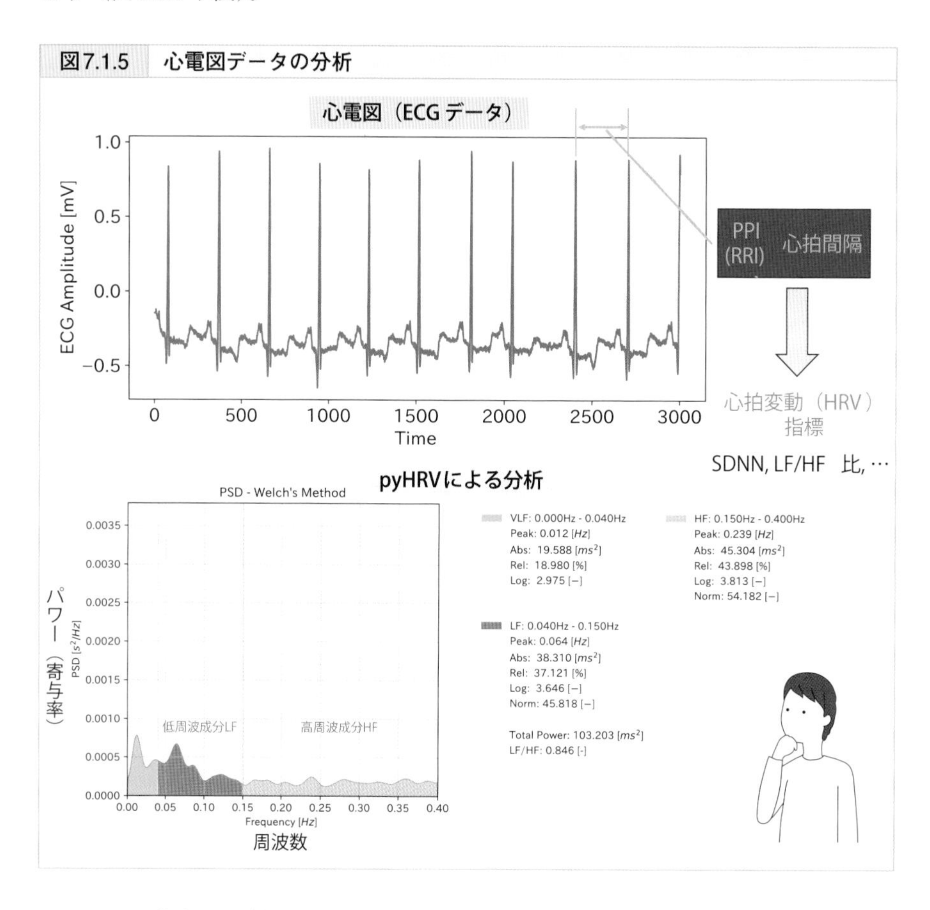

これらの指標は心拍データを分析する文脈で発展してきたものですが，似たような繰り返しで同じパターンが続く時系列の分析には応用できるでしょう。

9）前項で紹介した各周波数の振幅そのものではなく，二乗した値に対応する**パワー（power）**という量を利用します。図7.1.5の下段左の図を，**パワースペクトル（power spectrum）**といいます。

7.2 空間データのパターンをとらえる

ボロノイ分割による空間の定量化

ここからは，二次元平面上に空間的に分布した点たちのパターンを可視化する方法について紹介していきます。例えば，人やロボットの空間配置，病院や小売り店舗，物流施設の地図上での配置などに対して，「個々の要素の局所的な密度」や「ある施設が担当する領域の広さ」を定量化してみます。

まず一番わかりやすいのは，それぞれの点から別の点までの最短距離（最近傍点までの距離）を求める方法です。着目している点から，その他すべての点までの距離を個別に計算し，その中で一番小さいものをとることで「その点が他の点とどれだけ近いのか（遠いのか）」を定量化することができます（図7.2.1左上の矢印）。点Aから一番近い点が点Bだったとしても，点Bから一番近い点は点Aになるとは限らないことに注意して下さい（点Bから見て，点Aとは反対方向に近い点Cがある場合）。すべての点においてそれぞれの最近傍点までの距離を計算し，それらの平均や標準偏差の値を見ることで，点群全体の空間分布の均一さを測る指標にすることもできます。

最短距離の偏りを見ることでもある程度，配置の不均一性を定量化することができますが，空間的な領域の面積を正確にとらえたいシーンもあります。そこでよく用いられるのが，**ボロノイ図（Voronoi diagram）**です（図7.2.1）。

領域全体を「与えられた点のうちで一番近い点」に割り当てる形で分割します（図7.2.1上段左）。例えば，病院の地図上の位置が点で与えられているとすると，「一番近い病院はどこか」を表す区分けが得られます。分割された領域の一つ一つを，**ボロノイ細胞（Voronoi cell）**といいます。ボロノイ細胞の面積を調べることで，各点が占有する領域を定量化することができます。

こうした面積の定量化は，例えば，人の歩行者の密度分布を計算する際にもよく用いられます。ボロノイ図を算出するための計算は，Pythonなら`scipy.spatial.Voronoi()`関数を利用すれば簡単に実行することができます。

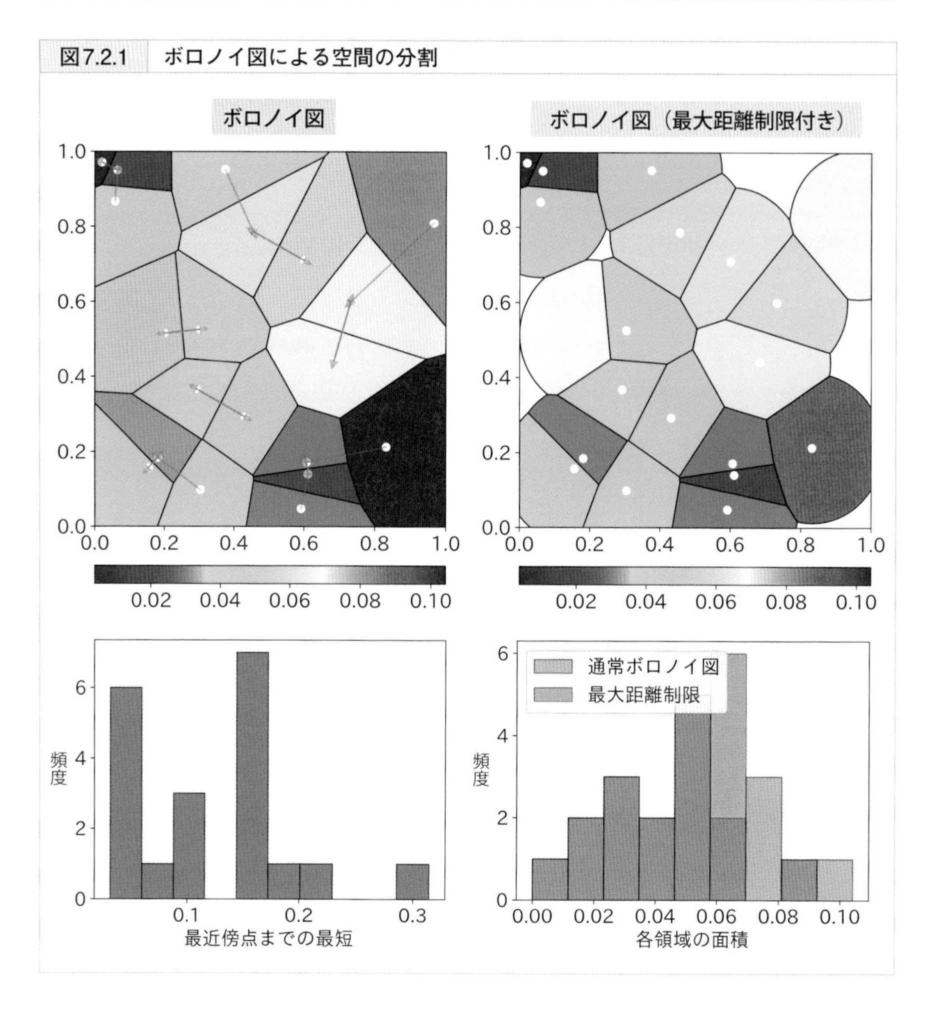

ボロノイ図をこのように用いるアプローチの弱点として，点群の外側では関心領域との関係性を適切に決めなければならないということがあります。例えば，広い領域の真ん中に点群が集まっていた場合，外側の点たちのボロノイ細胞は非常に大きな領域をもつことになります。この定義で問題ないシーンで利用する場合は良いのですが，適当なところでカットオフしたいこともあります。そのようなときには，「誰にも邪魔されない場合に取れる最大の領域」の制約を決めておくことで，領域の境界を指定する方法が便利です（図7.2.1上段右）。この例では，「誰も周りにいない場合には，半径0.2の円盤の領域が割り当てられる」ようにしてあります。この実装については，本書付属のコードをご参照下さい。

ここまでに紹介した，最近傍点までの距離，ボロノイ細胞の面積，最大距離制限付きのボロノイ細胞の面積の振る舞いについて比較しておきましょう（図7.2.1下段）。まず，最近傍点までの距離（図7.2.1下段左）と，二つのボロノイ細胞の面積指標（図7.2.1下段右）の分布のパターンは大きく異なっており，ある程度独立した情報を与えています。ボロノイ細胞の面積指標同士で比べると，最大距離制限を付けたほうは期待通り，極端に大きな値をとりにくくなっています。

カーネル密度推定

前項では，「各点がどれくらいの領域を持っているか」という「点のほうの視点」から指標化を行ないました。今度は逆に，領域のほうの視点から「周りにどれくらい点がいるのか（＝密度）」を可視化・定量化してみましょう。ここでは，二つの方針を紹介します。

一つ目は，先ほどのボロノイ図を用いる方法です。各点に面積が紐づいているので，これを逆に読んで，「一つの点がその面積の領域に存在する」ことから面積の逆数で密度を定義します。ボロノイ細胞が意味を持つシーン，例えば学校の学区を距離だけで決めた場合（「家から直線距離で最も近い学校に通わなければならない」など）には，その領域における学校の密度といって差し支えない量になるでしょう。逆に，そういった意味付けがない場合には，直感的な「点の密度」とは異なる値になってしまう場合があります。

二つ目は**カーネル密度推定（KDE：kernel density estimation）**というもので，正規分布などをデータの各点に配置することで空間的な密度を推定します。ここで利用される正規分布のことを**カーネル関数（kernel function）**と呼び，他にも様々な関数が状況に応じて利用されます（とはいえ，一般には正規分布（ガウシアンカーネルとも呼ばれる）が多く用いられます）。

カーネル関数の広がる幅をどれくらいにするかは，利用者が選ぶ必要があり，値によって結果の様子は大きく変化します（図7.2.2）。データ分析の文脈に応じて，「個々の点が影響を与えていると考えられる距離」を設定すると良いでしょう。カーネル密度推定は，直感的な空間における点の密度を定量化するのに向いています。

図7.2.2　カーネル密度推定による空間の利用密度の定量化

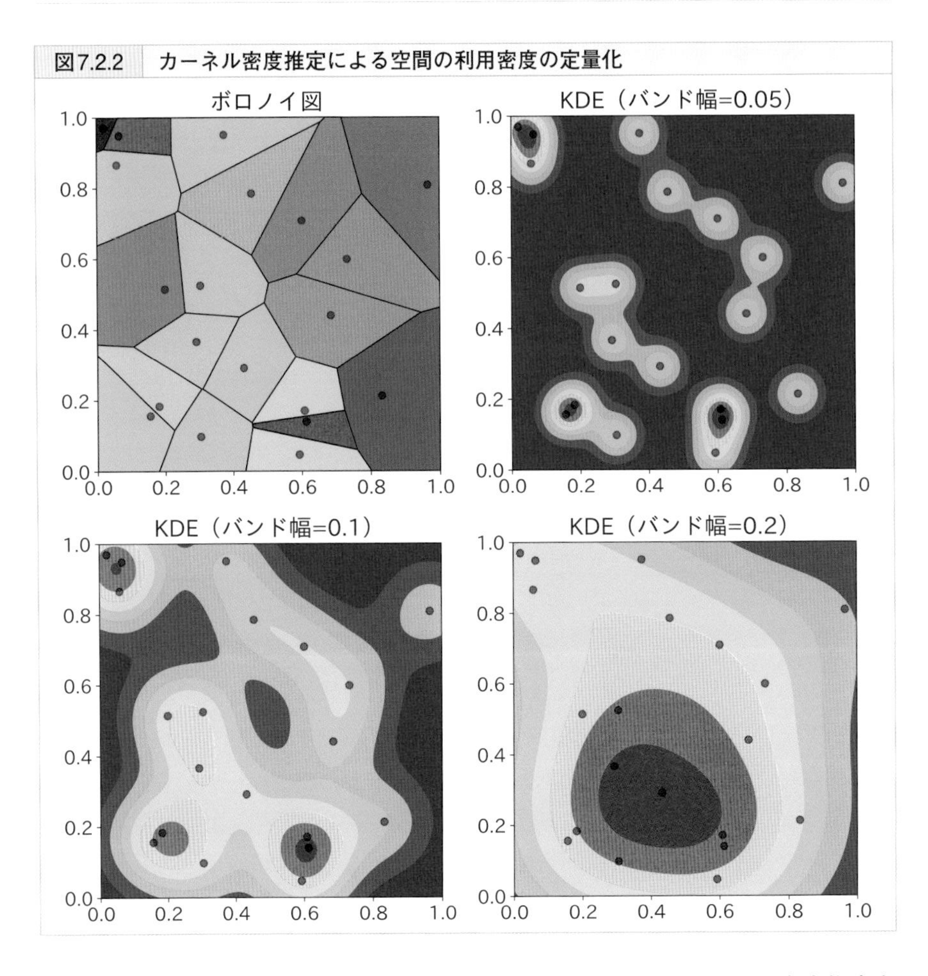

ここでは，空間における点の密度を定量化する方法としてカーネル密度推定を紹介しましたが，この方法は他にも確率分布の推定や，異常検知など様々な用途に利用される重要な考え方ですので覚えておくと良いでしょう。

画像のパターンを定量化する：グレイレベル共起行列

次に紹介するのは，画像のパターンを定量化する方法です。画像処理の分野ではこのような手法が数多く存在しますが，その中でも基本的なものとして，**グレイレベル共起行列（GLCM：gray-level co-occurrence matrix）**について紹介します。なお前提として，二次元のピクセルの配列に対して離散の値（0〜255

の整数など；範囲は何でも構いません）が定まっているデータ（要するに画像として表示できるようなデータ）を想定します。

この方法ではまず，分析したいピクセルの位置関係を指定します。例えば，「左右に隣り合ったピクセルの値の関係性を分析したい」とか，「上に10ピクセル，右に10ピクセル行った場所の値と元の場所のピクセルの値を調べたい」などです。グレイレベル共起行列の計算では，この指定された関係性にあるピクセルのペアの値をすべて調べ，それぞれの値の組が何回現れたかを記録します（図7.2.3上段）。256種類の値をとりうるデータであれば，256×256の値の組のパターンが存在しますが，そのうちそれぞれの組がトータルで何回出現したかを示したものが，**グレイレベル共起行列（GLCM）**です。

この方法は，「指定した空間パターンにおいて，値の関係性がどうなっているかを直接カウントする」という非常に直感的にわかりやすい指標になっており，その他のより高度なパターン分析の基礎にもなっています。例えば，図7.2.3では[10]中段左の元の画像から空（Sky）の部分と芝生（Grass）の部分をそれぞれ抜き出し（図7.2.3中段中央・右），隣り合うピクセル同士のグレイレベル共起行列を計算しています（図7.2.3下段中央・右）。空（Sky）の画像はほぼ一様な値をとっているので，ごく一部の領域にのみ正の値が見られ，それ以外は全体的に0となっています。芝生（Grass）のほうでは値に多少のバリエーションがあるので，より広い領域に正の値が入っています。また，隣合うピクセルは大体同じような値になっているので，それぞれの値には正の相関がありそうです。

グレイレベル共起行列は行列（＝多数の数字の組）なので，さらにそこから様々な指標を計算して解釈に利用するのが便利です。例えば，着目する二つのピクセルの値にどれくらい差があるかを，差の二乗の期待値である**コントラスト（contrast）**や差の絶対値の期待値である**非類似度（dissimilarity）**といった指標で定量化します。グレイレベル共起行列の値が対角線の近くの領域に集まっていると，「二つのピクセルが常に同じような値をとっている」こと表しますが，そ

10）この図は，scikit-imageのサンプルコード（https://scikit-image.org/docs/stable/auto_examples/features_detection/plot_glcm.html#sphx-glr-auto-examples-features-detection-plot-glcm-py）を参考に改変を加えて筆者が作成したものです。

図7.2.3　グレイレベル共起行列を用いた分析

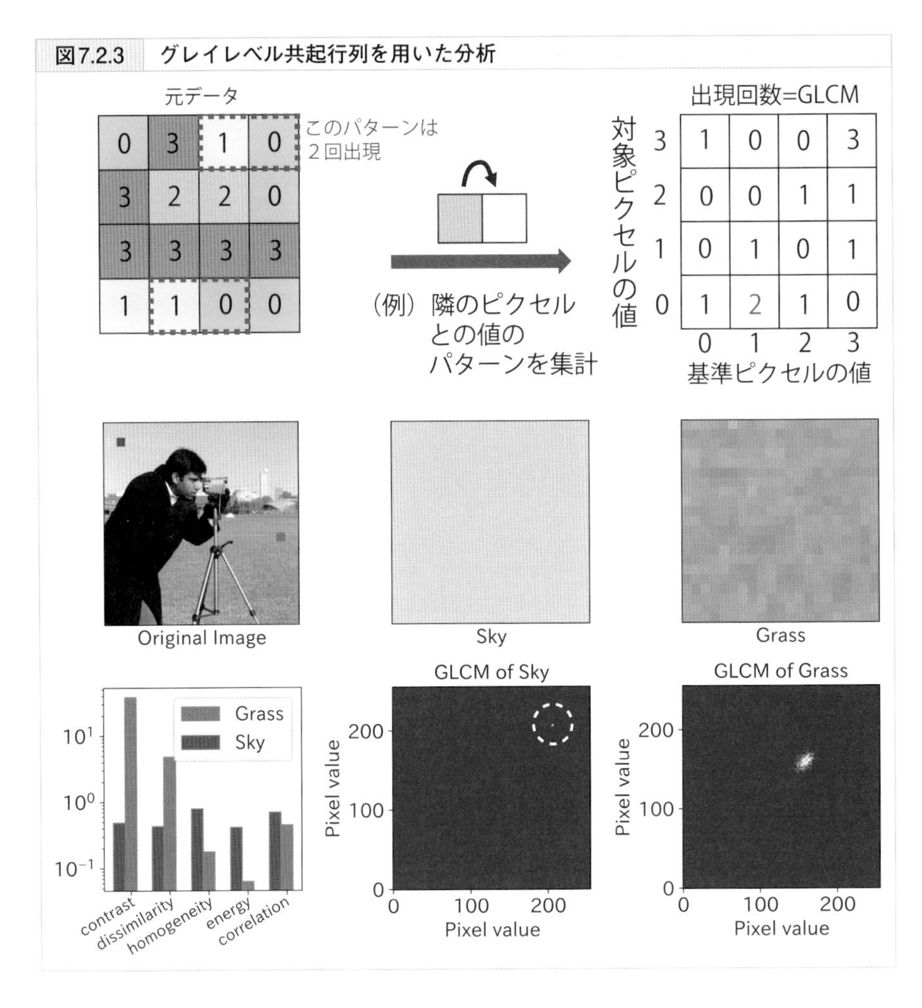

れを直接定量化する**一様度（homogeneity）**という指標もあります。

同じように値の分布の局所性を測る指標としては，グレイレベル共起行列の値が（どこでも良いので）局所的に集中している度合いを測る，**エネルギー（energy）**という指標もあります[11]。最後に，単に，「グレイレベル共起行列を計算するのに用いたピクセルの値のペアのデータ」から相関係数を計算して，指標として用いるのも有力です。これらを計算した結果を図7.2.3下段左に示しましたが，画像から観察される特徴が上手く表現できているのがおわかりいただけるかと思います。

11）GLCMの各要素の値を二乗して足し合わせたものとして定義されます．物理学的なエネルギーとの関係性は特に無いようです。

本項で紹介した指標の計算は，Pythonの画像処理ライブラリ**scikit-image**を利用することで比較的簡単に実施することができます。同パッケージにはこれ以外にも高度な画像処理手法が多く提供されているので，興味のある読者の方は公式サイト（https://scikit-image.org/）を覗いてみると良いでしょう。

本書では，汎用性の高い指標化の方法に限定して，いくつかの空間データの分析方法を紹介してきましたが，もちろんこれ以外にも様々な分析のアプローチが存在します（より詳しく学んでみたい読者の方向けに，いくつか参考図書を挙げておきます[12)]）。興味のある読者の方は，そちらも是非学んでみて下さい。

12）村上大輔著『地理空間データの統計解析入門』（講談社），西川仁ら著『テキスト・画像・音声データ分析（データサイエンス入門シリーズ）』（講談社）。

7.3 ネットワークのパターンをとらえる

リンクやノードを特徴付ける指標

ここからは，ネットワークのパターンをとらえる指標について説明します。まず，ネットワークを構成するリンクやノードの個々の特徴を定量化する指標から紹介していきましょう。

あるノードに対してつながっているリンクの本数を，**次数（degree）**といいます。「つながりの数」はネットワークにおいて非常に重要な要素で，分析対象の振る舞いに大きな影響を与えることが多いです。

次に重要なのが，**中心性（centrality）**という概念です（図7.3.1）。これは，それぞれのノードやリンクがどれだけ重要な位置を占めているかを定量化するもので，様々なバリエーションがあります。例えば，**媒介中心性（betweenness centrality）**という指標は，あるノードが「すべてのノードのペアをそれぞれ最短距離で結んだ際に，その経路に使われる割合」を指標化したものです。そのノードが破壊されると，どれだけの割合のノードペア間の最短経路に影響を与えるかを測ることができ，何かを輸送するネットワークでは重要な指標となります。

ちなみに，媒介中心性はノードに対してだけではなく，リンクに対しても定義することができます。この場合は，各リンクが破壊された場合に影響を与える最短経路の割合を表します。

また，「距離的に中心的な位置を占めているかどうか」を測る指標として，**近接中心性（closeness centrality）**というものもあります。これは「他のすべてのノードとの間の最短距離の和」の逆数をとったもので，「どのノードへも少ない距離で到達できる位置にある」ノードで大きな値となります。

「重要なノードとどれくらいつながっているか」をスコア化したいこともあります。

例えば，ウェブページのハイパーリンクによって作られるネットワークでは，重要なページからリンクを張られているページは，被リンクの数が少なくても重要度が高いと考えられます。これを定量化するのが，**固有ベクトル中心性**

図7.3.1　様々な中心性指標

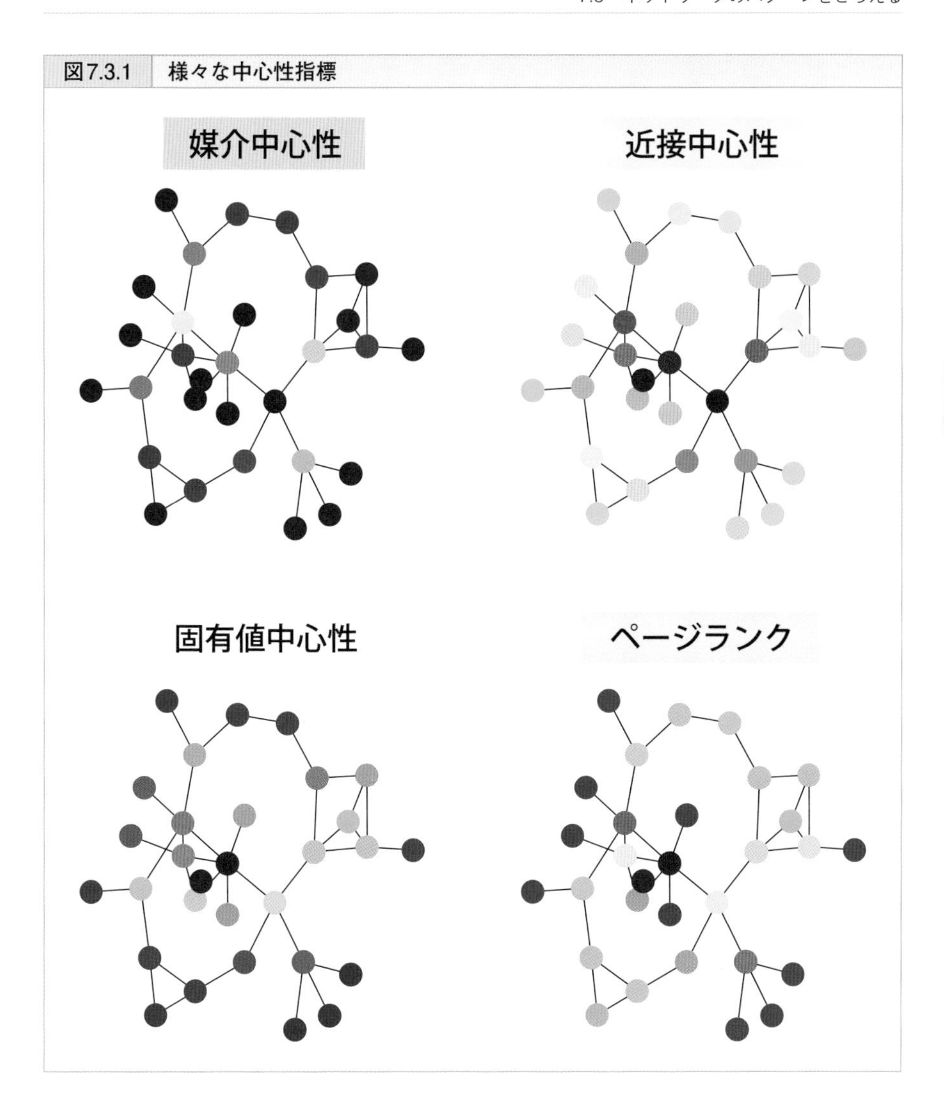

(eigencentrality) です。計算の詳細は割愛しますが，ネットワークの隣接行列の固有ベクトルを計算する手続きで求めることができます[13)]。

先ほどウェブページの例を出しましたが，固有ベクトル中心性よりも実用上使いやすくした，**ページランク（page rank）** という指標もあります。ページランクは繰り返し計算のアルゴリズムによって定義される値で，ウェブサイトのネッ

13)「あるノードの重要度は，隣接するノードの重要度の和である」という式を立てると，隣接行列の固有ベクトルを求める問題になります。

トワークのような膨大なネットワークに対しても適用可能です。また，ダンピングファクターと呼ばれる「どれくらいの人がリンクをたどらずに離脱するか」を表すパラメータを調整することが可能になっています。数学的には，ページランクは固有ベクトル中心性の変形版になっており，実際にこの二つでは概ね似たようなパターンが観察されます（図7.3.1下段）。

なお，ここまでに紹介した指標は，Pythonの`networkx`パッケージの関数を利用すれば簡単に計算することができます。

ネットワーク全体を特徴付ける指標

前項では，ネットワークの中のノードやリンクのそれぞれの重要度を定量化しましたが，ここからはネットワーク全体に対して「そのネットワークがどういうネットワークなのか」を測る指標について紹介していきましょう。

まず基本的な指標として挙げられるのが，**平均次数（average degree）**です。これはネットワーク内のすべてのノードに関して次数の平均をとったもので，「各ノードが平均してどれくらいのノードとつながっているか」を表します。また「すべてのノードのペア間の最短距離」の平均をとった，**平均最短経路長（average shortest path length）**という指標もよく用いられます。これはネットワーク内の2点間がどれだけ近いかを表す指標となっています。

次に，もう少しネットワークの構造について詳細な特徴を調べる指標について見ていきましょう。密につながったコミュニティ構造を持つネットワークなどでは，三つのノードがお互いにつながった「三角形構造」がどれくらい多く見られるかが重要な指標となります。これを定量化するのが，**クラスター係数（clustering coefficient）**です。クラスター係数は，各ノードに対して，そのノードと隣接するノード同士の間にどれくらいリンクが張られているかをカウントすることによって計算します。要するに，「自分の友達同士が友達である割合」を計算するのに相当します。これをすべてのノードで計算して，全体の平均をとることでネットワーク全体のクラスター係数を求めることができます[14]。クラスター係数では単に三角形の関係性をカウントしますが，より複雑なパターン（**モチーフ：motif**

14）クラスター係数の定義にはバリエーションがあり，「ネットワーク内で作れる可能性のある三つのノードの組のうち，実際に何個の三角形ができているかの比」という計算方法もよく用いられます。

といいます）をカウントするという分析手法も存在します。

つながっているノード同士の関係性を調べる指標もあります。隣接するノード同士の次数の相関を**同類選択性（assortativity）**といい，「次数が似ているノード同士がどれくらい互いにつながっているか」を定量化することができます。もし，次数の高いノードが同じく次数の高いノードとつながりやすい場合，同類選択性は高くなります。逆に，次数の高いノードが小さいノードとつながりやすい場合には，同類選択性は小さくなります。

例えば，これらの指標を適当に生成した三つのネットワーク（正方格子，ランダムネットワーク，BAネットワーク）について計算してみましょう（図7.3.2）。平均次数は，正方格子では多くのノードが四つの隣接するノードとつながっている一方，一部の境界のノードが少ない次数を持っている関係で3.4程度，ランダムネットワークは9弱，BAネットワークでは大半のノードが二つの隣接するノードを持っているので1.96といった値になっています。平均最短経路長では，この中では正方格子が最大の4.67，次いでBAネットワークが4.09となっていますが，ランダムネットワークでは1.98と際立って小さな値になっています。これは，今回のランダムネットワークの次数が大きく，ランダムに様々なところにつながっているので，短い距離で移動できるノードのペアが沢山あるからです。

次に，クラスター係数を見てみましょう。正方格子やBAネットワークではリンクが三角形になっているノードの組は存在しないので0に，ランダムネットワークは一部のノードが三角形を形成しているので0.16といった値になっていますね。最後に，同類選択性では，正方格子が正の値（境界に位置する次数の小さいノード同士，真ん中の次数の大きいノード同士がつながっているため），ランダムネットワークがほぼゼロ，BAネットワークではマイナスの値（次数の高いハブが，次数の小さいノードと沢山つながりやすいため）と，それぞれのネットワークの特徴が綺麗に出ています。

また，上記の指標以外にもネットワークの特徴を測る主要な方法がいくつかあります。

例えば，ネットワークのスモールワールド性（small-worldness）を測ることもできます。与えられたネットワークと同じ平均次数を持つランダムネットワーク

図7.3.2　様々なネットワーク指標の計算例

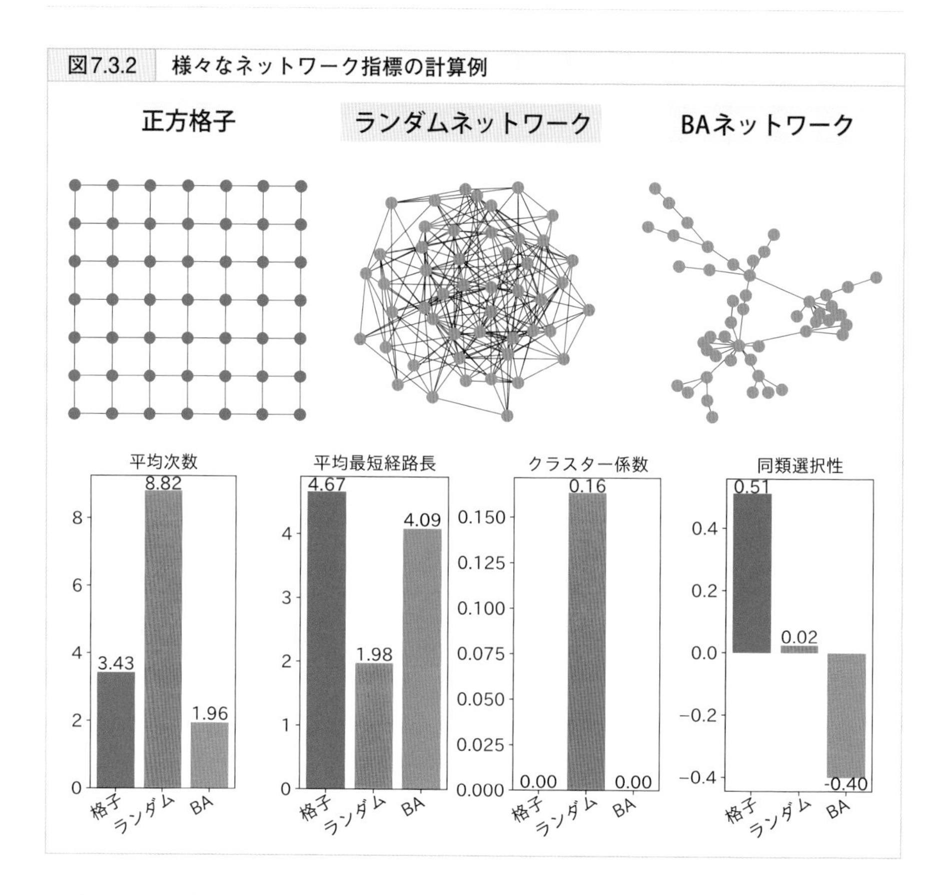

と比較して，「クラスター係数が何倍になっているか」および「平均最短経路長が何分の一になっているか」を計算し，それらを掛け合わせたものとして指標を作ることができます[15)]。加えて，指標ではありませんが，次数の分布を見ることで，ネットワークのスケールフリー性を調べるという分析もよく行なわれます。

ネットワーク指標の利用

ここまでに紹介したネットワーク指標たちは，様々な用途で用いられます。

例えば，脳のネットワーク，生体内の代謝のネットワーク，人間関係のネットワーク，通信ネットワーク，言語における単語のネットワークなど，世の中に存

15) この指標は，実用上計算時間がかかるケースがあったり，ネットワークのサイズに影響されやすいという問題も指摘されており，状況に応じて修正された他の指標を利用することもあります。

在するネットワークの性質を記述するのもその一つです。スモールワールド性やスケールフリー性，クラスター構造の有無などから，ネットワークの生成メカニズムを推察したりネットワーク間の比較を行なうこともできます。

また，ネットワーク指標と対象のパフォーマンスを紐づけて分析することもよく行なわれます。平均最短経路長の小さい社会ネットワークでは情報が一気に広まりやすいとか，クラスター係数が高い通信ネットワークは故障に強いなど，対象となる現象のメカニズムにネットワーク構造が影響を与えているケースはよくあります。

さらに，システムを効率的にデザインするための指標としても用いることができます。例えば，物流ネットワークでは媒介中心性の高いノードやリンクを補強すれば，最短距離での輸送が滞りにくくなるので効率的に設備投資を行なうことができるでしょう。また，クラスター係数が高くなるような場所に新しくリンクを張れば，システムを障害に強くすることもできるかもしれません。

このように，ネットワークはシステム全体の振る舞いに少なくとも何かしらの影響を与えているケースは多く，本節で紹介した内容はそうした対象のマクロなレベルの分析を行なう際には必須のツール／考え方になります。

最後に，複雑ネットワーク理論についてより詳しく学びたい方のために，いくつか参考文献を挙げておきます[16)]。

16) 増田直紀ら著『複雑ネットワーク－基礎から応用まで』（近代科学社），アルバート・ラズロ・バラバシ著『ネットワーク科学：ひと・もの・ことの関係性をデータから解き明かす新しいアプローチ』（共立出版）。

第7章まとめ

- 離散変数の時間変化をとらえるには，遷移確率に着目する方法が便利。
- 連続変数の時系列パターンの分析には，周期的なパターンに分解する指標が利用できる。
- 空間データでは，ボロノイ図やカーネル密度推定を用いて点の密度を定量化できる。
- グレイレベル共起行列を用いて，特定の位置関係の値のパターンを分析できる。
- 様々なネットワーク指標で，ネットワークを構成するシステムの理解や改善につなげることができる。

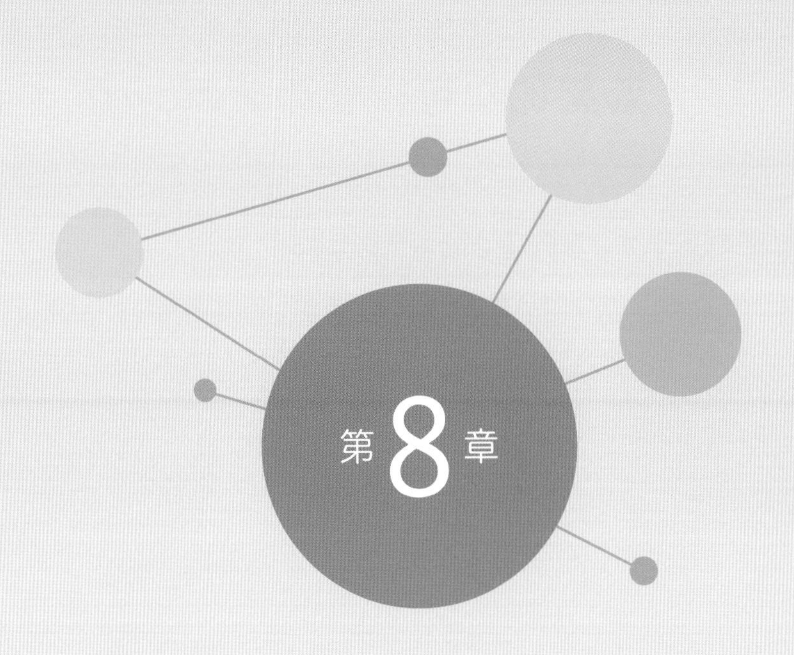

データ指標化・可視化のプロセス

本書の最終章となる本章では，効果的にデータ可視化を行なうための基本的な考え方やテクニックについて紹介していきます。データを可視化してその結果を利用するには，ただグラフにするだけではなく，データの振る舞いやそこまでの分析処理を踏まえた全体的な視点が必要とされます。特に，新しく指標を作って可視化したり，参考にできる前例がないデータの可視化においてはこうした考え方が役に立ちます。また，データを可視化した結果を解釈する際に，気を付けるべき点についても解説します。

8.1 効果的な可視化のテクニック

図の見やすさを向上させるテクニック

本節では，効果的に可視化の目的を達成するための細かい技術について紹介していきます。まず，「見やすい図を作る」ために押さえておきたいポイントから始めましょう。

図8.1.1上段の2枚のグラフを見比べてみて下さい。

図8.1.1　見づらい図と見やすい図

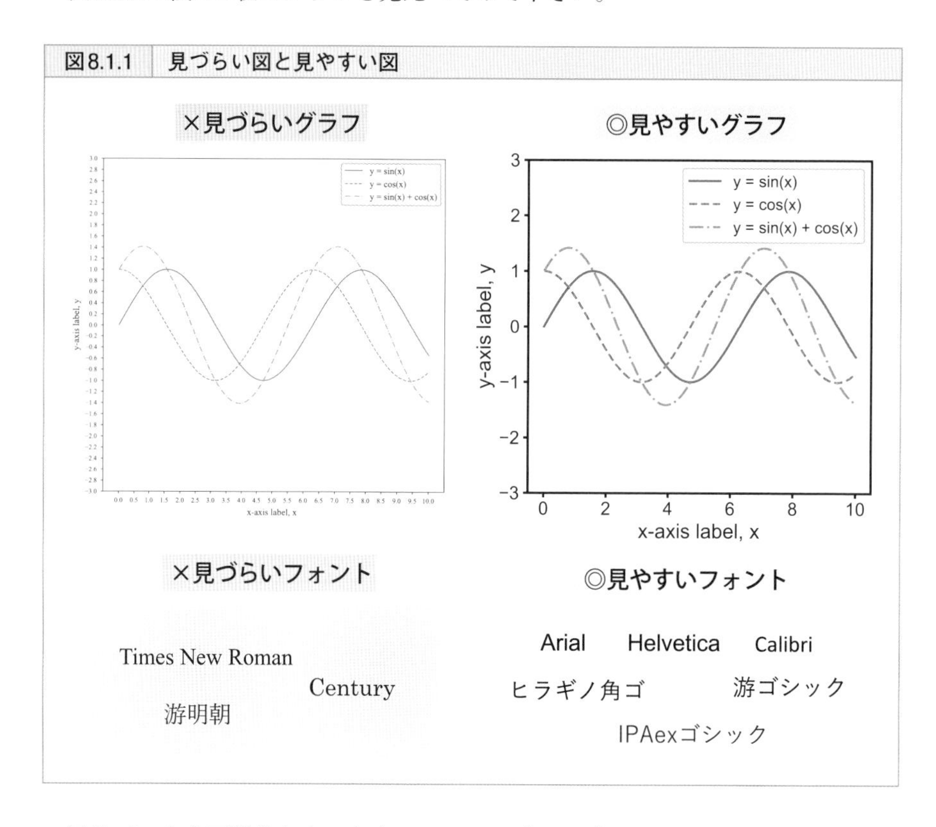

同じデータを可視化したこれらのグラフですが，左のグラフが見づらい理由を考えてみましょう。

まず目につくのは，「字が小さい」ということです。特に，日盛の数字が細かく振られていますが，これについては思い切って間引いてしまって構いません。「目盛を間引いてしまうと細かい数字が読み取れなくなってしまう」ことが気になった方もいらっしゃるかもしれませんが，細かい数字の値そのものが重要なのであれば，別途テーブルで示すなどすればOKです。グラフによる可視化を行なっている時点で，細かい値そのものよりも全体の振る舞いを理解しやすくすることが目的なので，ここではその目的を達成するために必要な粒度の情報を残すことを意識しましょう。

文字のサイズと合わせて気を付けたいのが，フォントの選択です。一般に，このような図には，線の太さが変わらないフォントを用いるのが良いです。アルファベットであればArialやHelveticaといったフォントを用い，Times New RomanやCenturyは避けます（図8.1.1下段）。前者のようなフォントをサンセリフ体，後者のようなフォントをセリフ体といいます。

「セリフ」とは文字の飾りのことで，これが「無い（＝フランス語でsans）」サンセリフ体のフォントを利用すると良いです。日本語のフォントではゴシック体のフォントを用い，明朝体のフォントは避けます。Pythonでは，**`japanize-matplotlib`**ライブラリをインポートすると環境に依らず，「IPAexゴシック」が自動で設定されるので便利です。セリフ体や明朝体のフォントの文字は，サイズが小さくなると非常に見づらくなりますが，サンセリフ体やゴシック体のフォントでは文字がある程度小さくなっても見やすさを維持することができます。

なお例外として，数式を図内に記入したい場合にTimes New Romanなどのフォントが用いられることもありますが，その際には特に大きめに表示したり，太字にするなどして視認性を高めると良いです。

加えて重要なのが，グラフ全体の線の太さです。線が細いと，点線や波線といったパターンや色による違いが見づらいです。フォントの大きさもそうですが，図の構成要素を「大きく・太く」する分にはデメリットはほとんどないので，デザインに自信のない方は「ちょっと大きすぎかな？」と思うくらいにするのが丁度良いと思います。特に，限られた誌面に情報量の多いグラフを描画しないといけない状況では，これらの要素は非常に重要になります。

差を視るための図の拡大・縮小

可視化したデータの「フォーカスしたい特徴」を上手く見せるために，描画領域を調整する方法を紹介しましょう。図8.1.2に全く同じデータを4通りの方法でプロットしたものを示します。ここでは，縦軸の範囲の取り方と，図の縦横比を変化させているだけですが，それぞれ大分印象が異なって見えるのではないでしょうか？

図8.1.2　グラフの縦横比と軸の範囲

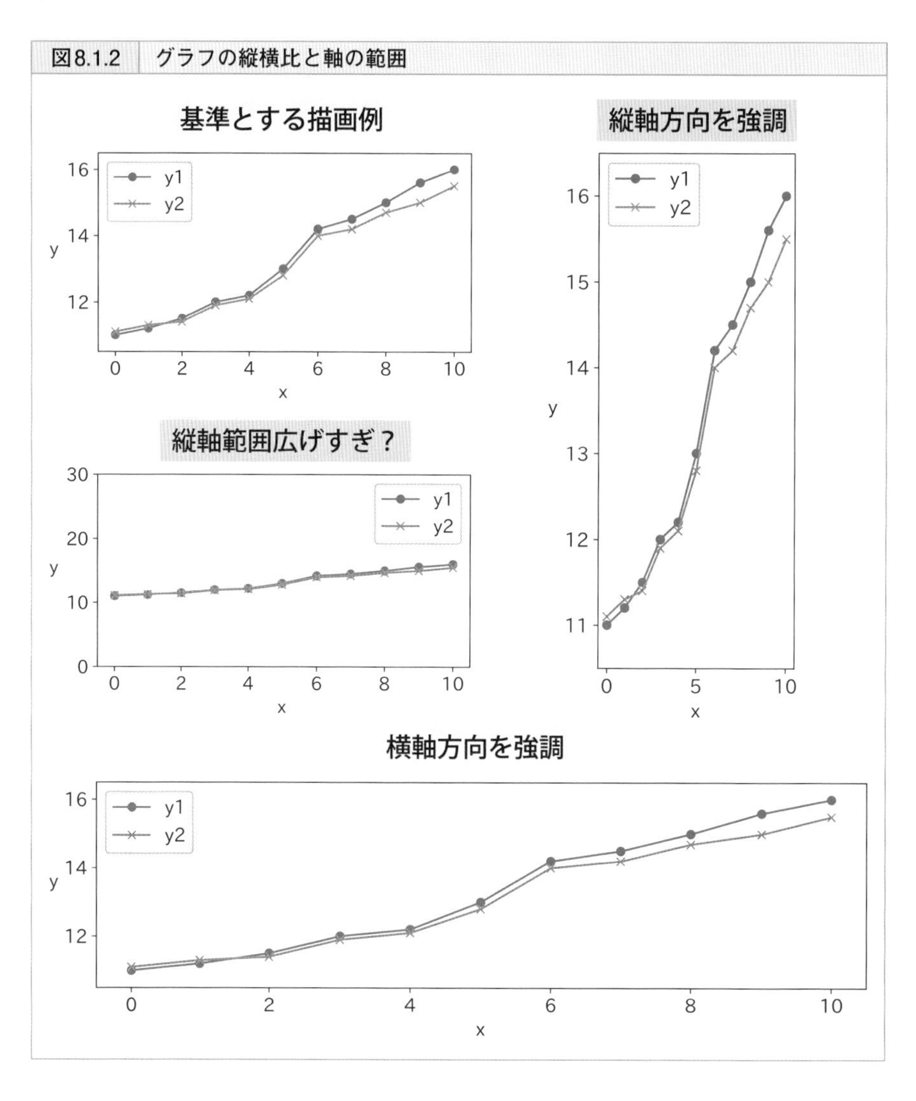

例えば図8.1.2上段左の図では，変数y_1とy_2がともに上昇傾向であること，y_1のほうが若干y_2よりも大きく伸びていることが見て取れます。一方で，その下のグラフでは二つの変数はほぼ一定で推移し，目立った差もないように見えます。

また，縦長の領域にプロットした図8.1.2.上段右では，グラフ右端での差が特に大きく強調されていますが，横長にプロットした図8.1.2.下段のグラフでは，x =2あたりから一貫してy_1のほうが大きいことが印象付けられます。

別の例も示してみましょう。図8.1.3では，WHO（世界保健機関）が公開しているCOVID19の新規感染者数の時系列推移データ[1]を二つの方法でプロットしています。一つはそのままプロットしたもの（図8.1.3上段），もう一つは新規感染者

図8.1.3 片対数グラフを利用する

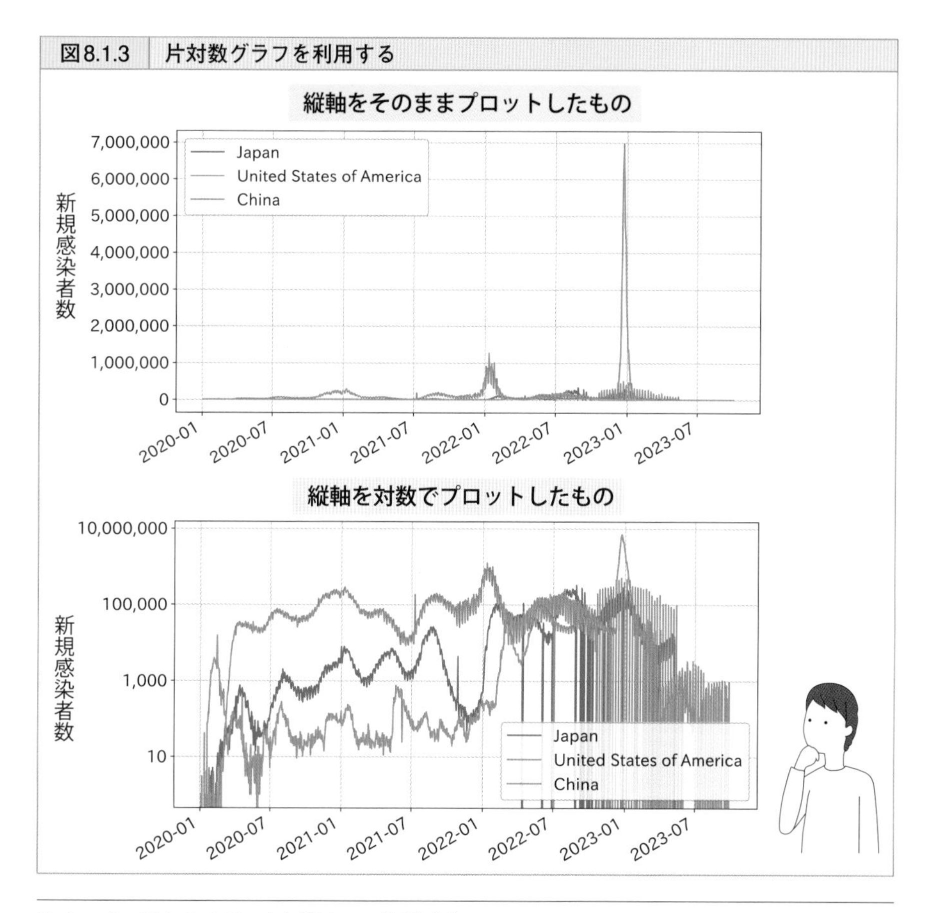

1） https://covid19.who.int/dataからダウンロードできます。

第8章 データ指標化・可視化のプロセス

数を表す縦軸を対数軸で示したものです。

「新規感染者数」という量は，感染が広がれば倍々に大きくなっていくような振る舞いを見せるため，そのままの値を通常の軸で表示してしまうと，値が大きいデータ点に引っ張られてスケールの小さい範囲での動きが上手くとらえられません。実際，図8.1.3上段では，日本と中国の新規感染者数が前半の期間でほぼゼロになっているように見えますが，実際には100人から1000人，10000人へと推移するような十分に意味のある動きがあります。そうした特徴を可視化したい場合には，図8.1.3下段のように対数軸を利用すると良いです。

ここまで読んで，「可視化の仕方で見え方が変わるのなら，何が正解なのか」ということが気になった読者の方もいらっしゃるかもしれません。それは，データ分析の文脈や可視化している変数がどういう量なのかによります。つまり，「可視化の目的が与えられて初めて，どこをどう見せるのが正しいのか」が決まります。この分析プロセス全体としての可視化の考え方については，本章の後半で説明したいと思いますが，ここでは「データの可視化では様々な見せ方が考えられ，適切な見せ方・不適切な見せ方は分析の目的や文脈によって決まる」ということだけ押さえておいて下さい。

情報を「探させない」可視化

ここからは，見た人がストレスなく理解できる可視化のテクニックについて紹介していきます。例えば，図8.1.4に，あるスーパーマーケットの1週間の各時間帯ごとの来客数[2)]を折れ線グラフで示しました。この店では水曜日にポイント2倍キャンペーンを実施しており，来客数が増えていることを確認したいとしましょう。

図8.1.4上段のほうの図を用いると，まず「水曜日がどういう線で描かれているのか」を右上の凡例を見て探し，その上で「グラフの中で緑の実線がどこか」を探さなければなりません。凡例が三つくらいまでに収まっていれば大きな問題にはなりませんが，それ以上の数になってくると，このような「探す作業」が読み手にとってストレスになってしまいます。

2) 架空データです。

一つの解決法として，凡例をそれぞれのプロットの近くに直接記入してしまう方法があります（図8.1.4下段）。特に，凡例が多すぎて色づかいが細かくなってしまったり，線のパターンが多くなってしまった場合には便利です。欠点としては，図内のどこに記入するかを考えて調整しなければならないこと，Pythonの**matplotlib**でこの作業を実施するのは面倒なので[3]，別の画像編集ソフトウェアを使うことになることが挙げられます。

図8.1.4　凡例を近くに置く

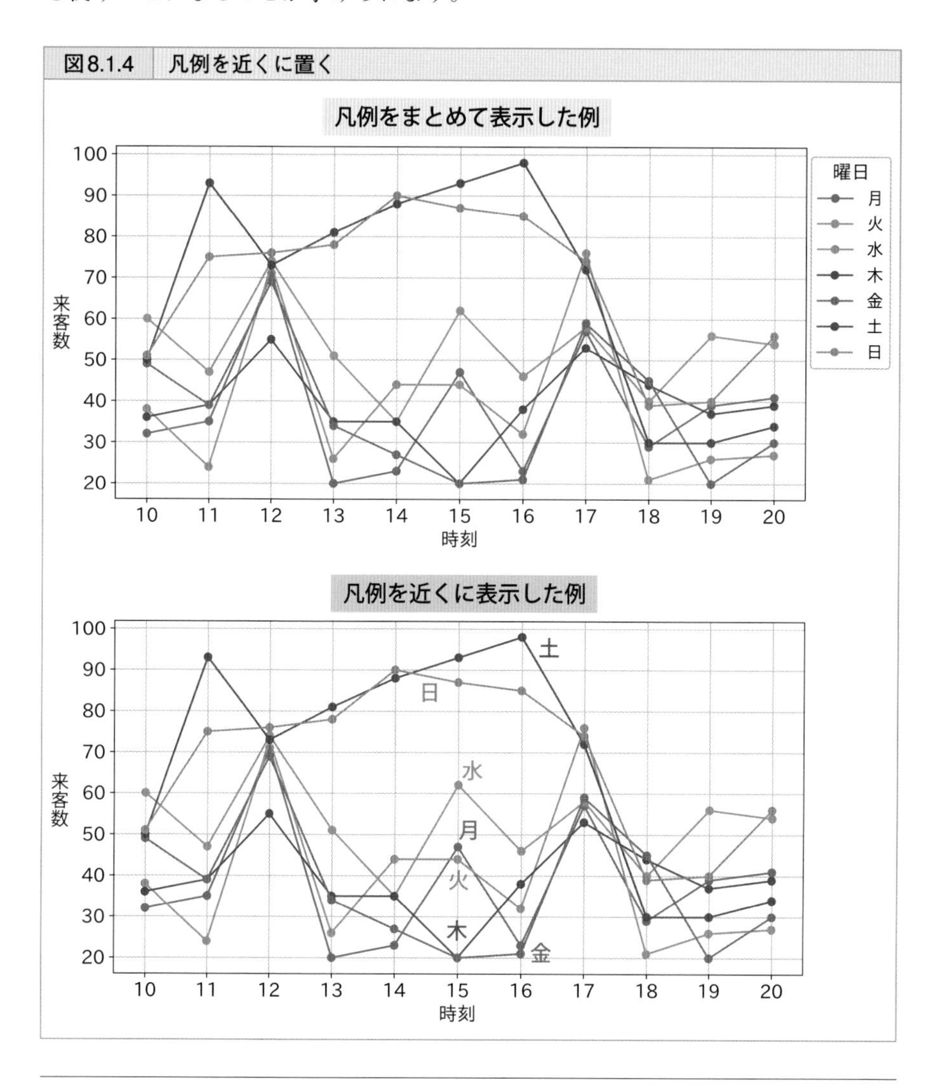

3）位置を座標で指定しなければならないので，何度も微調整する作業が必要となります。

また別の解決方法として，着目したいデータだけ目立つ色で描画し，それ以外を地味な同一色で描画するのも有力な方法です。今回の例のように，「水曜日の来客数だけに着目した可視化を行ないたい」という文脈であれば，このような方針もよく利用されます。図8.1.5では，水曜日の来客数が他の平日よりも大きくなっていることを確認できます。また，土日は別途考える必要があるので，参考値として波線で示してあります（これについては，そもそもプロットしないという方針もあり得ます）。

図8.1.5　色を抑えて強調

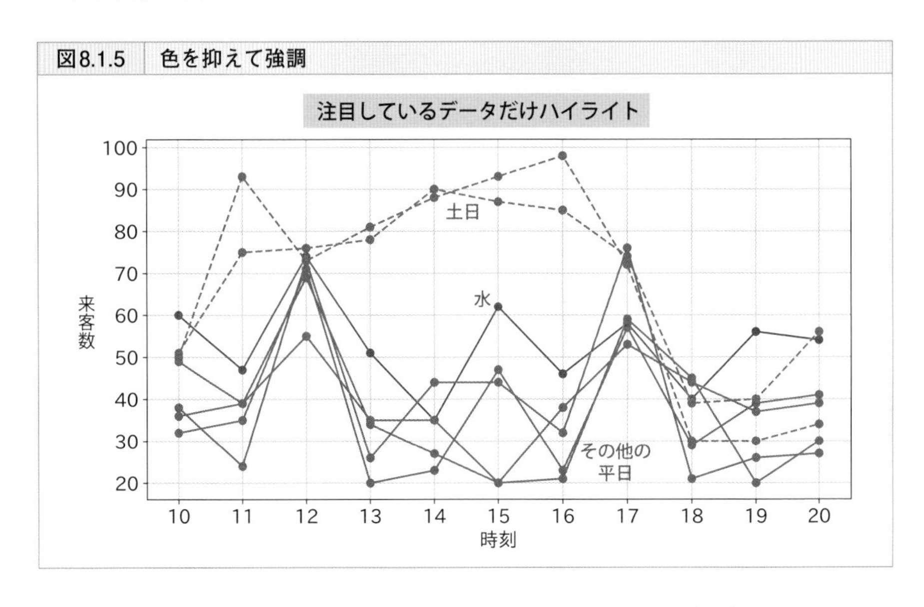

このようなメッセージをダイレクトに伝えたい場合，色の数を抑えて注目する部分だけハイライトするのが良いです。逆に，ここで必要以上にカラフルな作図をしてしまうと，どこに着目すればいいのか一目ではわからない図になってしまいます。

図を見た人の「読む」手間を減らす例を，もう一つ紹介しましょう。

図8.1.6上段に適当な棒グラフとヒートマップを示しました。これらの全体のパターンを読み取らせれば良い場合はこれで問題ありませんが，例えば「それぞれのグラフで最大値はどれくらいになっているか」を知りたい読者は，軸の目盛を参照しておおよそ値を見積もらなければなりません。特に，ヒートマップのほうでは色で値を表現しているので，正確な値を読み取るのが難しくなっています。

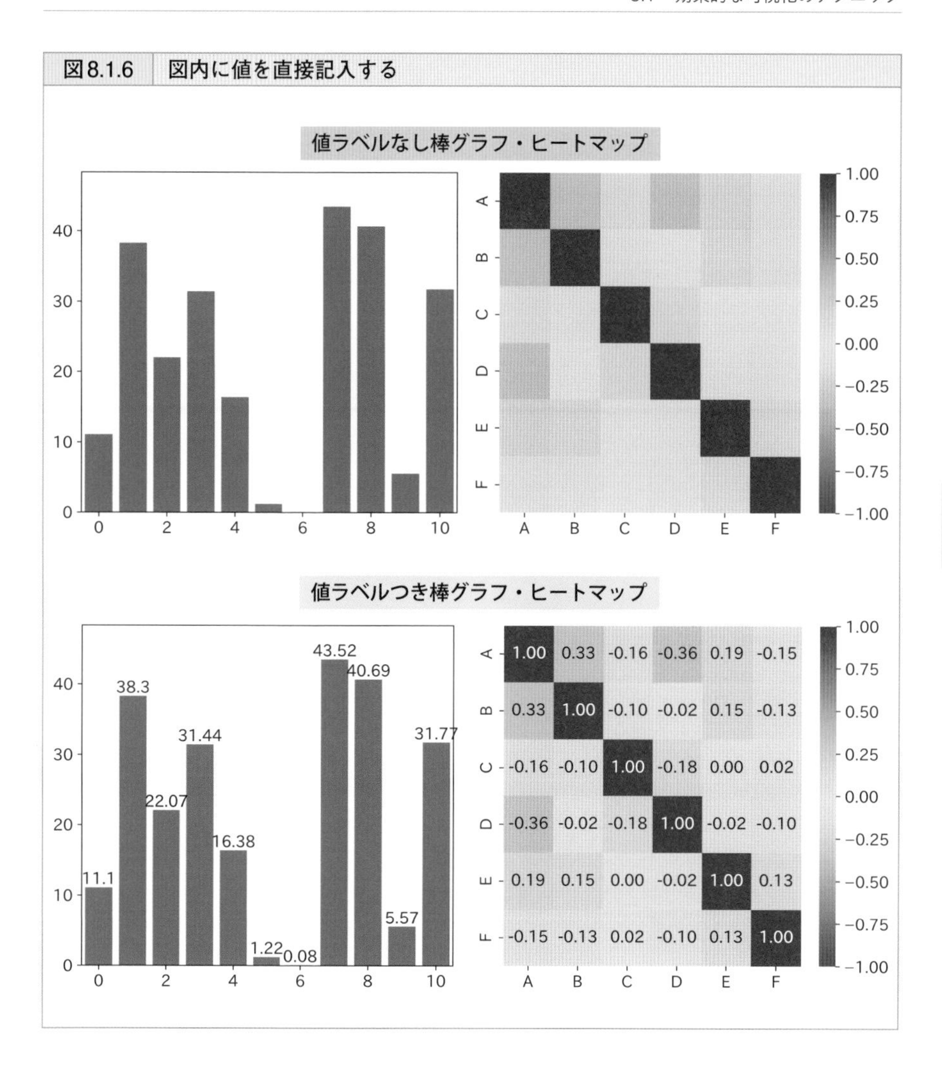

このような問題を解消するために，図8.1.6下段のように値をそのまま書き込んでしまう方法があります。若干図がごちゃごちゃするのと，記載しなければならない数字の数が多い場合に利用できないという欠点はありますが，一つの選択肢として覚えておくと良いでしょう。今回はすべてのデータ点の値を記載していますが，着目している一部の値だけ示すこともできます。

何の可視化なのかが伝わるようにする

ここまでは図を読みやすくする工夫について紹介してきましたが，ここからは，そもそも「その図が何をどうプロットしているのか」をわかりやすくすることについて説明します。

まず意外にやってしまいがちなのが，x軸やy軸のラベルを，図8.1.7左のように一見しただけでは意味不明なものにしてしまうことです。この図は，機械学習の練習によく用いられるアヤメのデータセット[4]から花弁の長さ（petal length）と幅（petal width）を抜き出して，散布図にしたものです。

例えば，レポートや論文でこれらの値を文字式でそれぞれL_p，W_pと定義して議論を進めているとしましょう。そのような場合には，図8.1.7左のように書いても意味を読みとることはできます。ただそれでは，本文やキャプションを読まなければ理解できない図ということになってしまいます。

図8.1.7　軸ラベルを説明的にする

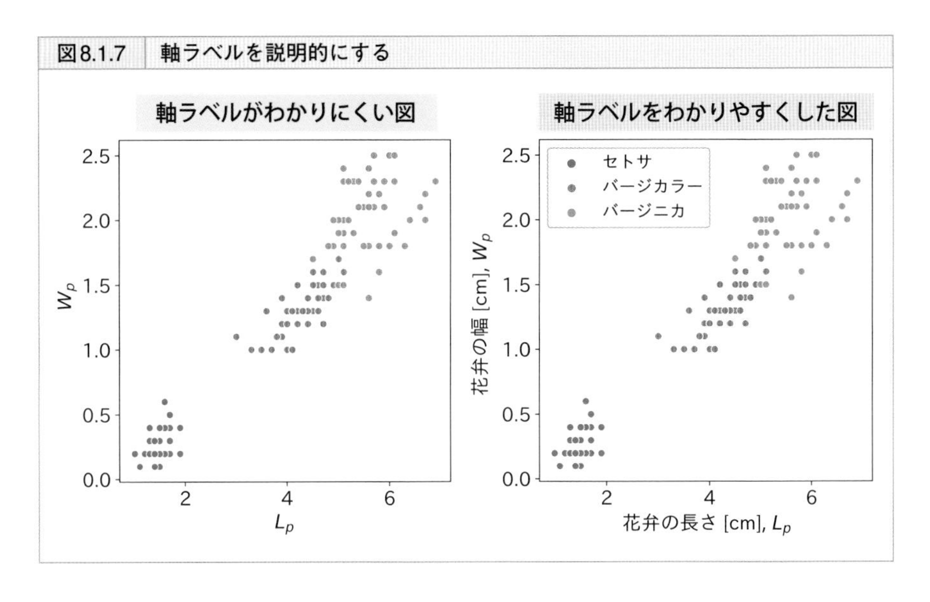

一方，図8.1.7右のように，「各軸のラベルが何を表すのか」を，いきなりその図を見た人でも理解できるように書いておくと，より効率的に可視化の内容を伝えることができます。論文や分析レポートでは論旨の要所となる結果を図として

4)　例えばPythonの`seaborn`ライブラリを用いて，`sns.load_dataset('iris')`として読み込むことができます。

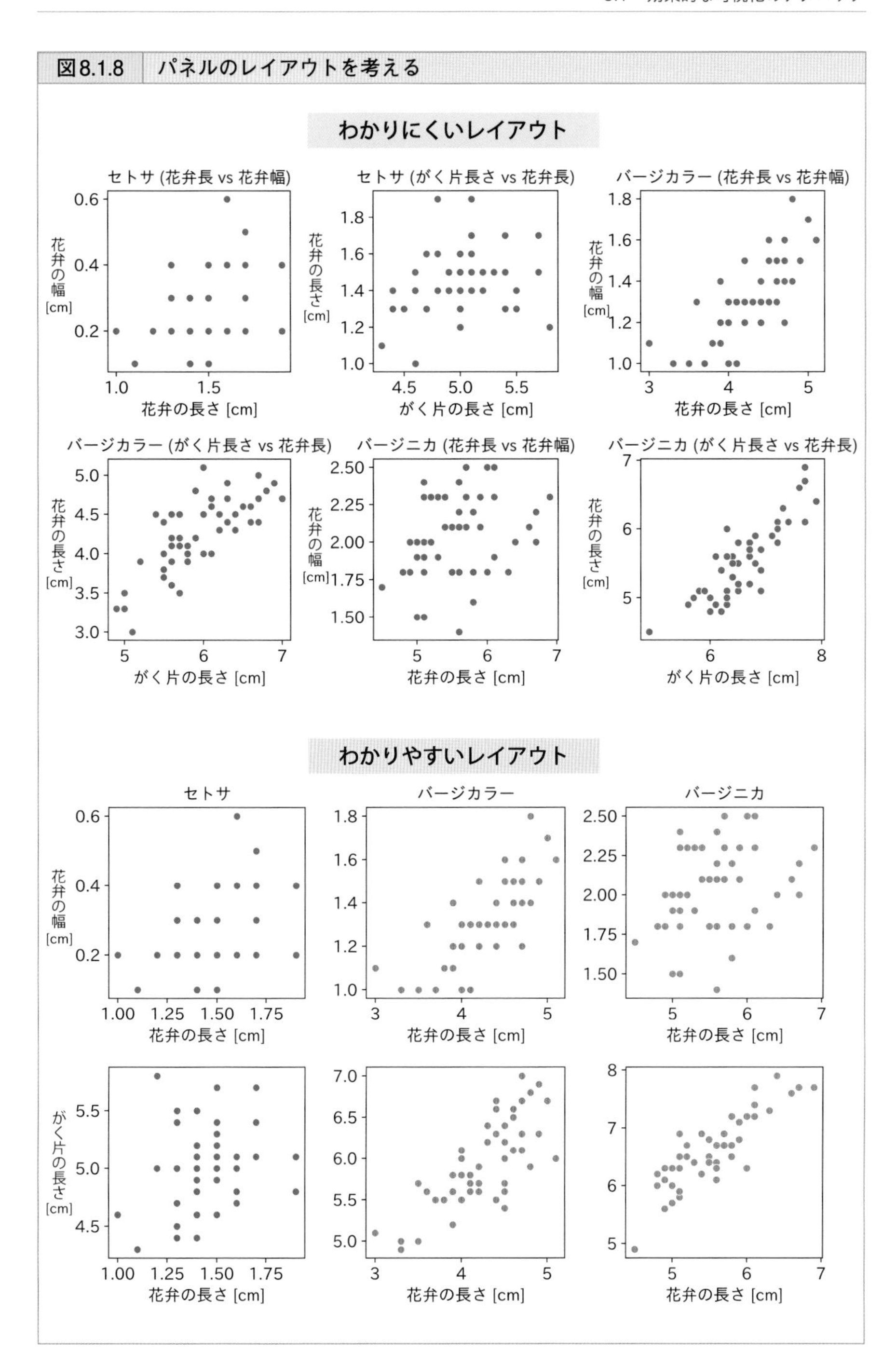
図8.1.8 パネルのレイアウトを考える
わかりにくいレイアウト
セトサ (花弁長 vs 花弁幅)
花弁の幅 [cm]
花弁の長さ [cm]
セトサ (がく片長さ vs 花弁長)
花弁の長さ [cm]
がく片の長さ [cm]
バージカラー (花弁長 vs 花弁幅)
花弁の幅 [cm]
花弁の長さ [cm]
バージカラー (がく片長さ vs 花弁長)
花弁の長さ [cm]
がく片の長さ [cm]
バージニカ (花弁長 vs 花弁幅)
花弁の幅 [cm]
花弁の長さ [cm]
バージニカ (がく片長さ vs 花弁長)
花弁の長さ [cm]
がく片の長さ [cm]
わかりやすいレイアウト
セトサ
バージカラー
バージニカ
花弁の幅 [cm]
がく片の長さ [cm]
花弁の長さ [cm]

示すことになりますから，このようにラベルが付いていると，図の流れを見るだけで分析の全体を把握することができます。どれくらい細かい情報を軸ラベルで説明するかは，図の利用シーンにもよりますが，掲載媒体のトーンの許す範囲で丁寧めに説明するようにすると良いです。

先ほどのデータには，花弁の長さ，幅だけでなく，がく片（花のがくを構成する要素の一つ一つ）の長さや幅の数値も含まれています。がく片の長さと花弁の長さ，および幅の関係性を，アヤメの種ごとに散布図にしたのが図8.1.8です。

上段のレイアウトは，各種ごとに，①横軸に花弁の長さ，縦軸に花弁の幅をとった散布図と，②横軸にがく片の長さ，縦軸に花弁の長さをとった散布図をプロットしており，それらを順番に横に並べたものです。この例ではわざと読みにくいレイアウトにしていますが，どういう情報が示されているのか読み解くのがかなり面倒になっています。

一方で，全く同じ情報をプロットした下段の図ではどうでしょうか？

まず，縦に同じ種のデータを，横に同じ種類の散布図を配置することで何がどこに示されているのかが明らかになっています。各段ごとに縦軸が共通なので，縦軸ラベルを省略することができ，図がごちゃごちゃするのを防ぐ効果もあります。また，2種類の散布図で共通の変数となっている「花弁の長さ」を両方の散布図で横軸に持ってくることにより，横軸はすべての図で花弁の長さに統一されています。これにより意識を縦軸に集中することができます。縦軸と同じように横軸ラベルも適宜省略することもできますが，これはラベルの長さや図のサイズとのバランス，個人の好みによって選べば良いと思います。

複数のパネルを図に示すときには，ただでさえ情報量が多くなりがちです。その中で伝えたい情報をダイレクトに伝えられるように，レイアウトには是非こだわってみて下さい。上記ではこの一例を示しましたが，基本的な方針としては，「省略できる情報や重複する情報をまとめる方向に組む」とわかりやすい図になります。

また，図の中で共通する要素には同じ色を付けて視認しやすくするというのも有力です。その際には，パネルの間や他の図との間で同じものを指す際に，一貫して同じ色を使うようにすると非常にわかりやすいです。

8.2 指標化から可視化の戦略を考える

可視化方針の決め方

さて，本節ではデータ可視化の戦略の立て方について考えてみましょう。

これは可視化に限らず，あらゆる側面についていえることなのですが[5]，データ分析の成功のために重要なのは「目的に合った手法」を正しく用いることに尽きます。

まず，「データの可視化で何がしたいのか，何がどう視えればその可視化が成功したといえるのか」をしっかり意識します。そのうえで，その目的のために行なうのが「探索志向型データ可視化」なのか「説明志向型データ可視化」なのかを考えましょう。まず，データの特徴を知りたいのならできるだけ特徴を見つけやすい「探索志向型のデータ可視化」を，特定のデータの特徴を直感的に伝えたいのであれば余計な情報をそぎ落とした「説明志向型データ可視化」を行なうことになります。

次に，「どういうロジックをとらえに行くのか」について整理します。図8.2.1に，変数の種類ごとにどのような可視化が可能であるか，またそれらによってどのようなデータの特徴を読み取ることができるかについて，簡単にまとめました。手元のデータからこれらの可視化を行なうことで直接目的が達成できる場合には，そのまま実施すればOKです。

一方で，より複雑な特徴を可視化したい場合もあります。

例えば，第7章で紹介した音声のデータ解析のように，周波数の特性などの指標に変換しなければとらえられない特徴を可視化する場合です。この場合，手元のデータからどのような指標化，および，それに伴うロジックの埋め込みができるかを考える必要があります。そして，指標化されたデータが最終的にどのような形式になるかに応じて，図8.2.1のどの可視化手法を用いるかが決まります。実

5)　前著『データ分析のための数理モデル入門』『分析者のためのデータ解釈学入門』を読んで下さった読者の方は，結局この点がひたすら強調されていることがおわかりになるかと思います。

図8.2.1　変数の種類ごとの可視化手法と利用目的

1変数

量的変数

分布の特徴

ヒストグラム
箱ひげ図
ストリッププロット
スウォームプロット
バイオリンプロット

カテゴリ変数

頻度

・量的変数（頻度指標）に変換
・ワードクラウド

2変数

二つとも量的変数

関係性のパターン

・散布図
・折れ線グラフ（推移パターン）

カテゴリ変数と量的変数

大小比較

棒グラフ
カテゴリごと分布可視化
ツリーマップ

多変数

量的変数

特徴的な変数ペア

ペアプロット
ヒートマップ

値の分布の特徴

ヒートマップ
パラレルプロット
１変数ごとに分布可視化

マクロなパターン

ヒートマップ
パラレルプロット
ネットワーク可視化

カテゴリ変数

→指標化により量的変数に

際のデータ分析の現場では，様々な選択肢を検討しながら，利用するデータや指標化，可視化手法の選択を繰り返して最終的な可視化が行われます。

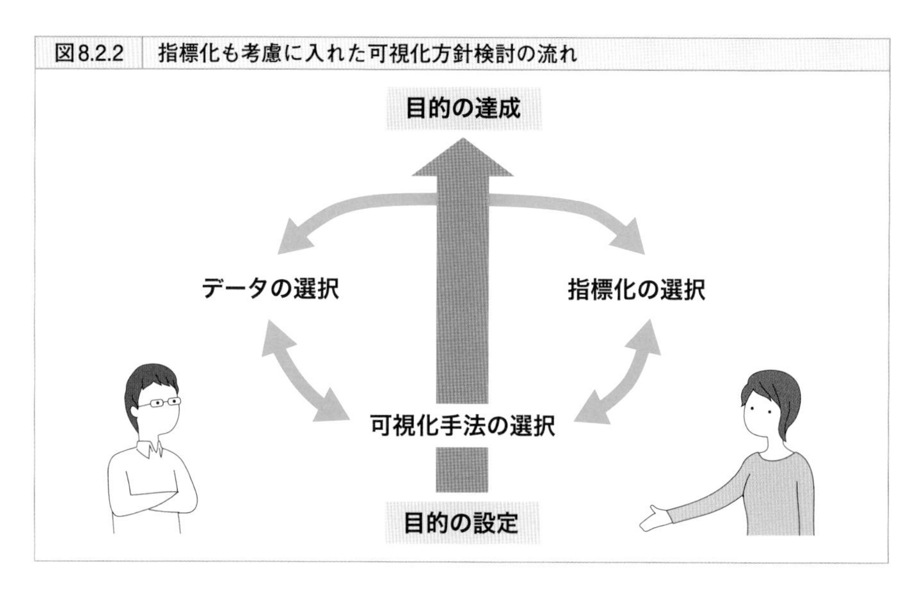

図8.2.2　指標化も考慮に入れた可視化方針検討の流れ

本書では，特に説明志向型データ可視化においては比較的シンプルな可視化手法を用いることを推奨しています。巷には，より複雑なレイアウトや，工夫を凝らした可視化手法が他にも沢山あります。こうした手法は見た目が美しかったり，「なんだかすごそうな印象」を与えますが[6]，必ずしもデータの特徴を端的に伝えるのに適した方法ではありません。図が複雑になってしまう（読者がパッと見て理解できない）場合には，そもそもの基本方針が間違っていることがほとんどです。不要な要素を排除したり適切な指標化を行なうことで，よりシンプルでダイレクトにデータの特徴が読み取れる図を作ることを心がけましょう。

説明志向型データ可視化で最終的な図を作成する際には，「メッセージに対して必要十分な情報が提示されているか」に特に意識を向けて手法を選択するようにして下さい。探索志向型データ可視化においては，自分が特徴を発見できればそれで良いので，自分の見やすいと思う可視化手法を用いて構いません。

「良い指標」とは

可視化の戦略を考えるうえで「適切な指標化を行なうこと」が非常に重要なステップの一つであることを説明してきましたが，ここでのポイントについて解説していきましょう。

指標が指標として機能するためには，まず最低限三つの性質を満たさねばなりません（図8.2.3）。例えば，IQ（知能指数）は様々なテストの結果を元に，一つの数字としてその人の知能の高さを表現する指標ですが[7]，これを例にしてそれぞれ説明していきましょう。

まずは，指標の「解釈性」についてです。

指標の値が大きく（小さく）なったときに，「なぜ値が大きく（小さく）なったのか」が想像・追跡できることが当然のことながら重要です。指標化のプロセスが複雑になることで出来上がった指標の振る舞いが理解しにくくなると，可視化されたものを見たときに何が起きているのかを想像することができなくなってしまうからです。IQでは検査のスコアが高ければ高いほど知能が高く，その結果としてIQも高く算出されるので，解釈性が確保されています。

次に重要なのが，指標の単調性です。

6) 本書の対象とはしていませんが，世の中にはこのようなグラフを示すことが目的になるシーンもあるでしょう。
7) 細かくは，動作性知能や言語性知能に分かれていたり，計測方式も様々なものが提案されていますが，ここでは単に一つの数字で，その人の知能を測るスコアが与えられると考えてください。

これも当たり前のことですが，例えば，可視化される指標が「IQ140より知能が高い場合には，一律でIQ50と表すこととする」のような振る舞いをしていたら，データの解釈がしづらいですよね。これを避けるために，「指標は大きければ大きいほど，常にそれが表す特徴の程度が大きい（または小さい）」という性質を兼ね備えている必要があります。これを，単調性といいます。

最後に挙げるのが，指標の一貫性です。

例えば，日本で計測されたIQとアメリカで計測されたIQが異なる基準で算出されていたら，そのまま比較ができません。自分で指標化を行なう際には，条件ごとに適切な処理を実施することでフェアな比較ができるようにする必要があります。これを指標の一貫性といいます。一般的によく用いられるウェクスラー式のIQでは，スコアが年齢で補正されています。つまり，20代の平均的な知能の人と70代の平均的な知能の人は，たとえ検査の得点が異なっていても，同じようにIQが100と算出されるようになっています。

図8.2.3　指標化の必須要件

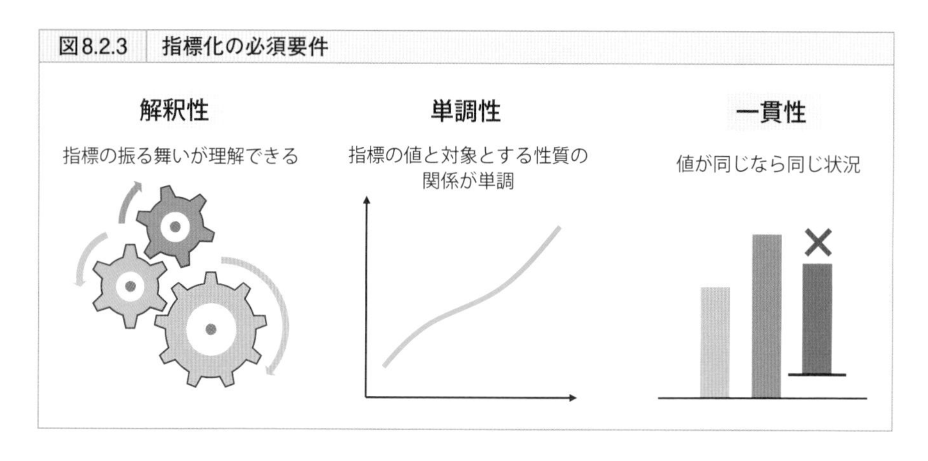

これらの要素は満たされて当然と思われるかもしれませんが，自分で指標を作成する際には意外に落とし穴にはまることもあります。

例えば，多変数のデータを主成分分析や，その他の次元削減の手法を利用してスコア化する際には，その解釈が恣意的になったり，各変数の変化が指標の変化に与える影響がブラックボックスになりがちです。

また，単調性や一貫性についても注意していないと，うっかり問題のある指標を作ってしまいがちです。例えば，IQの算出で年齢の補正を行わなければ（そのような方式のIQの計算方法もあります)，年齢の異なる人同士で値を比較することはできません。あるいは，一人当たりGDPを計算して国際比較する際に，単にGDPを人口で割り算して計算して「一人当たりの仕事の生産性」を指標化すると，高齢化が進んでいる国では生産年齢人口（15～64歳の人口）の割合が小さいので，その他の国とフェアな比較ができない，というのもこれに当たります。

以上の三つの条件は，指標が指標として使えるための最低限の条件でした。指標は単にそのまま可視化されるだけであれば良いのですが，さらに後段の分析で統計解析にかけたりする場合（例えば，個体ごとに指標を計算し，それをグループ毎に比較したり，複数の指標の間で相関を見たりする場合）には，さらに統計的にも扱いやすい性質を持っているほうが望ましいです。第5章で見た，外れ値に対する頑健性や，第6章で相関係数の分布を正規分布に近づけるフィッシャーのz変換に関する話題も，これに当たります。

特に気を付けたいのが，何かを何かで割り算して指標を作る場合です。このような指標では，分母に小さい値が来る可能性があると，そこで一気に値が不安定になるため扱いが面倒になります。可能であれば，そのような変数は分母ではなく，分子に来るように調整するのが良いです。また，どうしても（外れ値でない）極端に大きな値が生じるようなケースでは，全体を対数変換して分析用のスコアとする方針も有力です。

指標の運用の落とし穴

また，定義としては問題のない指標化ができたとしても，その運用時には様々な落とし穴に気を付けねばなりません。指標化を行なうということは「情報を圧縮する」ということなので，そこからいくつかの弊害が生じます。

まず技術的な問題として，指標にしたときに失われる情報にアクセスしにくくなるということがあります。外れ値や異常値が含まれたデータを指標化すると，異常とは言えない程度に全体の中で大きめ（小さめ）の値になってしまうことがあります（図8.2.4)。

例えばIQの算出プロセスの中で，検査の成績を書き間違えて，あるセクションの得点が満点になってしまったとしましょう。それでも，総得点からIQの指標を計算することはできますから，指標化されたものだけを見て分析を進めてしまうと，ただの異常値が「やけにIQの高い人もいた」というデータの特徴に置き換わってしまいます。しかも，一度指標にしてしまうと，そこから元の生データに触れる機会が減るので，エラーを発見することも難しくなります。このような問題を発生させにくくするためには，指標化する前に生のデータをすべて可視化し，異常な値・特殊な傾向が無いかを確認したうえで指標に変換するのが良いでしょう。指標化を行なう瞬間が，外れ値を見つける「最後のチャンス」です。

図8.2.4　外れ値・異常値を指標化してしまうと…

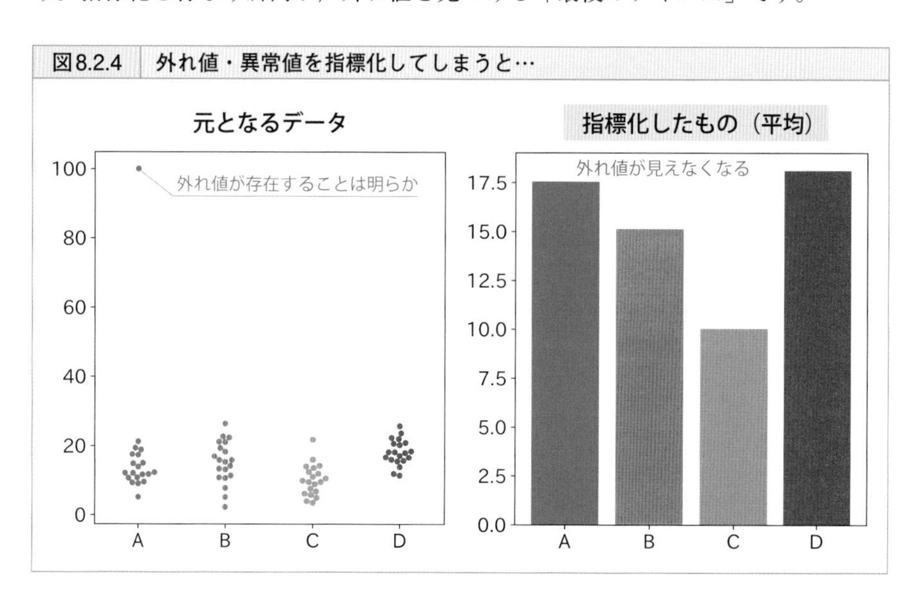

また，結果の解釈においても注意が必要です。一度，ある指標を利用しだすと，その指標に思考が引きずられて柔軟な見方が失われることがよくあります。

例えば，明らかに人間の知能と関係のありそうな何らかのファクターと，IQとの関係性が見られなかったとしましょう。「IQはその人の知能を表しているはずなのにおかしい」と単純化した思考にはまってしまうと，それ以上の分析を行なうことができなくなりますが，実際にはIQは人間の知能の一側面を測ったものにすぎませんし，年齢で調整がなされていれば，加齢によって失われる能力を記述するのには向いていません。

実際には，このような「指標が何を測っているのか」に基づいて，新たな仮説やデータの測定手法を検討することが必要とされます。先ほどの指標の解釈性は，そのような意味でも重要になるわけです。

指標化の恣意性に対処する

指標を作るときに，どうしても分析者の恣意性を排除できないことがあります。クラスタリングでクラスターの数を決めるとか，外れ値の基準を決めるとか，主成分分析で主成分をどこまで取るかとか，移動平均の幅をどれくらいの長さにするなど，挙げればきりがありません。もちろん，分析の方法に恣意性が含まれる際には，分析結果が恣意的になっていないかを分析者自身で気を付けなければなりませんし，対外的にも説明できなければなりません。

この対処方法について，いくつか紹介しましょう。

まず，対外的な説明として一番わかりやすいのが，既存の分析事例と同じパラメータや手順をそのまま踏襲することです。今自分が分析しているデータが既存の事例と独立に取得されていることが前提ですが，既存の事例で決められた方法を利用している限り，自分に都合よく手元のデータに合わせて恣意的な操作をすることはできませんから，これである程度分析手順に説得力を持たせることができます。

既存の分析事例が無い場合，なぜそのパラメータや手順を選んだのかを説明する必要があります。当然ですが，説明できないような場当たり的な方法を用いない（＝選択肢がある場合には，どの方法を用いるのが妥当かしっかり検討する）のが前提となります。データの予備的な解析を行なう際にこのあたりの選択を適当に進めてしまい，後の本解析の時点でその時決めたものが残っていた，ということも実践的にはよく発生するので注意が必要です。

とはいえ，しっかり検討しても論理的に選択肢を絞り切れない場合もあります。そのような場合には，メインの分析ラインとしてはある方法で最後まで解析を行ない，補足として別の可能なパラメータ・手順でも一連の解析を実施した結果を報告するという方法があります。結果が変わらない場合は，そのように報告すれば良いですし，もし結果が変わった場合にはそれが本質的に重要かどうか検討します。

もしも方法によって結論が変わってしまうのであれば，報告そのものが妥当なものではないかもしれません。あるいは，「その方法を用いると，分析手法の非本質的な振る舞いのせいで結果がぼけてしまう」ということもあるでしょう。その場合は，それを説明すればOKです。

これを行なうと，分析の量は倍増するのですが，責任のある分析結果を出すためには致し方のないことです。学術論文の審査などでは，データの処理方法に関する指摘に対応するため，解析を全部やり直した結果を追加することはよくありますが，それを前提として分析コードを整理しておけば大した手間にはなりません[8]。コードの整理の方法や運用に関するポイントについては，付録の章で簡単に紹介したいと思います。また，この理由から恣意性が入ってしまう手順は，できるだけ分析の後段においておくのが理想です（とはいえ，これは簡単にはコントロールできないことが多いのですが）。

8) データを取るための実験を全部やり直すことに比べたら遥かに楽です。

8.3 可視化されたデータの解釈学

仮説を立てることの重要性

本章の最後に，可視化されたデータの解釈や，そこから分析をどう進めていけば良いのかについて，いくつか考え方を紹介したいと思います。

特に，探索志向型データ可視化でよく起こりがちなのが「一通り手元のデータをそのまま可視化してみたが，その後何をしたらいいかわからない」というケースです。残念ながら，データ分析の現場では多くの場合，そのままデータをプロットしても何も見えないことが多く，次の分析指針のヒントとなる特徴が見つからないこともしばしばです。ここで手が止まってしまう場合，その原因は明白で「仮説が無いこと」です。

図8.3.1　可視化における仮説の重要性

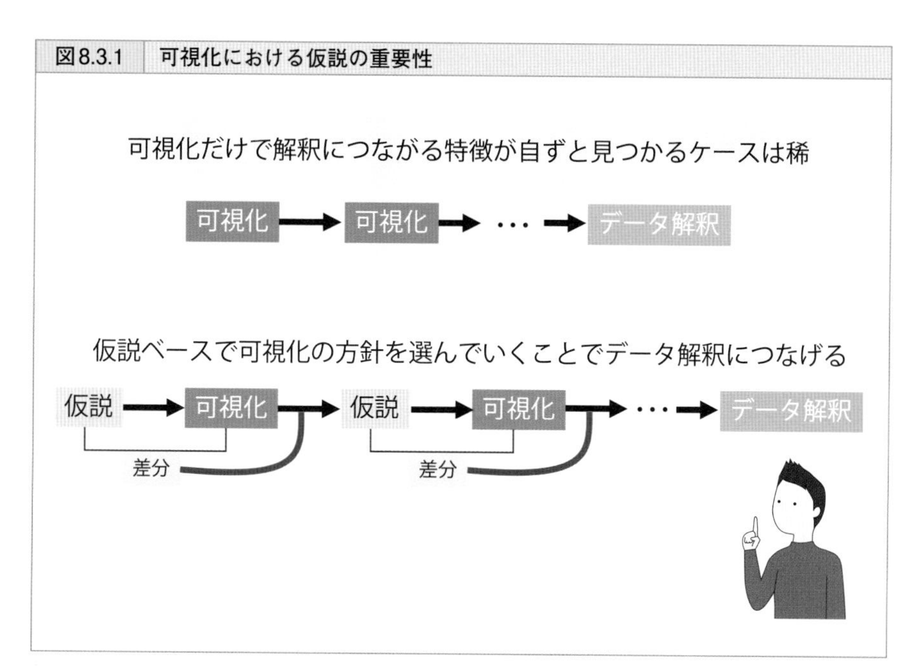

データを分析しているからには，どういうことがわかれば「分析として成功か」という文脈・目的があるはずです。前節で述べた通り，目的に応じた指標化，可

視化を行なっていれば，可視化の結果期待したものが見えているかどうかがわかります。見えていない場合，考えられる理由についてさらに仮説を立てます。最初の仮説が間違っていたということも当然あり得ますが，考慮していない要因によって結果がぼけているだけかもしれません。

例えば，ある商品のプロモーションを行なった際に，売り上げがどれくらい上がったかを分析する，という文脈を考えてみましょう。今回の施策では，プロモーションを打ったにもかかわらず，前週比でその商品の販売数が特に伸びていなかったとします。これだけで，プロモーションに効果が無かったと結論付けるのは，まだ早いかもしれません。

このようなことが起こる原因としては，様々な要素が考えられるでしょう。「前週にセールが行なわれていて，通常よりも販売数が高い状態だった」とか，「自社のプロモーションと同時期に，他社の競合商品にも強力なプロモーションが行なわれていた」とか，「全国的に天候が悪く，店舗への来客数が著しく減っていた」などです。

以上のような仮説を検討し，もっともらしいものについて追加でデータの分析や可視化を行なって，一つずつ理解を深めていきます。このように，常に仮説を立てることで，次の分析指針を得ることができます。

それでは，効果的に仮説を立てられるようになるためには，どうすればいいでしょうか？

まずは月並みですが，対象に関するドメイン知識を幅広く身につけることです。社内のデータ分析プロジェクトであれば，現場で起きていることを細かいレベルまでしっかり把握すること，研究プロジェクトであれば，関係しそうなメカニズムに関する知識を幅広く頭に入れることです。また，一見すると異なるドメインのことでも深く知っておくと，考え方のレベルでは他のドメインでも応用できることがよくあります。

やや余談ですが，筆者が様々な研究者と共同研究を行なってきた中でよく感じるのは，一流の研究者は仮説を立てる能力がずば抜けているということです。並の研究者では，見えているところから一手先を読むくらい（これだけでも正確にやるのはなかなか難しいのですが）のところ，一流の研究者たちは何手も先まで間を埋めて「もしかすると，こういうことが起きているのではないか」という仮説を立てることができ，それを検証するための実験やデータ分析を行なっています。もちろん，未知の謎に挑んでいるわけなので，その仮説の大半は正しくないのですが，仮説を確実に絞っていくことで研究を前に進めているのです。

統計学的有意性と効果

可視化した結果，何らかの特徴が視えたとして，それが「たまたまの結果でないか」を見極めることは重要なステップです。例えば，図8.3.2に「二つのサンプルから平均を計算したもの（標本平均）を比較する例」を示します。

左の図では，グループ1のほうがグループ2よりも数値として約1ほど大きい標本平均が得られていますが，算出のために用いられたデータ点が大きくばらついており，あまり信頼のある結果には見えません[9]。実際，この二つのサンプルは全く同一の分布から人工的に生成したものなので，この差はサンプリング時のラン

図8.3.2　ばらつき度合いと特徴の強さ

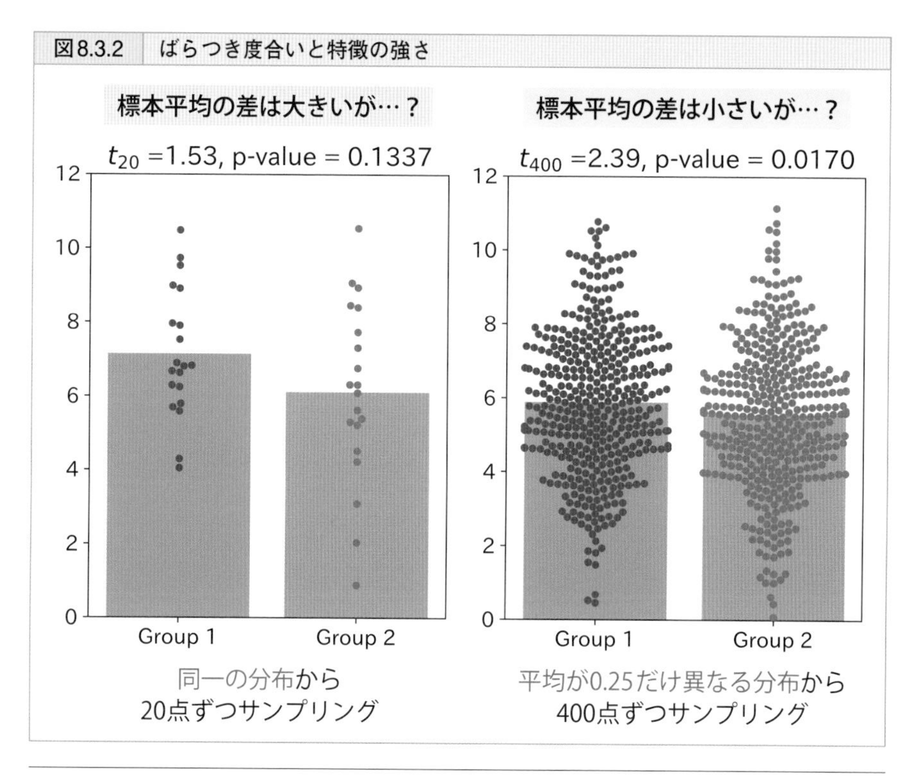

9）第5章でも，このような指標が一定程度ばらつくことを説明しました。

ダム性から「たまたま生じたもの」です。しかし，標本平均を指標としてそのまま可視化してしまうと，ここで見えている差がたまたま生じた特徴なのか，本当に差があるといえる程度に大きな特徴なのかわからなくなってしまいます。

対策として，いくつかの方法が考えられます。

まず，複数のデータ点をまとめた指標化を行なう際には元のデータのばらつきを確認し，指標の信頼性が低くなっていないことを確かめます。また，今回の例であれば，図8.3.2のように元のデータと一緒に可視化を行なうことで，データに存在するばらつきの度合いの情報が隠れてしまうことを防ぐのも有効です。加えて，一般的によく用いられるのが，本書でも何回か登場している統計学的仮説検定です。これを用いると，問題設定に応じて，見えている特徴が「どれだけたまたまでないか」を定量的に評価することができます。詳しくは，姉妹書『分析者のためのデータ解釈学入門』や『データ分析に必須の知識・考え方 統計学入門』などをご参照いただければと思いますが，初学者の方はここでは，データのばらつきによって本来は存在しない特徴が，たまたま見えてしまうことがあるということだけ押さえておいていただければ問題ありません。

図8.3.2右にも同じようなグラフを示していますが，今回はサンプルサイズを大きくしてあります。標本平均を計算すると，わずかな差があるようです。今度は差の大きさが非常に小さいですが，サンプルサイズが十分に大きいので，得られた標本平均の値およびその比較結果はそれなりに信頼して良さそうです（サンプルサイズを大きくすれば大きくするほど，標本平均は真の値に近づきます）。

実際に，この差について分析する統計学的仮説検定を行なっても「同じ分布から生成されたものとは考えにくい」という結論が得られます。ただし，「なんらかの差がある」からといって，その差に「意味があるか」は別問題です。今回の例では，元のデータのばらつきに対して非常に小さい差があるという結論が得られましたが，それを大きいと見るか小さいと見るかは文脈によって変化します。

分析プロセス全体として可視化をとらえる

新聞やウェブの記事などで，データを示すグラフとともに何かが論じられているのをよく目にします。それらの多くが，可視化の結果について，1枚のグラフとせいぜい簡単な脚注程度の説明しか掲載していませんが，これだけだと正しいデータ解釈のために必要な多くの情報が欠落している状態になっています[10]。

ここまでに述べてきた通り，データを可視化して人に伝えるまでのプロセスには，データの取得方法や範囲，行なった処理や指標化の手続きなどに起因する様々な恣意性や限界が含まれています。データの解釈を行なう際には，それらすべてを踏まえたうえで，妥当な解釈を行なう必要がありますから，最終的に可視化されたものだけが成果物なのではなく，そこに至るプロセス全体が成果物となります（図8.3.3）。

分析のプロセスの中で一つでも妥当でない操作が含まれてしまうと，分析全体の説得力が失われます。妥当性については，基本的にどのプロセスでも気を抜かずに妥当と考えられる選択肢を取り続ける（場合によっては，複数パターンを試すことも含め）ことが重要なのはいうまでもないことですが，手法やデータの限界についてはどうしようもありません。そのような場合（追加でデータを取るなどの解決策がない場合），そうした限界も踏まえたうえで，データ解釈や発見した特徴の提示を行ないます。

図8.3.3　すべてのプロセスを加味したデータ解釈

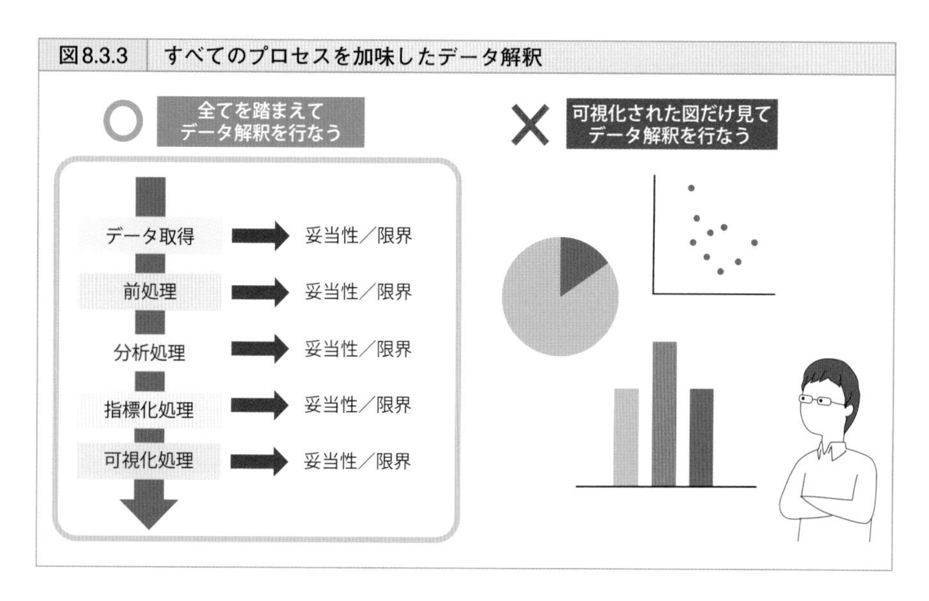

10）もちろん，妥当な責任あるデータ分析を行なったうえで，一般読者向けにあえて細かい内容を掲載しないというスタンスであれば理解できますが，実際には無責任なデータ解釈が行われていることもしばしばです。

本書では，データが得られた後の可視化手法に焦点を当ててきました。データを得るプロセスも非常に重要です。当然ですが，データ可視化は手元にあるデータを視覚化するものなので，そもそも元のデータが歪んでいたら，現実を反映しない結果が得られてしまいます。実際問題として，現実をバイアスなく反映したデータを取得するのはしばしば非常に難しいです[11]。あくまで可視化は，見方を変えてデータを表示しているだけにすぎず，「正しく可視化の手続きを行なったこと」は必ずしも「対象の本質を表現していること」につながらない点に注意して下さい[12]。

データ可視化は，分析プロセスのすべての段階で重要になる技術であることを本書の「まえがき」で述べました。逆にいうと，分析プロセスのすべての段階で，それぞれ考えなければならないことを反映した可視化手法や指標化が求められることになります。方針に悩んだ際には，分析全体を意識したうえで，一歩引いた目線でやるべきことを見直してみると良いかもしれません。

11）詳しいことについては，前著『分析者のためのデータ解釈学入門』をご参照いただければと思います。

12）データの取得から可視化までのプロセスは妥当でも，人間側のバイアスが結論を歪めることもよくあります。この点については，山田典一著『データ分析に必須の知識・考え方 認知バイアス入門』（ソシム）に詳しい解説があります。

第8章まとめ

- 線の太さやフォント，レイアウトにこだわり，ストレスなくデータの特徴が伝わる工夫を行なう。
- 可視化の方針は，最終目的に応じて指標化も含め，様々な方針を試行錯誤的に検討する。
- 指標化によって落とされる情報に注意する。
- 可視化の方針を定めるためには，仮説を立て続けることが重要。
- 可視化された結果だけからデータ解釈を行なうわけでなく，プロセス全体で評価する。

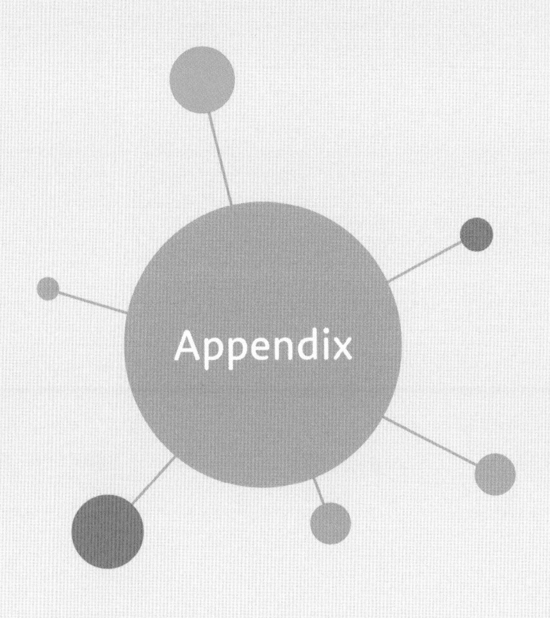

Python
データ可視化コーディング入門

A.1 Python データ可視化の基本知識

おすすめの環境構築

本節では，初学者向けにPythonによるデータ可視化の基本について解説します。ただし，Pythonプログラミングの基礎については他の参考書に譲り[1)]，可視化の実施に関して知っておいたほうが良いことを補足的に紹介していきたいと思います。

最初に，環境構築について少し述べていきます。既にPythonを用いたデータ分析や可視化の経験のある方，Pythonによるコーディングがどのようなものなのかざっくり知れればOKという方は読み飛ばしていただいて構いません。

Pythonでデータの可視化を行なう際に，まずは自分のPCでPythonを使えるようにする必要がありますが，この手順についてはPython Japanのウェブサイトに非常に優れた資料があるので，こちらを参照しながら実施することをおすすめします。

https://www.python.jp/index.html

また，本書のサポートページにも最新のリンクや情報を整備しておきますので，こちらも活用して下さい。

https://github.com/tkEzaki/data_visualization

Python自体はコードを「実行する仕組み」なので，コードを書くためには別途コードエディターと呼ばれるソフトウェアが必要になります。コードはメモ帳でも書くことはできますが，開発を効率良く進めるための一連の機能を備えたソフトウェア（開発環境といいます）を利用するのが便利です。開発環境としては，

1）Pythonプログラミングを一から学びたい方には，酒井潤著『シリコンバレー一流プログラマーが教える Python プロフェッショナル大全』（KADOKAWA），国本大悟ら著『スッキリわかるPython入門』（インプレス）がおすすめです。

Microsoftの開発するVisual Studio Codeという定番のソフトウェアがあり，これを利用しておけば間違いありません。様々なプラグインによる拡張機能が提供されており，効率良くプログラミングを進めることができます[2)]。

上記で説明されているやり方の他にも，Anacondaと呼ばれるソフトウェアプラットフォームを利用してPythonをインストールすることもできます。

Anacondaでは，データサイエンスや機械学習に必要なライブラリがまとめてインストールされるので，学習目的で手軽にPythonを利用したい場合には便利です。ただし，特殊なライブラリを利用したい際に，Anacondaではサポートされていない（すなわち簡単に利用できない）ケースも多々あるので注意が必要です。また，開発環境としてブラウザ上でコードの実行ができるJupyter Notebookや，オンラインでGoogle Colaboratoryといった選択肢も初学者向けによく紹介されます。これらは手軽にちょっと試したいという方にも，導入の敷居の低い方法になります。

図A.1.1 Python開発環境構築

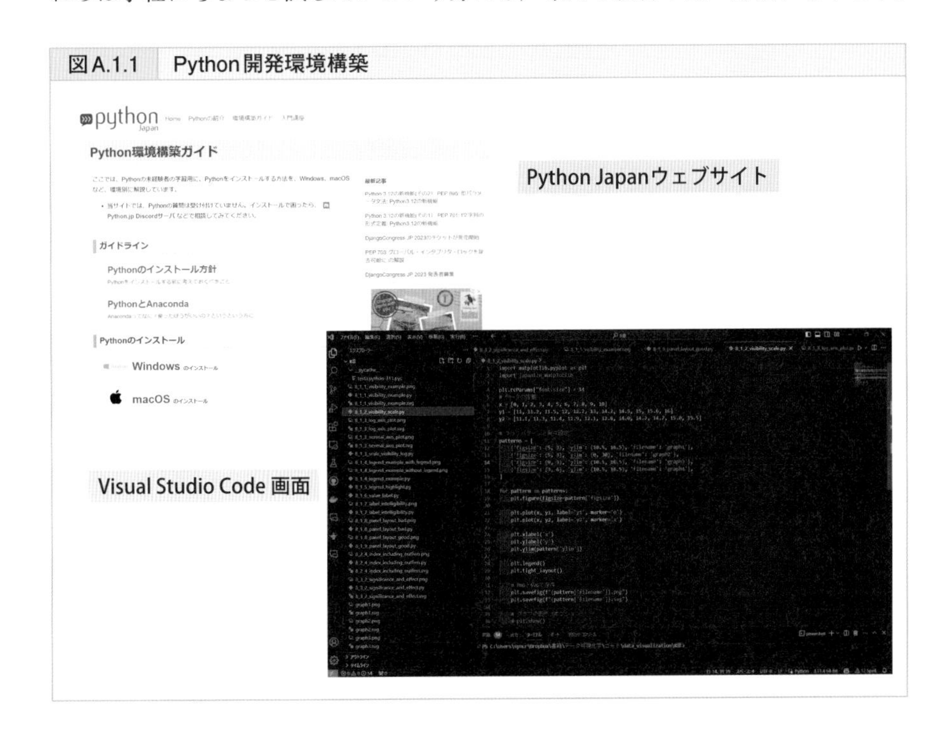

2) Windows版については，Python JapanのサイトにPython本体とVisual Studio Codeを順にインストールする手順も解説されています。https://www.python.jp/python_vscode/windows/index.html

Matplotlibの説明

Pythonのデータ可視化に欠かせないのが**matplotlib**ライブラリです。基本的に，この**matplotlib**の上で様々なグラフや可視化の要素を追加していくことで図を作成します。細かい機能については参考書に譲り，ここでは初学者が混乱しそうな点や，必要な機能を検索するためのキーワードについて紹介していきたいと思います。また，最低限のPythonプログラミングの知識は仮定して進めることにします。

matplotlibでは，**matplotlib.pyplot**というもの（**matplotlib**のサブモジュールで，インターフェース機能を提供します）を使って描画の命令を行ないます。実際に利用する際には，**plt**としてimportして使います。

初学者にとって最もわかりにくいのが，プロットの方法に二つの異なる方式が存在することです。例えば，以下二つのコードは全く同じグラフを出力します（初学者の方は内容を理解する必要はありませんので，単純に文字列としてどこが違うかに注目して下さい）。

▼pltで直接プロットする方法

```
import matplotlib.pyplot as plt

# データ生成
x = [0, 1, 2, 3, 4, 5]
y = [0, 1, 4, 9, 16, 25]

# プロット作成
plt.plot(x, y)

# タイトルと軸ラベル
plt.title("Using plt.plot()")
plt.xlabel("x")
plt.ylabel("y")
```

```
# グラフ表示
plt.show()
```

▼axを利用してプロットする方法

```
import matplotlib.pyplot as plt

# データ生成
x = [0, 1, 2, 3, 4, 5]
y = [0, 1, 4, 9, 16, 25]

# フィギュアとサブプロットの生成
fig, ax = plt.subplots()

# プロット作成
ax.plot(x, y)

# タイトルと軸ラベル
ax.set_title("Using ax.plot()")
ax.set_xlabel("x")
ax.set_ylabel("y")

# グラフ表示
plt.show()
```

大きな違いは，前者では単に**plt**に対してグラフ描画の命令を行なっているのに対して，後者では

```
fig, ax = plt.subplots()
```

とすることで，**fig, ax**（この後詳しく説明します）を生成し，そのうえで**ax**に対してグラフ描画の指示を行なっている点です。前者の方法を「pyplotインターフェースによる描画」，後者を「オブジェクト指向インターフェース」による描画といいます。

一般に，前者の方法は少ないコードで簡単にプロットができますが，細かい調

整が難しく複雑なレイアウトのグラフを描画するのには向いていません。一方，後者では複雑なレイアウトや調整が可能であるため，本書のコードでもほとんどの場所でこちらの方式を利用しています。ですので，「後者の方式を用いるのが基本だが，簡単に済ませたい場合には前者の方式も利用できる」くらいに考えておくのが良いでしょう。

さて，ではこの**fig**や**ax**とはいったい何者なのでしょうか？

少し細かい話になるので，興味のない読者の方は読み飛ばしていただいて構いません。これらはそれぞれ，**Figure**オブジェクト，**Axes**オブジェクトと呼ばれるもの（のインスタンス[3]）で，図の構成要素を表します。**Axes**は直訳すると「軸（axis）たち」ということになりますが，要するに，図に含まれるパネルの単位のことを表します。x軸とy軸の二つで一つの図のパネルができるということですね（図A.1.2）。

図A.1.2　FigureとAxesの関係

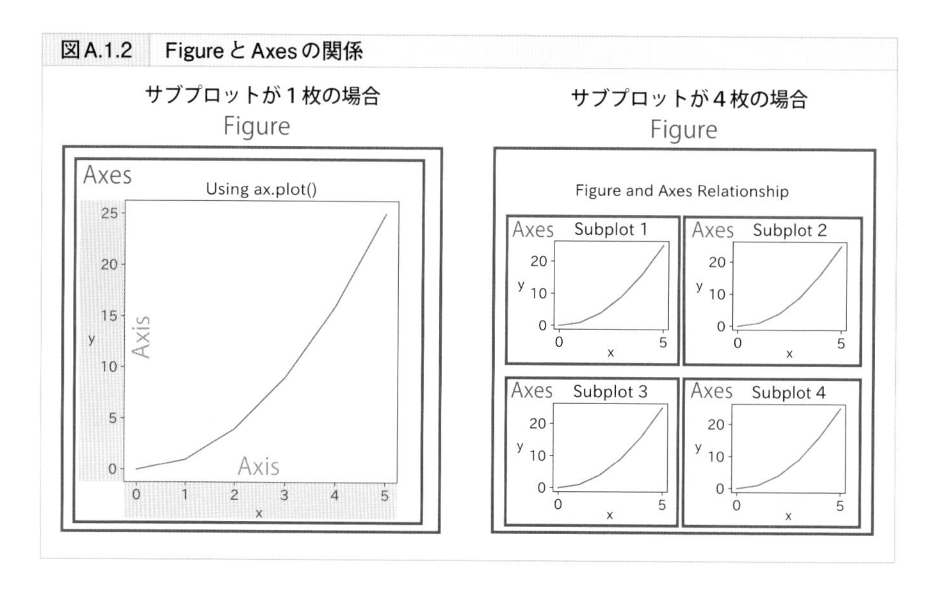

一つの**Figure**の中に複数のパネルを描画したい場合，その数だけ**Axes**オブジェクトを生成すれば良いというわけです。この**Figure**と**Axes**は紐づいていないと

3）特定の機能や情報を一まとまりにしたものをオブジェクトクラスといい，オブジェクトクラスから生成した要素のことをインスタンスといいます。オブジェクトクラスは，いわば「挙動の仕方」を決めるためのテンプレートのようなもので，実際に使う際にはそこからインスタンスを作って利用します。

いけないので（他の場所で別の**Figure**オブジェクトのインスタンスを生成したときに，どの**Axes**インスタンスがそこに含まれているかがわからなくなってしまうからです），これらは階層構造になっていて，**Figure**インスタンスが自身に含まれる**Axes**インスタンスのリストを管理する形になっています。先ほどの

```
fig, ax = plt.subplots()
```

は，**Figure**インスタンスとそれに対応する**Axes**インスタンスを一つ作成していたというわけです。

図を作成する際に重要なのが，図の指定した場所を好きなように編集できることです。例えば，図A.1.2右のように，4枚のパネルそれぞれにタイトルを付け，さらに図全体にも一つのタイトルを付けたいというケースを考えましょう。それにはまず，**plt.subplots()**関数を利用して2×2の4枚のサブプロットを生成し，**Figure**インスタンスとともに**ax1**〜**ax4**として受け取ります（以下のコード参照）。

▼FigureとAxesのタイトルをそれぞれ設定

```
import matplotlib.pyplot as plt

# フィギュアオブジェクトと4つのサブプロットを作成
fig, ((ax1, ax2), (ax3, ax4)) = plt.subplots(2, 2)

# フィギュアタイトルを設定
fig.suptitle('Figure title', fontsize=16)

# 各サブプロットにタイトルを設定
ax1.set_title('Subplot 1 title')
ax2.set_title('Subplot 2 title')
ax3.set_title('Subplot 3 title')
ax4.set_title('Subplot 4 title')

# 図を表示
plt.show()
```

その後，図全体のタイトルは，**Figure** インスタンスの関数 **suptitle()** を **fig** から呼び出して設定，各サブプロットのタイトルは **Axes** インスタンスの持つ **set_title()** 関数をそれぞれの **ax1**～**ax2** で呼び出して設定します。このようにすることで，狙った階層の情報を編集することができるわけです。もちろん，それぞれのサブプロットに対して，個別にデータを可視化することもできます。

Matplotlibにおける図の各構成要素

タイトルだけでなく他にも様々な要素を編集することができます。軸の太さや長さを変えたり，タイトルや軸ラベルの大きさを調整したり，マーカーの色や大

図A.1.3　図の構成要素の名前

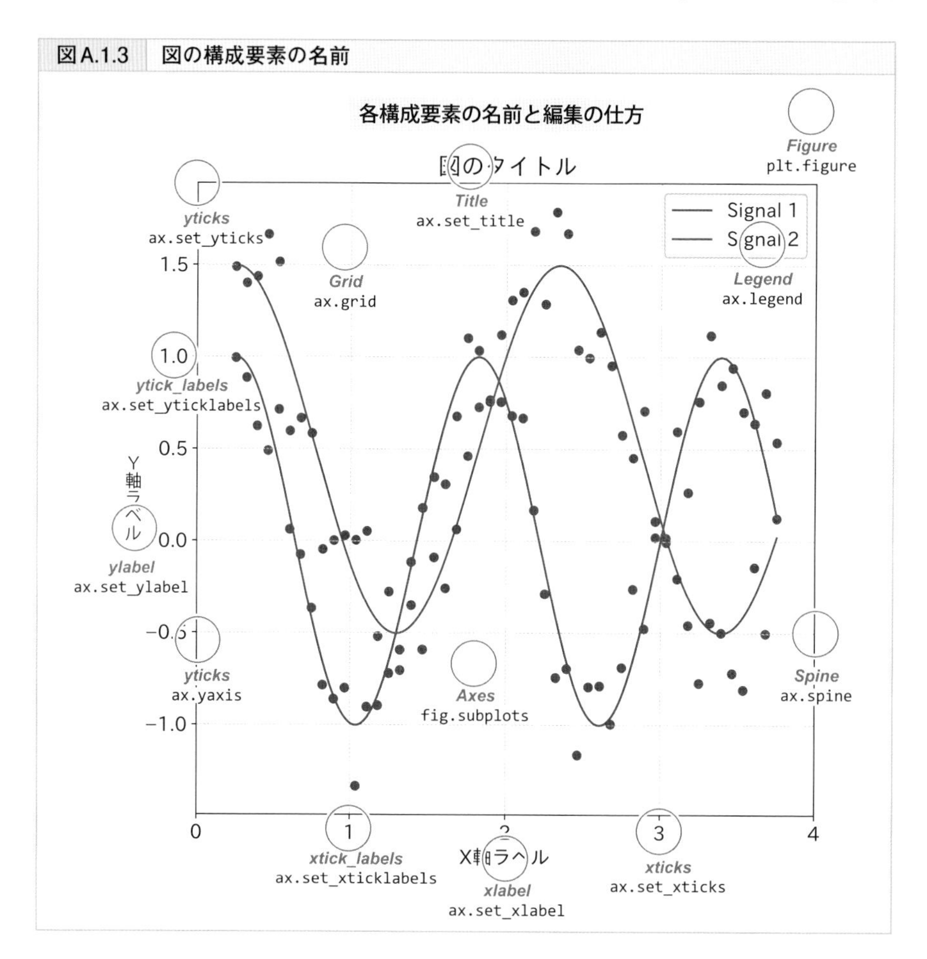

きさを自分好みに変更したい際には，「どこのオブジェクトの何を，どういう関数で編集すればいいのか」を知る必要があります。ただし，それをすべて覚える必要は全くありません。よく使うものは自然と覚えてしまいますが，基本的には必要になった際に，その都度検索やChatGPTなどのチャットボットに質問すればOKです。ただし，場所を指定する用語は知っておかないと，狙った通りの回答を得ることができません。というわけで，図の各所の名前だけは覚えておくようにしましょう（図A.1.3）。

基本的に，軸や目盛のそばに表示されている文字のことを，label（ラベル）といいます。x軸の名前はxlabelといいますし，y軸の目盛についている数字はyticklabelsです。また，知らないと検索しづらいのがグラフの外枠の線で，これをspineといいます。

名前がわかっていれば，例えばx軸の目盛をマニュアル指定したいなと思ったときは，xticksの設定方法を調べることで，

```
ax.set_xticks([0, 1, 2, 3, 4])
```

という関数を使えば良いことがわかります。

なお，よく使う関数については下記にまとめておきますので，初学者の方はまず「そういうことができる関数が存在する」ということを押さえていただければ良いと思います。

▼よく使われる関数

```
# 軸周辺の設定（オブジェクト指向インターフェース）
ax.set_xlabel('X-axis')  # X軸のラベルを設定
ax.set_ylabel('Y-axis')  # Y軸のラベルを設定
ax.set_title('Graph Title')  # グラフのタイトルを設定
ax.set_xticks([0, 1, 2])  # X軸の目盛りを設定
ax.set_xticklabels(['Zero', 'One', 'Two'])  # X軸の目盛りラベル
を設定
ax.set_yticks([0, 1, 2])  # Y軸の目盛りを設定
ax.set_yticklabels(['Zero', 'One', 'Two'])  # Y軸の目盛りラベル
を設定
```

```
ax.set_xlim(0, 10)  # X軸の範囲を設定（この例では0から10に）
ax.set_ylim(0, 10)  # Y軸の範囲を設定（この例では0から10に）
ax.set_xscale('log')  # X軸を対数スケールに設定
ax.set_yscale('log')  # Y軸を対数スケールに設定

# 軸周辺の設定（pyplotインターフェース）
plt.xlabel('X-axis')  # X軸のラベルを設定
plt.ylabel('Y-axis')  # Y軸のラベルを設定
plt.title('Graph Title')  # グラフのタイトルを設定
plt.xticks([0, 1, 2], ['Zero', 'One', 'Two'])  # X軸の目盛りを
設定
plt.yticks([0, 1, 2], ['Zero', 'One', 'Two'])  # Y軸の目盛りを
設定
plt.xlim(0, 10)  # X軸の範囲を設定（この例では0から10に）
plt.ylim(0, 10)  # Y軸の範囲を設定（この例では0から10に）
plt.xscale('log')  # X軸を対数スケールに設定
plt.yscale('log')  # Y軸を対数スケールに設定

# テキストや注釈の追加
plt.text(5, 5, 'This is text')  # 任意の位置にテキストを追加
plt.annotate(
    'This is an annotation',
    xy=(2, 2),
    xytext=(4, 4),
    arrowprops=dict(arrowstyle='->')
)  # 矢印付きの注釈を追加

# その他
plt.grid(True)  # グリッド線を追加
plt.legend(['Line1', 'Line2'])  # 凡例を追加
plt.savefig('graph.png')  # グラフをファイルに保存（他の形式も利用
可能）
```

```
plt.show()  # グラフを表示
```

グラフの描画と他ライブラリとの連携

matplotlibには，大抵のグラフを描画する機能がサポートされています。例えば，折れ線グラフであれば，**ax.plot()**として必要なデータを引数に与えればプロットができます。他にも，いくつか例を以下に示します（通常は細かいオプションを設定しますが，ここでは簡単のため最低限の引数だけ表示しています）。

▼グラフ化のための関数例

```
# ラインプロット
ax.plot(x, y1)

# 棒グラフ
ax.bar(x, y2)

# 散布図
ax.scatter(scatter_x, scatter_y1)

# ヒストグラム
ax.hist(data)

# 等高線図
c = ax.contour(X, Y, Z)
ax.clabel(c, inline=1, fontsize=10)

# 画像の表示
ax.imshow(image_data)

# 円グラフ
ax.pie(sizes)
```

```
# 箱ひげ図
ax.boxplot(data)

# エラーバー付きのバー
ax.errorbar(x, y, yerr=y_error)
```

というわけで，基本的にほとんどの場合，**matplotlib**だけで事足りるのですが，より手の込んだグラフを描画したい際には他のライブラリを利用することもあります。例えば，ペアプロットや回帰直線付きの散布図を描画したい際には，**seaborn**ライブラリがよく利用されます。一例として，以下のようにすると，アヤメのデータの各変数間の散布図を一気に描画できます（図A.1.4）。

▼他のライブラリと組み合わせて利用する

```
import seaborn as sns
import matplotlib.pyplot as plt

# サンプルデータのロード（Irisデータセット）
data = sns.load_dataset('iris')

# ペアプロットの描画
sns.pairplot(data, hue='species')

# 図の表示
plt.show()
```

このように，非常に便利な**seaborn**ですが，**sns.pairplot()**[4]で作られた図が別のライブラリであるはずの**plt.show()**で呼び出せることに，疑問を感じた方もいらっしゃるかもしれません。**seaborn**は**matplotlib**を使って作られたライブラリで，**matplotlib**での描画を便利にしてくれる機能を多数提供してくれているのですが，描画そのものは**matplotlib**が行なっているということに注意し

4) ちなみに，seabornをimportする際に**sns**という略称が使われているのは，遊び心でアメリカのドラマThe West Wingの登場人物である，Samuel Norman Seabornのイニシャルを取ったものが広まったからだそうです。

図A.1.4　でき上がった図

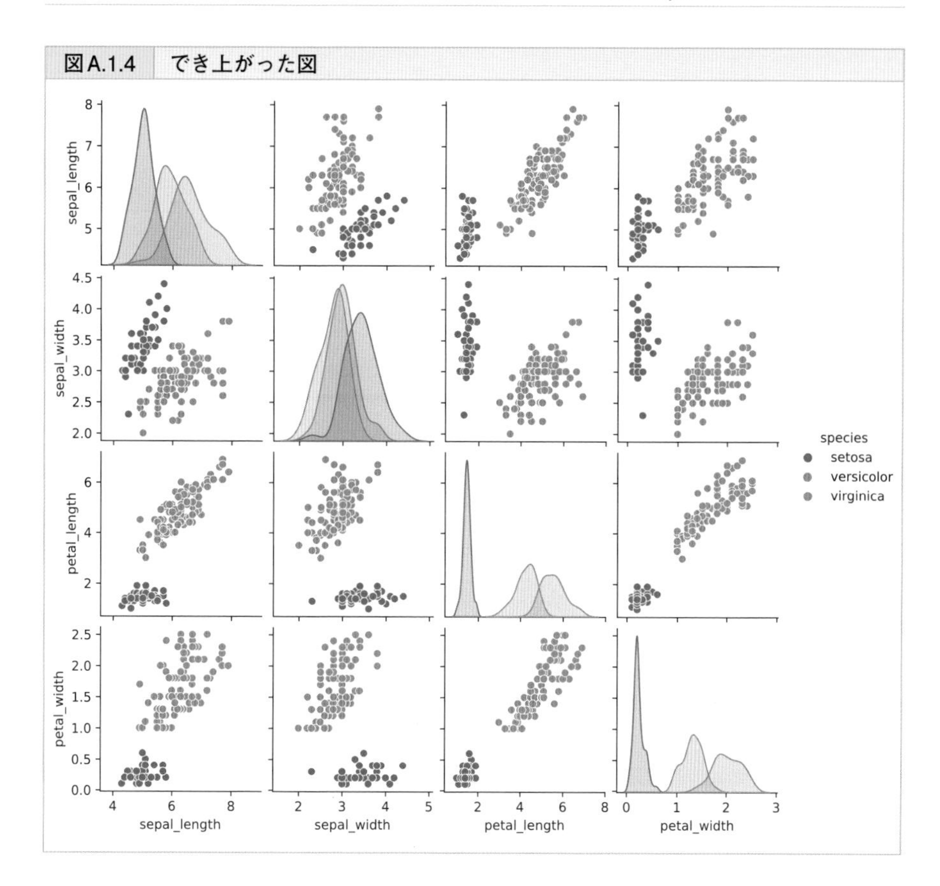

て下さい。ですので，**seaborn**で作った図の調整などは，**matplotlib**のインターフェースである**plt**の各種関数を通じて実施することができます。

▼seabornで利用できるグラフ描画関数の例

```
# 散布図
sns.scatterplot(x="x_data", y="y_data", data=data)

# 回帰直線付き散布図
sns.regplot(x="x_data", y="y_data", data=data)

# 折れ線グラフ
sns.lineplot(x="x_data", y="y_data", data=data)
```

```
# 棒グラフ
sns.barplot(x="x_data", y="y_data", data=data)

# 箱ひげ図
sns.boxplot(x="x_data", y="y_data", data=data)

# バイオリンプロット
sns.violinplot(x="x_data", y="y_data", data=data)

# スウォームプロット
sns.swarmplot(x="x_data", y="y_data", data=data)

# ヒストグラム
sns.histplot(data=data, x="x_data")

# カーネル密度推定プロット
sns.kdeplot(data=data, x="x_data")

# ヒートマップ
sns.heatmap(data)

# クラスターマップ
sns.clustermap(data)

# ペアプロット
sns.pairplot(data)
```

seabornでは，**matplotlib**で使える可視化手法に加えて，ペアプロット（第3章）やクラスターマップ（第4章）といった，より複雑なレイアウトを行なう関数もサポートされており，これらの可視化を実施する際には必須といってもいいでしょう。

ちなみに，ネットワーク描画（第4章）に使った**networkx**ライブラリも似たような仕組みになっており，最終的には**matplotlib**による描画が行なわれます（以下のコード参照）。

▼networkxとmatplotlib

```
import networkx as nx
import matplotlib.pyplot as plt

# グラフオブジェクトを作成
G = nx.Graph()

# ノードを追加
G.add_nodes_from([1, 2, 3, 4, 5])

# エッジを追加
G.add_edges_from([(1, 2), (2, 3), (3, 4), (1, 3), (3, 5)])

# グラフを描画
nx.draw(G)
plt.show()
```

初学者の方にとっては，覚えることが沢山あって難しく感じられるかもしれませんが，慣れれば大したことはありません。本書付録のコードを実行してみたり，他のデータに差し替えて描画するなどして，色々遊んでみて下さい。

A.2 可視化プログラムの開発・運用テクニック

わかりやすいコーディングのポイント

本節では，コーディングを行なう際に効率良く進めるためのテクニックについて簡単に紹介していきたいと思います。

データ分析全体にも言えることですが，まず前提として「書いたコードをわかりやすくしておくことの重要性」について述べておきましょう。「可視化のコードなんて，最終的に図さえ出力できれば何でも良いのでは？」と考えてしまいがちですが，実際にはそうではありません。

第一に，これはどんなレベルのプログラマーにもいえることだと思いますが，コードを書いている時間のかなりの割合は，期待通りに動かないバグを潰すことに費やされます。このため，そもそもバグを生まないようにコードを書くこと，そして，バグが発生してもそれを早期に発見して対処できるようにすることが重要になります。

ここで鍵になるのが，「わかりやすいコーディングを行なうこと」です。自分自身にとってわかりやすい形でコードが書けていないと，不注意によるバグが発生しやすくなりますし，バグが発生しても原因箇所を特定するのが難しくなります。

第二の理由として，可視化に使ったコードは後で再利用されることが多いということがあります。単純に，別の事例に転用するというケースもありますし，一度行なった分析においてデータの前処理の方法を変えて同じ図を出力したり，あるいは後になって出力結果がおかしいことに気がつき，バグがないかを調査する，ということもよくあります。

この際に，パッと見て何が行なわれているのかよくわからないコードを利用していると，時間を浪費してしまうことになります。特に，時間が経ってから見直す場合，自分で書いたものでもどういうつもりで実装したのか思い出せず，大変な目に遭います[5)]。ですので，最初から少し手間をかけてわかりやすいコードにしておくことで，トータルでは効率的にデータ可視化を進めることができるというわけです。

「良いコードとは何か」についてはプログラマー向けの書籍がいくつも出ている[6)]ので，詳しく学んでみたい読者の方はそちらを参照いただければと思いますが，ここでは初学者向けに簡単にできるtipsを紹介したいと思います。

変数に何が入っているかを明示する

注意しなければならないPythonの特徴として，「変数の型を指定しなくても良い」という点が挙げられます。例えば，以下のようなコードは問題なく動作します。

▼型が指定されないということ

```
# dataにfloat型の数値を代入
data = 1.0
print(data)

# 上記のdataに文字列の「一（いち）」を代入
data = '一'
print(data)

# さらに同じdataにfloat型の数値と文字列が含まれたリストを代入
data = [1.0, '一']
print(data)
```

最初に「1.0」という`float`型の値とともに，`data`という変数が作られました

5)　筆者も年々，自然とわかりやすいコードをかけるようになってきましたが，今でも昔のコードを見直さなければならないときには，過去の自分を恨むことがよくあります。

6)　Dustin Boswell ら著『リーダブルコード―より良いコードを書くためのシンプルで実践的なテクニック』（オライリー・ジャパン），上田勲著『プリンシプル オブ プログラミング―3年目までに身につけたい一生役立つ101の原理原則』（秀和システム）を挙げておきます。

が，その後に「一」という文字列で上書きされています。さらに，「1.0」と「一」を要素に持つリストに書き換えることもできています。

他の多くのプログラミング言語では，最初に変数を宣言したときにその変数の型を指定するのですが（**float**型の変数であれば，その後**float**型の値しか入れることができない），Pythonではそのような制約が無いため，途中で全く異なる型の値を代入することができてしまいます。これが何を意味するかというと，変数に何が入っているのかがわかりにくい（途中で間違って変な値を代入してしまってもエラーにならない）ということです。したがって，このような問題に起因するバグが発生しないように気を付ける必要があります。

簡単な対策としては，型の情報を変数名に含めてしまうという方法があります。例えば，変数の語尾に，文字列であれば**_str**，リストであれば**_list**，DataFrame[7]であれば**_df**といった識別用の情報を含めておけば，その変数の中身がなんであるか一目瞭然になり，ミスを減らすことができます（以下のコード参照）。

▼型を明示する命名

```
# 文字列（str）型の変数を定義
data_str = '1'

# （中略）

# dataにfloatを代入？
data_str = 1.0  # 当初と違う型の値が代入されていることに気付ける
```

また変数名だけでなく，もう少しシステマチックに型を明示・管理したい場合には，「dataclass」や「型ヒント」といったPythonの機能を利用することもできます。これらの手法は，特にプログラムが大規模になったときには非常に有用なのですが，小規模なプログラムではあまり効果を実感しにくいかもしれません。本書ではこれくらいの紹介にとどめますので，興味のある読者の方は参考書で勉強

7）詳しくは後述しますが，聴きなじみのない方は，**pandas**というライブラリで利用される表データを管理するためのフォーマットだと思って下さい。

してみて下さい[8)]。

変数の名前そのものに気を配るのも効果的です。Pythonプログラミングでは，慣習的に多少長くなっても説明的な変数名を付けることが良いとされています。

例えば，以下のコードを見て下さい。

▼命名がわかりにくい例

```
import numpy as np
from scipy import stats

# データ
a = np.array([170, 175, 160, 155, 180, 165, 171, 200, 152,
169, 166, 173, 168, 176, 158, 159, 161, 177, 140, 190])

# 外れ値処理
b = np.percentile(a, 25)
c = np.percentile(a, 75)
d = c - b

e = b - 1.5 * d
f = c + 1.5 * d

g = a[(a >= e) & (a <= f)]

# zスコア化
h = stats.zscore(g)

print(h)
```

簡単なコードなので，内容を把握するのはそこまで難しくありませんが，どの

8)　例えば，Patrick Viafore著『ロバストPython －クリーンで保守しやすいコードを書く』（オライリー・ジャパン）などがおすすめです。

変数が何を表しているのか読み解きつつ，それらを頭に入れながら読み進めなくてはいけません。

では，以下のコードではどうでしょうか？

▼命名をわかりやすくした例

```
import numpy as np
from scipy import stats

# 適当に生成した20人分の身長のデータ（単位はcm）
heights = np.array([170, 175, 160, 155, 180, 165, 171, 200,
152, 169, 166, 173, 168, 176, 158, 159, 161, 177, 140, 190])

# 外れ値を除く
# ここでは，Q1 - 1.5 * IQR と Q3 + 1.5 * IQR を使用して外れ値を判
定
Q1 = np.percentile(heights, 25)
Q3 = np.percentile(heights, 75)
IQR = Q3 - Q1

lower_bound = Q1 - 1.5 * IQR
upper_bound = Q3 + 1.5 * IQR

heights_without_outliers = heights[
    (heights >= lower_bound) & (heights <= upper_bound)
]

# zスコア化
heights_z_score = stats.zscore(heights_without_outliers)

print(heights_z_score)
```

こうすれば変数の意味が一目瞭然なので，頭のリソースをできるだけ使わずに

コードを読み進めることができます。また，コードにエラーがあったとしても，簡単に発見することができます。

例えば，最初のコード（「▼命名がわかりにくい例」P251）で誤って

```
g = a[(a <= e) & (a >= f)]
```

としていたとしても，この行単独では正しいのかどうか判別できませんが（どこが変わったかわかりますか？），前ページのコード（「▼命名をわかりやすくした例」）で

```
heights_without_outliers = heights[
    (heights <= lower_bound) & (heights >= upper_bound)
]
```

としてしまった場合，この部分だけで明らかにおかしいことに気付くことができます（「外れ値判定の下限より大きく，上限より小さい」データだけ残す処理になっていてほしい）。

また，上記の例のように適宜コメントを利用することで，その箇所で何をしているのか明示するのも重要です。後で自分が見たときにわからなくなりそうな部分には，前ページのコード「▼命名をわかりやすくした例」のように，丁寧めにコメントをつけておきましょう（自分が書いたコードでも意外にすぐ，そして完全に内容を忘れてしまうものです）。

どこで何をしているのかわかりやすくする

先ほどの「わかりやすい命名」における本質は，いかにコードを読んでいるときに余計なことを気にしなくて良いようにするかです。さらに，「処理をまとめる」ことによって，コードを読む認知的な負荷を減らすことができます。

例えば，次のコードは，先ほどのコードを関数に分けて書き直したものです。

▼処理を関数に分ける

```
import numpy as np
from scipy import stats


def generate_data():
    """データを生成する関数"""
```

```
    return np.array([170, 175, 160, 155, 180, 165, 171, 200,
                     152, 169, 166, 173, 168, 176, 158, 159,
                     161, 177, 140, 190])

def remove_outliers(data):
    """外れ値を除く関数"""
    Q1 = np.percentile(data, 25)
    Q3 = np.percentile(data, 75)
    IQR = Q3 - Q1

    lower_bound = Q1 - 1.5 * IQR
    upper_bound = Q3 + 1.5 * IQR

    return data[(data >= lower_bound) & (data <= upper_bound)]

def z_score(data):
    """zスコア化する関数"""
    return stats.zscore(data)

heights = generate_data()
heights_without_outliers = remove_outliers(heights)
heights_z_score = z_score(heights_without_outliers)
print(heights_z_score)
```

データの生成，外れ値の除外，Ｚスコアへの変換という三つの処理に分けて，それぞれ独立した関数を処理したデータに適用する形で書いてあります。一見すると，コードの分量が増えて複雑化したようですが，そうではありません（通常，これくらい小規模なプログラムであれば，このように細かく分ける必要はありませんが）。処理を関数で書くと，入力と出力だけに注意すれば良く，内部の処理については無視してコードを読み進めることができます。関数の中で定義される変数は関数の中でしか使われませんし，関数の外の変数の値を変更することもない（引数として与えられた変数に関しては，その次第ではありません）からです。また，もし特定の処理に問題があることが発覚したとしても，その関数の中身だけを調べれば良いので，調査する範囲を限定することができます。

より大規模なプログラムになった場合には，クラスやモジュールといった，より大きい単位で処理やデータをまとめて整理することで，一度に見なければならない範囲を分割することが有効になります。これを「関心の分離」といいます。可視化の文脈とは少しズレるかもしれませんが，実務でデータ分析のプロダクトを開発する際などには，このようなことが極めて重要になります（より詳しいことについて学びたい読者の方向けに，参考書を挙げておきます[9]）。

9) Dane Hillard 著『プロフェッショナルPython ソフトウェアデザインの原則と実践』（インプレス）。

A.3 付録コードの利用の仕方

付録コードについて

本書では，本文中に示した図の作成に実際に利用したコードを，GitHubで公開しています。

https://github.com/tkEzaki/data_visualization

著者のホームページ（「江崎貴裕」で検索すれば，簡単に見つかるはずです）からもアクセスできるように最新の情報を掲載しておきますので，そちらも必要に応じて利用して下さい。

これらのコードは基本的に，環境さえ整っていればそのまま実行できるようになっています。図の番号に対応する名称のファイルになっているので，本書を最初から読み進めながら実行してみるのも良いでしょう。

GitHubはコードのバージョン管理や共同開発に便利なプラットフォームで，使

図A.3.1　GitHub上でのコード公開

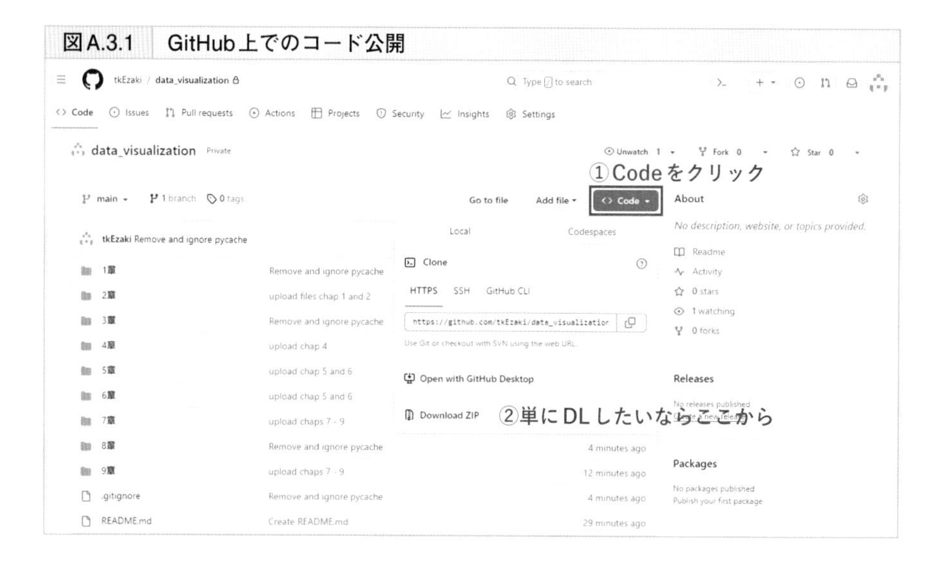

いこなせれば様々な恩恵に与かることができるのですが，そうした補足情報や資料についても随時，こちらのリポジトリに追加していく予定です。単にコードをダウンロードしたい場合は図A.3.1のようにすれば，すべてのコードをzipでダウンロードできますし，個別のコードを見たい場合にはフォルダを辿っていけばそのまま閲覧することもできます。

よく登場する基本ライブラリ

これらの可視化コードのすべてについて完璧な解説を付けることは，紙面の都合上，現実的ではありません（読者の方の現在の理解レベルによっても，必要な情報は異なるでしょう）。必要な情報は各自調べながら取り組んでいただくことになると思いますが，ここではよく利用されている基本ライブラリについて簡単に紹介することで，その足掛かりとしていただきたいと思います。

データ分析にまず欠かせないのが，**numpy**です。Pythonで数値計算を効率的に行なうためのライブラリで，配列や行列の操作を非常に高速に行なえる種々のツールや，様々な数学的な関数が提供されています。**numpy**では，配列を独自の形式で扱います（以下のコード参照）。

▼numpy関数の例

```
import numpy as np

# PythonのリストからNumPy配列を作成
arr = np.array([1, 2, 3])
# 出力: [1 2 3]

# 0から9までの整数を生成
arr2 = np.arange(0, 10, 2)
# 出力: [0 2 4 6 8]

# 0から1までを5分割する
arr3 = np.linspace(0, 1, 5)
```

```
# 出力: [0. 0.25 0.5 0.75 1.]

# 2x2の全ての要素が0の配列を生成
arr4 = np.zeros((2, 2))
# 出力: [[0. 0.]
#       [0. 0.]]

# 2x2の全ての要素が1の配列を生成
arr5 = np.ones((2, 2))
# 出力: [[1. 1.]
#       [1. 1.]]

# 3x2の0から1までのランダムな数値を含む配列を生成
arr6 = np.random.rand(3, 2)
# 出力: (例) [[0.12 0.34]
#            [0.56 0.78]
#            [0.91 0.22]]

# 配列の全要素の和を計算
sum_arr = np.sum([1, 2, 3])
# 出力: 6

# 配列の全要素の平均値を計算
mean_arr = np.mean([1, 2, 3])
# 出力: 2.0

# 1次元配列を3x2の2次元配列に形状変更
reshaped_arr = np.arange(6).reshape((3, 2))
# 出力: [[0 1]
#       [2 3]
#       [4 5]]
```

また，**numpy**を元にした高度な数学計算ライブラリである，**scipy**も非常に便利です。線形代数，統計，最適化など多くのサブモジュールがあり，この手の処理は大抵これで事足ります。本書でもよく利用した統計サブモジュールである**scipy.stats**では，例えば（ごくごく一部ですが）次のようなことができます。

▼scipy.stats関数の例

```
from scipy import stats

# 正規分布に従う乱数を生成
normal_data = stats.norm.rvs(loc=0, scale=1, size=100)

# 正規分布の確率密度関数（PDF）を計算
norm_pdf = stats.norm.pdf(0, loc=0, scale=1)

# データの基本的な記述統計量を計算
mean, variance, skewness, kurtosis = stats.describe(normal_
data)

# ヒストグラムから確率密度関数を推定
hist_density = stats.relfreq(normal_data, numbins=10)

# ピアソンの相関係数を計算
pearson_corr, _ = stats.pearsonr([1, 2, 3], [1, 2, 3])

# データをzスコアに変換
z_scores = stats.zscore([1, 2, 3, 4, 5])

# t検定を行なう（2つの独立したサンプル）
t_stat, p_val = stats.ttest_ind([1, 2, 3], [1.1, 2.1, 3.1])

# 単純な線形回帰（最小二乗法）
slope, intercept, r_val, p_val_reg, std_err = \
```

```
    stats.linregress([1, 2, 3], [1, 4, 9])
```

要するに,「統計学的な知識が必要な処理がしたくなったら, **scipy.stats**の出番」と考えていただいて問題ありません。

最後に, データ分析に欠かせないのが**pandas**です。**pandas**は, 表形式のデータを効率良く操作するためのライブラリで, 例えばCSVやExcelなどのファイルから簡単にデータを読み込んだり, 読み込んだデータの集計や変換(ある程度複雑なものも含む)といった処理を行なうことができます(以下のコード参照)。

▼pandas関数の例

```
import pandas as pd

# CSVファイルからDataFrameを読み込む
df = pd.read_csv('data.csv')

# 辞書からDataFrameを作成
df = pd.DataFrame({'A': [1, 2, 3], 'B': ['a', 'a', 'c']})

# DataFrameの最初の数行を表示(デフォルトは5行)
df.head()

# DataFrameの各列の統計的な情報(平均, 標準偏差など)を表示
df.describe()

# DataFrameの特定の列を選択
df['A']

# DataFrameから特定の条件にマッチする行だけ取り出す
df_filtered = df[df['A'] > 1]

# 欠損値(NaN)を別の値で埋める
```

```
df.fillna(0)

# DataFrameをソート（ここでは列Aで昇順ソート）
df.sort_values(by='A')

# グループ化（ここでは列Aの値でグループ化して，それぞれのグループで
列Bの値を合計）
df.groupby('B')['A'].sum()

# 新しい列を追加（ここでは列Aの値に1を加えた新しい列Cを作成）
df['C'] = df['A'] + 1

# DataFrameの行と列の名前を変更
df.rename(columns={'A': 'X', 'B': 'Y'}, inplace=True)

# DataFrameをCSVファイルとして保存（実際には保存先のファイルパスを
指定）
df.to_csv('new_data.csv', index=False)
```

以上，主要なライブラリについて説明してきました。これらはデータ可視化に限らずあらゆる場面で役に立つものなので，一度しっかり学んでおくのがおすすめです。

近年では，ChatGPTを始めとするかなり高性能なチャットボットサービスが利用できるようになってきました。典型的なデータ処理や可視化のコードであれば難なく実行してくれますが，これらを活用して高いパフォーマンスを出すためには，細かい内容のチェックや的確な指示を出せることが重要となります。一方，教師としてこれを活用すれば，自身がプログラミングを学ぶためのハードルを下げることもできます。プログラミングは一度自分の手を動かさないとなかなか身につきませんから，これから学習してみようとお考えの読者の方は是非，根気強く取り組んでみて下さい。

あとがき

近年ますますデータの分析手法・可視化手法が学びやすい環境になってきました。それだけでなく，データ分析の実行やプログラミングのかなりの部分を，ChatGPTなどの大規模言語モデルに任せることすらできるようになっています。近い将来，表面的な分析成果であれば，ほとんど誰でも簡単に出せるようになるでしょう。

そのような状況の中，「価値の高いデータ分析」を行なえるようになるためには何が必要でしょうか？ 筆者は「分析の戦略レベルでのグランドデザインを正しく実施できること」だと考えます。そもそもデータをどうやって集めるのか，それらをどう指標化してどう見るのか，分析結果をどういう可視化手法でどう見せるのか，といった意思決定は，そもそもとりうる選択肢を幅広く知っていなければ正しく行なうことができません。適当な分析方針を選んでも，ChatGPTは分析結果を返してくれるかもしれません。しかし，自分が知らない分析・可視化方法は指示をすることができませんし，仮にそういった知らない分析方法が提案されたとしても，それを十分に活用することはできないでしょう。本文中でも述べた通り，データ可視化の道のりは仮説を立てることと試行錯誤の連続であり，最終成果はそこまでの分析すべての手順の妥当性とともに解釈しなければならないからです。

本書は，読者の皆さんが自由かつクリエイティブにデータを視るための「道具箱」を用意するつもりで書きました。その際，特に気を付けたのは「こういうときはこういう可視化手法を使えば良い」といった安易な処方箋にならないようにしたことです。実際，同じようなデータ，同じような文脈でも，必要とされる指標化・可視化のテクニックは異なるかもしれません。あくまで，「状況に応じて適切に1から手法を選択するための考え方」が大切であるというわけです。そうした姿勢でのデータ分析への取り組み方が伝わっていれば，本書の目的の大部分は達成されたといってもいいでしょう。

データの可視化の本質は「データの特徴を切り取ること」です。その意味では，データ分析そのものと不可分な作業とも言え，したがって本書では「可視化という視点からデータ分析のプロセス全体を眺めた」ことになっています。どんな分析を行なっているときでも，「効果的なデータの視方は何だろう」と考えることで，より一歩深い洞察につなげることができるでしょう。本書がその一助となることを祈ります。

索 引

■数字/アルファベット

■あ行

■か行

さ行

た行

■な行

■は行

■ま行

■や～ら行

■わ行

◎著者紹介

江崎 貴裕（えざき たかひろ）
東京大学先端科学技術研究センター特任講師／株式会社 infonerv 創業者／ルートエフ・データム株式会社エグゼクティブアドバイザー

2011 年、東京大学工学部航空宇宙工学科卒業。2015 年、同大学院博士課程修了（特例適用により 1 年短縮）、博士（工学）。日本学術振興会特別研究員、国立情報学研究所特任研究員、JST さきがけ研究員、スタンフォード大学客員研究員を経て、2020 年より東京大学先端科学技術研究センター特任講師。東京大学総長賞、井上研究奨励賞など受賞。
数理的な解析技術を武器に、統計物理学、脳科学、行動経済学、交通工学、物流科学など幅広い分野の問題について、基礎から応用・実装まで取り組んでいる。著書に『データ分析のための数理モデル入門 - 本質をとらえた分析のために』、『分析者のためのデータ解釈学入門 - データの本質をとらえる技術』、『数理モデル思考で紐解く RULE DESIGN- 組織と人の行動を科学する -』（ソシム）がある。

カバーデザイン：植竹裕（UeDESIGN）
本文デザイン・DTP：有限会社 中央制作社

指標・特徴量の設計から始めるデータ可視化学入門
データを洞察につなげる技術

2023年12月20日　初版第1刷発行
2024年 5月16日　初版第4刷発行

著者　　江崎 貴裕
発行人　片柳 秀夫
編集人　志水 宣晴
発行　　ソシム株式会社
https://www.socym.co.jp/
〒101-0064　東京都千代田区神田猿楽町 1-5-15 猿楽町 SS ビル
TEL：(03)5217-2400（代表）
FAX：(03)5217-2420

印刷・製本　　シナノ印刷株式会社

定価はカバーに表示してあります。
落丁・乱丁本は弊社編集部までお送りください。送料弊社負担にてお取替えいたします。
ISBN 978-4-8026-1444-3